物聯網概論

張博一、張紹勳、張任坊　編著

全華圖書股份有限公司

序　言

近年來人工智慧(AI)應用無所不在，帶動大數據(big data)分析、雲端運算(cloud computing)服務及物聯網(Internet of things, IoT)的科技升級，快速滲透到金融、零售、醫療、交通、保全、娛樂及製造等各式各樣產業。但是，迎接 AI 時代來臨，具備完善的大數據分析、雲端服務及資料運算平台，似乎不足以展現在 AI 領域的最大綜效，另一項融合新科技的創新能量：「邊緣運算(edge computing)」已經悄悄在近年來蔓延發燒。

隨著硬體功耗的增加及成本下降，物聯網的整合，它創造的大數據及透過 AI 理解的能力，嶄新時代必將來臨。

透過「感知(sense)」、「瞭解(understand)」與「行動(act)」三步驟，物聯網應用場景再也不是天方夜譚，而是真實發生在生活之中。

幾年前半導體教父張忠謀登高一呼：「物聯網是 Next Big Thing」，雖然讓 IoT 這個名詞爆紅，但產業前景與市場應用還是讓眾人霧裡看花，一直到 5G 的規畫才更清楚地描繪了 IoT 的發展樣貌。

AI(大腦)已經成為最重要的科技發展方向之一，全球資金增加投入於此，預計可能在未來 10 年徹底改變人們的生活。

未來地圖，企業員工您準備好嗎？未來 5 年的趨勢有 6 大關鍵：

1. 人工智慧：機器學習法、Bayesian 迴歸、Markov chain、類神經網路……。人工智慧被視為第 4 次工業革命核心。

2. 大數據分析：大數據的系統架構、平台；雲端運算……。

3. 物聯網分析：5G 通訊、IoT 架構、物聯網技術平台、IoT 大數據分析……。

4. 機器人創客：含工業 4.0、感應器(有七大類)、機器人學(robotics)運動和控制……。

5. 區塊鍵：虛擬貨幣。

6. 5G 通訊的應用：無人車高速行駛、軍事用途……。

其中，物聯網（身體）的概念是在 1999 年提出的，它的定義很簡單：把所有物品通過射頻識別等資訊傳感設備與互聯網連接起來，實現智慧化識別和管理。物聯網通過智慧感知、識別技術與普適計算、泛在網路的融合應用，被稱為繼電腦、Internet 之後世界資訊產業發展的第三次浪潮。

物聯網數據與大數據不相同。因為物聯網數據具有以下特徵：

1. 大規模流數據 (large-scale streaming data)：為物聯網應用分佈和部署無數數據捕獲設備，並持續生成數據流。這導致了大量的連續數據。

2. 異質性 (heterogeneity)：各種物聯網數據採集設備收集不同的信息，導致數據異質性。

3. 時間和空間相關性 (time and space correlation)：在大多數物聯網應用中，傳感器設備連接到特定位置，因此每個數據項都有一個位置和時間戳。

4. 高噪聲數據 (high noise data)：由於物聯網應用中的微小數據，許多此類數據在採集和傳輸過程中可能會出現錯誤和噪音。

有鑑於 AI 統計、AI 物聯網、機器人學及大數據，已是當今最紅的顯學，但鮮少有理論與技術該如何整合的書，故作者撰寫「AI 機器學習及大數據」一系列書，包括：

1. 「有限混合模型 (FMM)：STaTa 分析 (以 EM algorithm 做潛在分類再迴歸分析)」一書，該書介紹的最大概似估法，可應用在：FMM：線性迴歸、FMM：次序迴歸、FMM：Logit 迴歸、FMM：多項 Logit 迴歸、FMM：零膨脹迴歸、FMM：參數型存活迴歸……等分析 (五南書局)。

2. 「人工智慧與 Bayesian 迴歸的整合：應用 STaTa 分析」，該書內容包括：機器學習及貝氏定理、Bayesian 45 種迴歸、最大概似 (ML) 之各家族 (family)、Bayesian 線性迴歸、Metropolis-Hastings 演算法之 Bayesian 模型、Bayesian 邏輯斯迴歸、Bayesian multivariate 迴歸、非線性迴歸：廣義線性模型、survival 模型、多層次模型 (五南書局)。

3. 「大數據分析概論」一書，該書內容包括：大數據入門篇、應用篇、分析技術篇(數據科學及工具)、雲計算、物聯網(數位策略)、系統架構篇。

4. 物聯網概論

本書旨在結合「IoT 理論、實務」，期望能夠對產學研界有拋磚引玉的效果。

張博一　張紹勳　張任坊　敬上

目 錄

Contents

Contents

Contents

Contents

萬物智慧互聯新時代

男友對女友說：嫁給我，我保證結婚後天天洗碗！

女友把對話截圖下來，發布到臉書、IG，再透過手機傳給 100 個朋友，這種讓所有能行使獨立功能的普通物體實作互聯互通的網路，叫做「物聯網 IoT」。

而且有圖有真相，人手一張，以後不能後悔，這種價值交換的保証叫「區塊鏈」。

女友用「我保證」，搜尋兩人交往以來所有的對話紀錄，發現男友總共講了 8000 次「我保證」，這叫作文字探勘，事後發現總共有 7600 次沒有做到！所以，男友的「我保證」達成率為 6.25%，這種 text mining 就叫「大數據 (Big Data)」。

然後調查各大網站發現，一般男人說話可信度為 20%，但這個男友可信度卻只有 6.25%，這叫作「網路爬蟲」，而最後的決策顯示「不可以嫁給他」，這叫「人工智慧 AI」。(隨意窩 , 2019)

其中，人工智慧 (artificial intelligence, AI) 主要功效包括：知識推理、規劃、機器學習、自然語言處理、電腦視覺、機器人……。簡單來說，機器人像是人的「身軀」，AI 則是人的「腦」，物聯網 (Internet of Things, IoT) 人體的五種感官 (臉上的眼、耳、口、鼻，各掌控了一種感官，再加上觸覺)。

圖 1-1　機器人進化史

教學網
https://www.youtube.com/watch?v=f5vN4y-2-pw（【波士頓動力 ATLAS 進化史回顧】
這些年 ATLAS 是如何成長的？）

　　麻省理工學院首次提出物聯網 (IoT) 的概念，稱物聯網為「感應網路」，是指網路管理及控制系統，其中，物體 (物件 ,objects) 透過安裝相互連接。IoT 的定義很簡單：把所有物品透過各種資訊感應設備 (如射頻辨識 (RFID)、紅外感測器、GPS、雷射掃描儀或其他設備)，加入物聯網或行動電信網路形成巨大的智慧網路，實現物體的智慧管理。物聯網透過智慧感知、辨識技術與普適計算、泛在網路 (ubiquitous network) 的融合應用，稱為繼電腦、Internet 之後世界資訊產業發展的第三次浪潮。

　　其中，無處不在的感測器網路 (ubiquitous sensor network, USN) 是指由智慧感測器節點組成的網路，可以在「任何人在任何地點、任何時間、任何物」上部署，它是無線傳感器局域網(WSAN)的下一代。功能包括：即時位置感知、遠程可配置性以及無需手動配置即可重新定位的功能。

　　USN 可容錯的。通常，USN 是採用智慧感測器，它從物理環境獲取輸入，並使用內置計算資源，在檢測到特定輸入時，執行預定義的功能，然後在傳遞數據之前對其進行處理。

　　USN 常用於安全性、入侵和占用檢測、擷取控制系統、CCTV、室外照明系統、軍事監視及製造監視和控制系統。該技術是正在發展的物聯網的要素之一，其中幾乎所有可想像的物品都可以尋址，並具有透過網路傳輸數據的能力。

　　「事事 (things)」透過網路全都「連結」在一起，物聯網 (網際網路)的精神，即你把所有的東西 (things) 都聯結一起，就是「Internet of Things,

IoT」，其意思就是「所有東西的網際網路」。IoT 設備具有傳感器和軟體，這些傳感器和軟體可以通過 Internet 收集和交換數據。IoT 對象可以進行遠程控制，以允許與計算機系統直接集成，據稱這可以為用戶帶來經濟利益和更高的效率。

　　物聯網旨在讓設備及設備之間可以互相交換資料並溝通，像是家裡的冰箱(或冷氣、電動車等)設備會依預定，自動告訴宅急便的主機要送一盒蛋來之類的，讓人類的生活更加的自動化及方便。

　　但是，事事(或東西)怎麼串成一個網路呢？這個就是 IoT 最核心的問題，早期，是透過無線射頻辨識系統 (RFID) 的無線技術來解決，不過，事實證明，RFID 並不是一個完全通用型的解決方案，所以，迄今尚無一個共通且可行的實際規範出來，因此，軟體、硬體或韌體 (firmware) 的廠商包括：IC 設計的大廠，像是 Google、Microsoft、超微 (AMD)、Sumsong、Intel、博通、Qualcomm、德儀 (TI)、端昱及聯發科等，都大力投入 IoT 的相關研發，無不望希能取得 IoT 的主導地位。

圖 1-2　事事 (everything) 之示意圖

教學網
1.　https://www.youtube.com/watch?v=bsycx2zbCxA(前大 7 個 IoT 專案)
2.　https://www.youtube.com/watch?v=QL-6PdiDTeo(全球十大 IoT 專案)
3.　https://www.youtube.com/watch?v=MREnJ7a3BV0(五大 IoT 專案)
4.　https://www.youtube.com/watch?v=dSEzW1U5f8A(5 你必須擁有的最酷的 IoT 小工具)
5.　https://www.youtube.com/watch?v=xT_CZ7ZYALQ(X2R 拓荒者遙控割草機)
6.　https://www.youtube.com/watch?v=3g2PPXu7FtM(除草機)
7.　https://www.youtube.com/watch?v=ZTf2HLiQQhI(IoT 如何運作)
8.　https://www.youtube.com/watch?v=LlhmzVL5bm8(什麼是 IoT)
9.　https://www.youtube.com/watch?v=EyMB828lieU(IoT 系統用於智能城市)
10. https://www.youtube.com/watch?v=8AkXW9EPFJg(醫療保健 -IoT 及大數據)

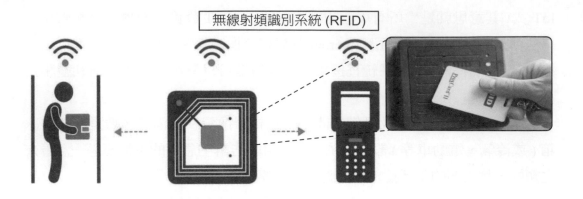

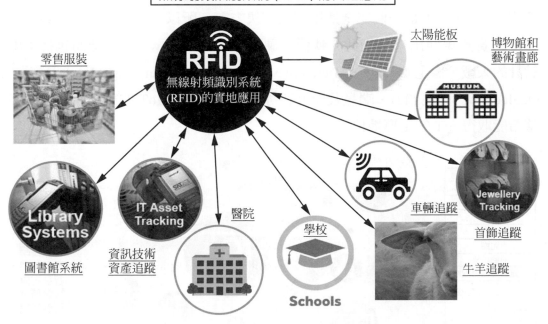

圖 1-3　無線射頻辨識系統 (RFID)

教學網

1. https://www.youtube.com/watch?v=Ukfpq71BoMo (什麼是 RFID ？)
2. https://www.youtube.com/watch?v=QSx778Gr6Y4 (如何用 Arduino 製作 RFID 門鎖)
3. https://www.youtube.com/watch?v=Ox-9eOc3bQU (初學者 15 個 Arduino 專題)
4. https://www.youtube.com/watch?v=IQVKGAU8jcA (Arduino 兼容 ESP8266 Wifi 板)

　　物聯網 (IoT) 這項技術的普及，會改變人類的生活方式 (無人車、無人商店、無人機、元宇宙)，因為，往昔需人操作或判斷的事情，IoT 時代就不再需要人力監控，換句話說，簡單邏輯之判斷將會移交由「智慧設備及設備」之間來自行溝通，故會有更多的事情會變成自動化，生活就會更方便且效果。可惜，於此同時，你的各項行為資料，也可能因須透過這些設備的連接，導致更容易的被人所盜取，這也是反對派開始對物聯網的價值提出質疑的原因。

　　物聯網的真正價值及用處，應是發生在 IoT 結合雲端運算或 Big Data 之後，因為，在這樣 AI 基礎的整下，人類的生活將以更方便、更智慧串聯及自動化。

一、IoT 興起

　　在物聯網 (IoT) 時代，手機、冰箱、汽車、無人商店、咖啡機、體重計、智慧手錶等物體變得「有意識」且善解人意。

　　物聯網是由全球聯網物件所組成的網路，其聯網物件可彼此相互傳輸資料並進行通訊。這些物件都具備獨一無二的識別碼。應用的範圍也十分廣泛，包括：行動裝置、家用電器、無人商店及無人汽車等領域。此外，物聯網也能將人員、動物或其他內嵌感測器的物件納入旗下，例如使用心律監控器預防心臟病、透過項圈追蹤老人或寵物的所在位置與健康狀態、無人商店透過監視來結算消費者的購買金額，或於農業設備中使用感測器來偵測農作物的溫度及濕度。

　　多年來，IoT 一直在工廠及石油平台、船舶、卡車及火車中成長；悄然改變著長期存在的工業流程。它幾乎已經進入幾乎所有行業：農業、航空、採礦、醫療保健、能源、交通、智慧城市等。

　　IoT 應用例子，包括：遠端監視 (降低維修費用，精簡商業流程)、設施管理 (藉由自動化照明或最佳化加熱與冷卻循環，來節省成本)、預測性維護 (遠端監控並結合機器學習軟體)、製造效率 (找出降低效率的瓶頸，來改善流程)、物聯產品 (具有智慧、可連線的元件，可在產品與其使用者、製造商或環境之間交換資料)。IoT 範疇之大，遠遠超出你的想像，一切你能想到的物體，在感測器 (感應器, sensor)、RFID 標籤以及 GPS 晶片等的幫助下，都能變成一個個可以感知周邊物體及環境物體參數的感知節點，從而變成 IoT 大家庭的一份子，如圖 1-4 所示。

　　圖 1-4 中，物聯網 (IoT) 是透過利用從嵌入式設備及通信技術到 Internet 協定，數據分析等各種先進技術，將傳統物體 (object) 轉變為智慧物體 (smart object)。

　　儘管從大數據中獲取隱藏的知識及資訊有望提高你的生活品量，但這並非易事及直接的任務。對於超出傳統推理及學習方法能力的複雜且具有挑戰性的任務，需要新技術、演算法 (algorithm) 及基礎設施。幸運的是，最近快速計算及先進機器學習技術的進步為大數據分析及知識提取打開了大門，適用於 IoT 應用。

除了大數據分析之外，IoT 數據還需要另一類新的分析，即快速及流數據分析，以支援具有高速數據流的應用程序，並需要時間敏感 (及時或接近即時) 的操作。

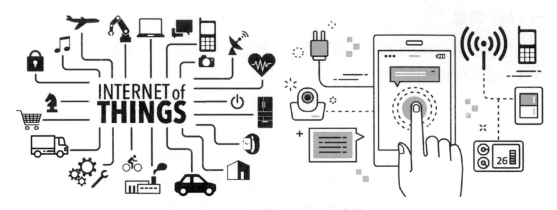

圖 1-4　物聯網 (IoT) 示意圖

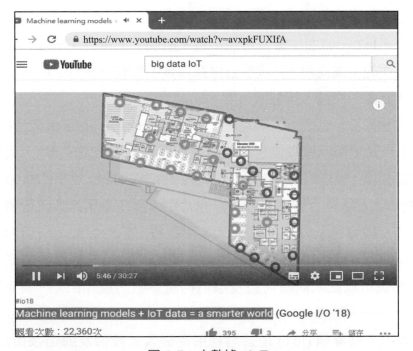

圖 1-5　大數據 +IoT

教學網
1. https://www.youtube.com/watch?v=avxpkFUXIfA(機器學習 + 物聯網數據 = 更智慧世界)
2. https://www.youtube.com/watch?v=wMzVIN13wnQ(什麼是大數據及其重要性？)
3. https://www.youtube.com/watch?v=8NbP07OEGsQ(數據與分析 - 物聯網)
4. https://www.youtube.com/watch?v=I_LT_ZKIVQw(物聯網遇到大數據)

在物聯網時代，大量的感應設備隨著時間的推移收集及 / 或產生各種感應數據，用於廣泛的領域及應用。根據應用程序的性質，這些設備將產生大的或快速 / 即時 (real time) 的數據流。將分析應用於此類數據流以發現新資訊，預測未來洞察並做出控制決策是使 IoT 成為企業及改善生活品量技術的有價值範例的關鍵過程。

小結

有關「大數據」，詳情請見作者「大數據分析概論」一書，該書內容重點，包括：

1. 了解大數據分析相關技術以及實作技巧，包含分散式運算與儲存平台、異質性資料庫與可規模化之資料探勘技術之實作與應用。

2. 在分散式運算與儲存平台上：

   (1) 著重於 Hadoop 的分散式平台的建置與管理，包含 HDFS 與 MapReduce 的實作。

   (2) 在異質資料庫中，快速索引平台：例如 Lucene 軟體。

   異質資料庫系統 (heterogeneous database system) 是用於自動化 (或半自動化) 系統所集成異質的、不同的資料庫管理系統，來向用戶呈現一個單一的、統一的查詢介面。

   其中，異質資料庫系統 (HDB) 是提供異質資料庫集成的計算模型及軟體實作。

   Lucene 是一套用於全文檢索和搜尋的開放原始碼程式庫，它提供一個簡單卻強大的應用程式介面，能夠做全文索引和搜尋。在 Java 開發環境裡 Lucene 是一個成熟的免費開放原始碼工具； Lucene 也是這幾年，最受歡迎的免費 Java 資訊檢索程式庫。

   (3) 文檔導向的 NoSQL(非結構查詢) 資料庫：例如 MongoDB 軟體。

   傳統資料庫採結構化查詢語言 (structured query language,SQL)，它是一種特定目的程式語言，用於管理關聯式資料庫管理系統 (RDBMS)，或在關係流資料管理系統 (RDSMS) 中進行流處理。SQL 是基於關係代數和元組關係的演算，包括一個資料定義語言和資料操縱語言。SQL 的運算包括：record 資料插入、查詢、刪除及更新，資料庫模式建立或修正，及資料存取控制。儘管 SQL 是聲明式程式設計 (4GL)，但它也含有程序式程式設計的元素。

相反地，大數據是採 NoSQL 資料庫。NoSQL 是對不同於傳統的關聯式資料庫的資料庫管理系統的統稱。

SQL 與 NoSQL 兩者有顯著的不同點，因為 NoSQL 不使用 SQL 方法來查詢語言。NoSQL 資料儲存可不再只是固定式表格模式，也會避免使用 SQL 的 JOIN 運算。

其中，MongoDB 是一個跨平台 document-oriented 的資料庫程序。分類是 NoSQL 資料庫程序，MongoDB 使用帶有 Schema 的類似 JSON 的文檔。MongoDB 由 MongoDB Inc. 開發，並根據服務器端公共許可證 (SSPL) 獲得許可。

(4)　鍵 - 值 (key-value) 資料庫 Redis、圖形資料庫 Neo4J。

NoSQL/ Key-Value 資料庫都是大數據興起後，資料庫設計與查詢的新方法，也可以說是關聯式資料庫的一種創新。

NoSQL/Key-Value 資料庫有 2 大特色：

① NoSQL 非關聯式查詢

SQL 是傳統關聯式資料庫之通用查詢語言是，但 NoSQL 不再採用關聯式資料庫的結構、表格分析設計法、或依據主鍵 (primary keys) 來查詢，NoSQL 是屬「非關聯式資料庫」。

② Key-Value Stores「鍵 - 值配對」資料儲存法

它只有 2 欄 (column) 之雜湊表 (Hash table) 的方式來儲存。其中，1 欄是關鍵字 (Key)，另 1 欄是值 (Value)，作為查詢的資料結構。

這種方法可將「鍵 - 值」透過一個函數的計算，來映射到表中某一位置以查詢某記錄，進而縮減查詢的等待時間。這個映射函數稱做雜湊函數，旨在存放記錄的表格稱做雜湊表。

其中，圖資料庫 Neo4j 推出企業級全託管資料庫服務 Aura，用戶不再需要自己維護資料庫伺服器。

(5)　Mahout 協同過濾演算法

Mahout 使用 Taste 來提高協同過濾演算法的實現，它是基於 Java 的擴展版，高效的推薦引擎。Taste 既可實現最基本的客戶推薦演算法，它可作為內部服務器的組件並以 HTTP 和 Web Service 形式向外部提供推薦的邏輯。

在〝應用程序的可伸縮數據挖掘框架〞部分，你可學習大數據分析 Mahout 庫，例如推薦、分類及聚類演算法等，並透過本機 Java API 實現。

3. 了解異質性資料庫方面：

(1) 快速索引平台 Lucene。

Lucene 是 apache 軟體的一個子專案，是開放源程式之全文檢索引擎工具包，但它不是完整的全文檢索引擎，而是全文檢索引擎之架構，它提供完整的查詢引擎及索引引擎、部分文本分析引擎。Lucene 旨在為軟體發展者提供一個簡單易用的工具包，以方便的在目標系統中實現全文檢索的功能，或者是以此為基礎建立起完整的全文檢索引擎。Lucene 也是當前最受歡迎的免費 Java 資訊檢索程式庫 (ItRead01,2019)。

(2) 文件導向 NoSQL 的資料庫的 MongoDB 軟體。

MongoDB 是文件導向的資料庫管理系統，它用 C++ 等語言開發而成，用來解決應用程式開發社群中之大量現實問題。

(3) 鍵 - 值資料庫 Redis 軟體。

Redis 是一個使用 ANSI C 編寫的開源、支援網路、基於記憶體、可選永續性的鍵值對儲存資料庫。

(4) 圖形資料庫 Neo4j 軟體。

Neo4j 是圖形資料庫管理系統，它具有原始圖形儲存和處理功能女 ACID 資料庫，依據 DB-Engines 排名，Neo4j 是最受歡迎的圖形資料庫。

4. 在可規模化之資料探索技術方面，你可學習 Mahout 大數據分析函數庫，包含推薦系統、分類與分群演算法等，並透過原生 Java API 進行實作，此外，亦會探討以圖形探勘為基礎之 PEGASUS 函式庫，並了解如何使用 Random Walk with Restart 以及 Tensor 分解等相關分析方法。

二、物聯網原理 (principle)

物聯網是一個利用當前資訊技術的綜合應用，涉及許多技術領域，如感測器技術、積體電路 (IC)、數據通信、自動化、高端計算、資訊處理及安全等。在物聯網中，物體 (object) 可以相互「溝通」，無需人為干預。物聯網產業鏈可分為四個部分：身分辨識 (identity)、感應、處理及資訊傳輸。各部分的關鍵技術分別是 RFID、感測器、智慧晶片及無線電信網路。終端感應、網路連接及背景計算是物聯網的三大關鍵技術，其中終端感應是三者的基礎。

物聯網的整個系統包括兩個子系統，包括：RFID 及資訊網路系統。RFID主要由標籤及閱讀器組成，透過 RFID 空中介面進行通信。讀者獲得產品的標誌，然後透過物聯網或其他通信 channel 將其發送到資訊網路系統的中間件。然後透過物體命名服務 (ONS) 獲得物體名稱，並且透過電子產品代碼 (EPC)介面獲得關於產品資訊的各種服務。整個系統的運行從物聯網的網路系統中獲得幫助，利用各種通信協定及描述語言。因此你可以這麼說：物聯網是基於物聯網建設的各種物體產品資訊服務的總及。

三、IoT 願景 (visions)

IoT 是連接各種事物 (所有具有溝通能力的東西) 的現象。物聯網是多個願景的連接，如圖 1-6 所示。

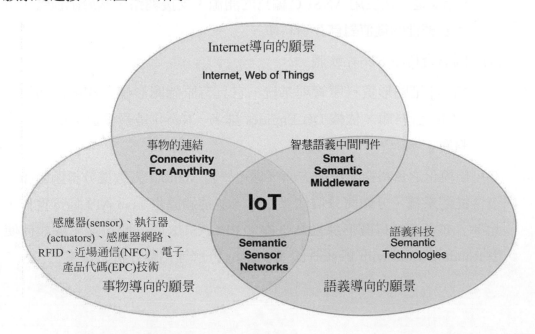

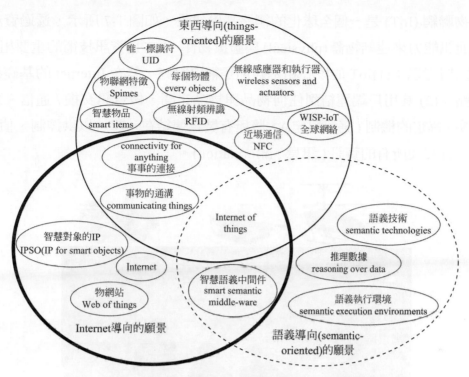

圖 1-6　物聯網是多個願景（visions）的連接

　　物聯網典範 (paradigm) 被定義為三個願景領域的交集：(1)Internet 導向的願景、(2) 事物導向的願景及 (3) 語義導向的願景。在圖 1-5 所示，顯示這些願景區域及其交集。(2) 事物導向包括：感測器 (sensor)、執行器 (actuators)、感測器網路、RFID、近場通信 (NFC)、電子產品代碼 (EPC) 技術、無線感測器及執行器網路 (WSAN)。(3) 語義技術 (Web、語言、執行環境等)，對數據的推理，被歸類為語義導向的願景。

　　在物聯網的幫助下，設備可以感知甚至與周圍環境相互作用，從而提供許多有價值且卓越的環境感知應用，以高效的成本改善生活品質。受數據傳輸資源的限制，物聯網網路中收集的原始數據通常在傳輸到最終目的地 (例如，執行器或監視器) 之前進行預處理，以便為用戶提供更好的上下文感知服務例如，可以透過採用新興的邊緣 / 霧運算技術來實現。其中，許多基於物聯網的智慧應用，包括電器的自動控制、智慧運輸網路，以及事件監測及健康安全預測，需要設備的新資訊，以便採取適當的行動。

物聯網 (IoT) 是一個全球化的網路基礎建設，如圖 1-7 所示，透過資料擷取及通訊能力來連結物體 (physical) 與虛擬物件。IoT 是資訊技術的重要組成，它有兩層意思：(1)IoT 的核心和基礎仍是網際網路，是在 Internet 的基礎延伸之網路；(2) 其用戶端連結到任何物品與物品之間，做資訊交換 / 通信。意即 IoT 透過特定的機制 (通訊協定)，將所有裝置連結在一起，以供控制、偵測、辦識，且交換所有的資訊 (訊息 , information)。

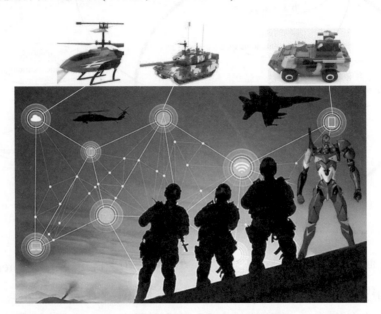

圖 1-7　戰場物聯網 - 智慧技術

IoT 是在網際網路基礎上延伸和擴展的網路，IoT 的核心和基礎仍然是網際網路，其用戶端延伸和擴展到了任何物品，在物品之間進行信息交換和通信。

四、物聯網的特徵 (characteris1cs)

物聯網數據與大數據不相同。因為物聯網數據具有以下特徵：

1. 大規模流數據 (large-scale streaming data)：為物聯網應用分佈及部署無數數據捕獲設備，並持續產生數據流。這導致了大量的連續數據。

2. 異質性 (heterogeneity)：各種物聯網數據採集設備收集不同的資訊，導致數據異質性。

3. 時間及空間相關性 (time and space correlation)：在大多數物聯網應用中，感測器設備連接到特定位置，因此每個數據項都有一個位置即時間戳。

4. 高噪聲數據 (high noise data)：由於物聯網應用中的微小數據，許多此類數據在採集及傳輸過程中可能會出現錯誤及噪音。

5. 智慧 (intelligence)：從產生的數據中獲取知識。

6. 空間考慮：在地化 (localiza1on)。

7. 一切即服務：消耗資源即服務。

1-1　認識物聯網 (Internet of Things, IoT)

物聯網將現實世界數位化，應用範圍十分廣泛。IoT 拉近分散的資訊，統整物與物的數位資訊，IoT 應用領域有：運輸及物流領域、農業、工業製造、穿載裝置、健康醫療領域範圍、智慧型環境 (智慧家庭、辦公、工廠) 等領域，具有十分廣闊的市場及應用前景。

➤ 1-1-1　物聯網是什麼？

一、IoT 起源

物聯網發明人 Ashton 曾說：「當今的電腦及 Internet 幾乎完全依賴於人類來提供資訊」。Internet 上大約有 50 petabytes (1 petabyte = 10^{15} bytes) 的資料，其中大部分最初由人來取得及建立的，透過打字、監測、錄音、拍照、攝影或掃描條碼等方式。傳統的 Internet 藍圖中忽略大數據的多樣性及長成量。有鑑於人的時間、精力及準確度都是有限的，人並不適於從真實世界中 24H 擷取資訊，這是大問題有待克服。生活於物質世界中，不能把虛擬的資訊當做食物吃。但物質世界是的想法 / 交流的資訊卻很重要。造成今日人類每日都需依賴資訊科技來過活，導至電腦更想瞭解思想而不僅僅是物質 (IoT business magazine, 2019)。

物聯網是透過在物品上嵌入電子標籤、條碼等能夠儲存物體資訊的標識，透過無線網路的方式將其即時資訊發送到後臺資訊處理系統，而各大資訊系統可互聯形成一個龐大的網路。從而可達到對物品進行實施跟蹤、監控等智慧化管理的目的。通俗來講，物聯網可實作「人與物」之間的資訊溝通。

二、IoT 原理

多數物聯網是利用射頻自動辨識 (RFID)、無線資料通信等技術，來建構一個連結全球萬事萬物的「Internet of Things」。在網路世界，物品 (東西) 都能夠彼此「連接 / 交流」，無需人工監控 / 干預。其中，RFID 是能讓物品能「開口說話 / 被辨識」的技術之一。RFID 標籤 (tag) 儲存著規範而具有互用性的資訊，透過無線資料通信網路把它們自動採集到中央資訊系統，實作物品 (商品) 的辨識，進而透過電腦網路實作資訊交換及共用，實作對物品的「透明」管理。

IoT 問世，打破傳統思維。以往是一直是將物體 (physical) 基礎設施及 IT 基礎設施分開：物體是指機場、公路、建築物，IT 基礎設施包括：資料中心、個人電腦、寬頻 (broadband) 等。

三、IoT 相關技術

1. 位址資源

物聯網的建置需要給每個物體 (physical) 分配唯一的標識或位址。RFID 標籤及電子產品唯一編碼都是早期的可定址性想法。

相對地，語意網的想法是 (Brickley 等, 2001)，用現有的命名協定，如統一資源標誌符 (Uniform Resource Identifier, URI) 來存取所有物品 (不僅限於電子產品，智慧型裝置及帶有 RFID 標籤的物品)。雖然這些物品本身不能交談，但透過 URI 方式，它們即可變成可被存取的節點，宛如一個強大的中央伺服器。

下一代 Internet 將使用 IPv6 協定，它擁有更大數量的位址資源，因此讓 IoT 系統更能遍地辨識任何一種物品 (Waldner,2008)。

定義

伺服器（server）

　　一般來說，伺服器透過網路對外提供服務。可以透過 Intranet 對內網提供服務，也可以透過 Internet 對外提供服務。伺服器之最大特點，就是運算能力須要極快，在短時間內即能完成所有運算指令，即使是一部簡單的伺服器系統，至少就要有兩顆中央處理器同步平行工作。

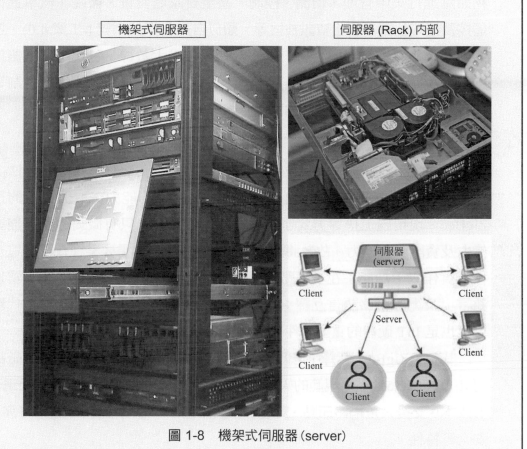

圖 1-8　機架式伺服器（server）

2. 人工智慧 (AI)

　　環境智慧型（自主）控制並非 IoT 最初概念之一。環境智慧型控制也不依賴於網路架構。但目前的研究趨勢是將自主控制與 IoT 整合在一起，未來 IoT 可能是一個非決定性（機率性）、開放的網路，其中自組織的或智慧型的物體 (physical) 及虛擬物品能夠與環境互動，且自主運作。

3. **IoT 架構**

　　IoT 系統若是事件驅動的架構，由下而上進行來建構各種子系統。如此，模型驅動及功能驅動的方式將會共存共榮，讓新節點更容易納入系統，也能夠處理意外 (Multi-agent systems, B-ADSc, etc.)。

　　在 IoT 上，每個人都可以應用電子標籤將真實的物體上網聯結，在 IoT 上都可以查出它們的具體位置。透過 IoT 可用中央電腦對裝置、機器、物節點進行集中管理、偵測、控制，甚至對家庭裝置、醫院、汽車進行遙控及搜尋位置、防止資訊被盜等。類似自動化操控系統 (工業 4.0)，透過同步收集這些事事的資料，最後聚成整合成大數據，包含動態規劃道路來減少塞車、都市的更新、災害預測與治安犯罪預防、流行病控制等等社會的重大改變，實作「物與物」相聯。

4. **IoT 系統**

　　在 TCP/IP 層，IoT 並不是所有節點都必須執行在全球層面上。因為，很多末端感測器及執行器沒有執行 TCP/IP 協定的能力，取而代之的是 ZigBee、現場匯流排等方式連接。這些裝置通常也只有微弱的位址翻譯能力及資訊解析能力。故為將這些裝置連接 IoT，你需要某種代理裝置及程式實作以下功能：在子網路中用「當地語言」與裝置通訊；將「當地語言」及上層網路語言互譯；補足裝置欠缺的連接能力。因此該類代理裝置也是 IoT 硬體的重要零件。

　　其中，ZigBee(紫蜂) 是低速短距離傳輸的無線網路協定，底層是採用 IEEE 802.15.4 標準規範的媒體存取層與物體層。ZigBee3 具有低耗電、低成本、支援大量網路節點、支援多種網路拓撲、低複雜度、快速、可靠、安全等特性。

➤ 1-1-2　IoT 趨勢及特徵 (trends and characteristics)

　　物聯網近年來的主要重要趨勢是物聯網連接及控制的設備的爆炸式增長 (Vermesan, 2013)。物聯網技術的廣泛應用意味著從一個設備到另一個設備的細節可能非常不同，但大多數人都有共同的基本特徵。

　　物聯網為物體世界 (physical world) 更直接地整合到基於電腦的系統創造了機會，從而提高了效率，經濟效益及人力消耗 (Santucci, 2019)。

　　物聯網趨勢，這將改變企業，政府及消費者與世界互動的方式，如圖 1-10 所示。

　　物聯網是不斷發展的技術之一，負責滿足不斷變化的用戶需求及技術通信領域快速變化的趨勢。這是因為它能夠與技術採用曲線一起移動，並透過為他們提供多產的物聯網驅動實用程序與今天的用戶產生共鳴。隨著時間的推移，隨著聯盟技術不斷推進其角色及特徵，以支持物聯網的理念並使其以各種形式及方式發展，這種情況隨著時間的推移而變得越來越大。

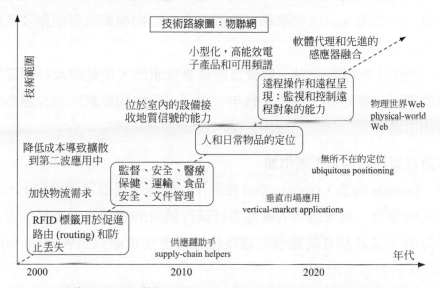

圖 1-9　技術路線圖：物聯網 (technology roadmap：Internet of Things)

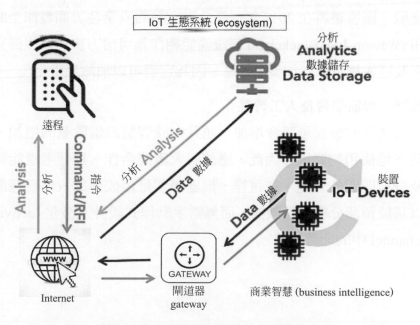

圖 1-10　IoT 生態系統 (ecosystem)

新興物聯網 (IoT) 的未來趨勢，包括：

1. 對智慧設備的需求增加

　　基於物聯網的小工具及資源已經成為不同領域 (檢查及維護庫存) 工作生態學的一部分，人們甚至在日常實踐中採用這些方法 (購買東西或交易金錢)。隨著越來越多的人越來越多地擁有更多的 PDA 及智慧手機，並且可以輕鬆 access 物聯網，他們正在增加物聯網設備網路及支持感官的系統的可能性。

　　例如，對智慧手錶、健康及健身樂隊頭飾、運動服及鞋類等智慧設備的需求不斷增加。在未來幾年，你可以想像物聯網將越來越多的設備統治市場。

2. 對語音服務的需求不斷增加

　　Google 助手，Google 語音搜索存在於智慧揚聲器等設備上，並獲得巨大的聲譽。越來越多的設備將打開行銷者的眼睛，以更好的方式與客戶互動。基於語音的服務的複雜性，廣泛性及品質將在 2020 年隨著可 access 的服務而增長。

3. 透過區塊鏈提高安全性

　　安全性仍然是物聯網中的薄弱環節，因此安全性仍然是物聯網的主要挑戰。區塊鏈將在 2018 年提高金融交易的安全性方面發揮至關重要的作用 .Watson IoT Blockchain 使設備能夠作為可信方參與區塊鏈交易。物聯網及區塊鏈可以增加整體交易，因為它們可以消除集中化。

4. 大數據、機器學習及人工智慧

　　處理後的數據量將會增加，並且由於智慧設備數量的增加，將比現在更多地使用物聯網。因此，應該與大數據合作，以便考慮能夠準確處理及分析問題的資產。在這裡，機器學習是最成熟的人工智慧創新，它可以基於預測分析處理數據，而無需手動程式設計及激化 (activate) 物聯網 channel 中的即時任務。

5. **智慧家居**

在過去的一年裡，蘋果及 Google 發布幾款可以製造智慧家居的小工具。可以期望它們在未來二年之前變得更加智慧及高效。這意味著您將獲得智慧家居電器、健身帶、灑水器及車庫閉門器。在擁有遠程鎖、智慧電插頭及家庭設備路由系統的情況下，保護家庭的方式也變得更加智慧。

6. **重組醫療保健**

醫療保健肯定是物聯網技術服務最多的領域之一。它已經由支持物聯網的小工具連接的高級資源及設施提供支持。它不僅透過為醫院及醫療部門建立高效的工作實驗室及處理系統來幫助醫療保健，而且還為個人援助做出貢獻。在你擁有的眾多知名技術中，最受歡迎的技術可以列舉為活動追蹤器、連接吸入器、可攝入感測器、抑鬱症手錶、凝血測試儀，甚至醫學研究工具包。

7. **即將到來的零售重組**

隨著技術的不斷進步，零售業正朝著各個方向快速發展。所有這些增長都依賴於技術支持的網路及由先進計算及資源實踐驅動的最佳化流程。隨著零售商希望配備最新的物聯網連接及小工具，幫助他們獲得更好的零售產品，這將變得更具吸引力及影響力。這將提升零售領域物聯網設備的需求。

8. **個性化行銷平台**

在過去幾年中，看到行銷公司對個人資訊及客戶數據的使用顯著增加，以便他們能夠更好地聯繫及接觸用戶，並在上下文及直觀上與他們進行溝通。個性化行銷，物聯網在行銷平台上部署，以提取及分析客戶數據，以便在定制的基礎上與他們建立聯繫。這將透過支持 IoT 的系統進行，以實現智慧 CRM 支持，無縫數據交換，高級資訊處理及預測性社交媒體參與。這將有助於品牌更好地與用戶溝通，並以愉快的個性化方式向他們傳達資訊。

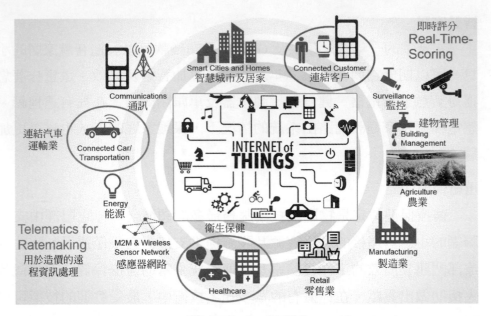

圖 1-11　IoT 示意圖

教學網
1.　https://www.youtube.com/watch?v=v2kV6pgJxuo(IoT 呈現 -LikeABosch)
2.　https://www.youtube.com/watch?v=5Jxo7AGZmMw(Cisco 商業的萬物 Internet)
3.　https://www.youtube.com/watch?v=u9osDr4rz7c(智慧城市中的 IoT 應用)
4.　https://www.youtube.com/watch?v=J_m7cCdPoZw(IoT 應用：水管理)

一、IoT 智慧化

　　人工智慧 (AI) 是機器或軟體展示的智慧。這是一個學術研究領域，通常研究模仿人類智慧的目標。

　　在物聯網的情況下，人工智慧可以幫助公司獲取他們擁有的數十億個數據點，並將其歸結為真正有意義的數據點。總體前提與零售應用程序相同 - 審查及分析您收集的數據，以查找可以從中學習的模式或相似之處，以便做出更好的決策。為了能夠解決潛在問題，必鬚根據正常情況及不正常情況分析數據。需要基於即時數據流快速辨識相似性，相關性及異常。收集的數據與 AI 相結合，透過智慧自動化，預測分析及主動干預使生活更輕鬆。

　　如圖 1-11 所示，總結物聯網應用程序開發過程。

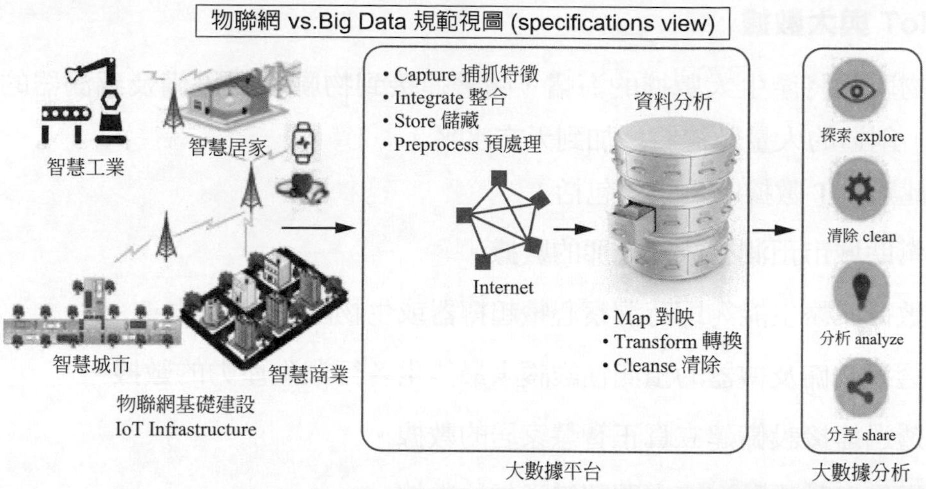

圖 1-12　物聯網 vs.Big Data 規範視圖（specifications view）

教學網
1. https://www.youtube.com/watch?v=ORCNo8M28fA（大數據的解釋）
2. https://www.youtube.com/watch?v=9zEhKBTTCr4(Google Analytics 將 IoT 數據貨幣化）
3. https://www.youtube.com/watch?v=xVqniTnMfQE(El internet de las cosas y Big Data)
4. https://www.youtube.com/watch?v=8AkXW9EPFJg（醫療保健 -IoT 及大數據）
5. https://www.youtube.com/watch?v=2vIKGgoLD4E（我們全都連接 - 分析及 IoT)

物聯網應用中的 AI

　　例如，視覺大數據將允許電腦更深入地了解螢幕上的圖像，新的 AI 應用程序可以理解圖像的上下文。認知系統將建立新的食譜，吸引用戶的品味感，為每個人建立最佳化的菜單，並自動適應當地的成分。較新的感測器將允許電腦「收聽」，收集有關用戶環境的聲音資訊。

　　這些只是人工智慧在物聯網中的一些有前途的應用。高度個性化服務的潛力是無窮無盡的，並將極大地改變人們的生活方式，例如幫助 Pandora 確定您可能喜歡的其他歌曲，Amazon.com 向您及您的醫生建議其他書籍及電影會收到通知條件得到滿足－你的心率增加到不安全的水平。

二、IoT 與大數據

　　物聯網將產生大數據的海嘯，隨著連接到物聯網的設備及感測器的快速擴展，創造的大量數據將增加到天文水平。

　　此類 IoT 數據的例子，包括：

1. 幫助城市預測事故及犯罪的數據。
2. 數據使醫生能夠即時洞察心臟起搏器或生物晶片的資訊。
3. 透過設備及機器的預測性維護來最佳化各行業生產力的數據。
4. 透過連接設備建立真正智慧家居的數據。
5. 提供自動駕駛汽車之間關鍵通信的數據。

　　這是個好消息，但人們根本無法用傳統方法審查及理解所有這些數據，即使它們減少樣本量，也只是花費太多時間。最大的問題是找到分析所有這些設備建立的性能數據及資訊氾濫的方法。

　　但為了能夠收穫物聯網最後一里路 (數據) 的全部好處，需要改進：

1. 大數據分析的速度。
2. 大數據分析的準確性。

　　由於連接到物聯網的設備數量的爆炸性增長及數據消耗的指數增長僅反映了大數據的增長與物聯網的增長完全重疊的方式。在不斷擴展的網路中管理大數據會引起關於數據收集效率，數據處理，分析及安全性的重要問題。

　　上圖說明，物聯網系統大數據分析的最新進展以及關鍵要求用於管理大數據及在物聯網環境中啟用分析。

三、IoT 科技地圖 (technology roadmap)

　　透過 IoT 科技地圖，可了解物聯網技術的發展史。如圖 1-13 所示可看到科術在：諮詢、支持、連接、整合及管理方面的巨大進步。

IoT 科技的堆疊

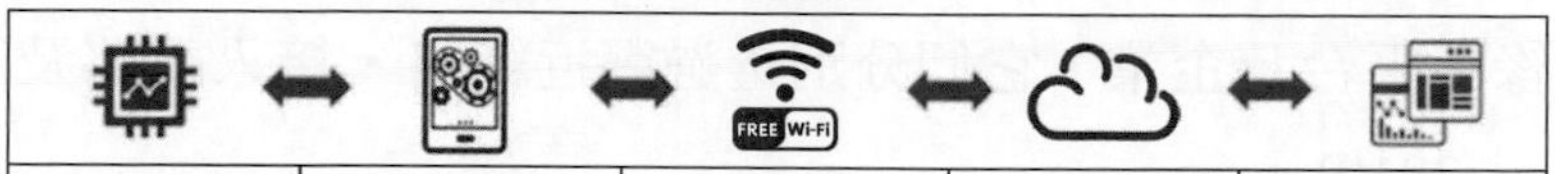

	裝置硬體	裝置軟體	通訊	雲端平台	雲端應用
第 1 版：振動監測	增加感應器 (e.g. 加速器)	讀入感應器數據 資料往向送到雲端	用 MQTT 來轉換資料至雲	儲存資料 資料 API 界面	在儀表板上顯示原始數據
第 2 版：維護警鈴			← 特定團隊地圖	預測分析 維護事件 API	顯示警報 趨勢報告
第 3 版：緊急關機		即時分析 泵停機		建構緊急關機	在移動設備上顯示提醒 在儀表板上顯示警報

圖 1-13 IoT 科技地圖

四、工業用 IoT 架構 (architecture)

物聯網架構因解決方案而異，物聯網作為一項技術主要由四個主要組成部分組成：

1. 感測器 (sensor)
2. 設備 (devices)
3. 閘道器 (gateway)
4. 雲端 (cloud)

工業 IoT(IIoT) 系統架構，在其簡單的視圖中，由三層組成：第 1 層：設備，第 2 層：Edge 閘道器，第 3 層：雲端。

設備包括聯網的東西，例如 IIoT 設備中的 sensor 及執行器，特別是那些使用 Modbus、Zigbee 或專有協定等協定連接到 Edge 閘道器的設備 (Alippi, 2014)。邊緣 Gateway 由 sensor 數據聚合系統稱為邊緣 gateway 提供的功能，例如數據的預處理，固定連接到雲端，使用系統如 WebSockets 的 Event Hub，並且，甚至在某些情況下，邊緣分析或霧計算。最後一層包括使用微服務架構為 IIoT 建構的雲端應用程序，這些架構通常是多語言，本質上使用 HTTPS / OAuth 本質上是安全的。它包括儲存 sensor 數據的各種資料庫系統，例如使用後端數據儲存系統的時間序列資料庫或資產儲存 (例如 Cassandra、Postgres)。大多數基於雲端的 IoT 系統中的雲層具有事件排隊及消息系統，可處理所有層中發生的通信 (Delicato, 2018)。一些專家將 IIoT 系統中的三層分類為邊緣、平台及企業，它們分別透過鄰近網路，接入網路及服務網路連接 (Traukina, 2019)。

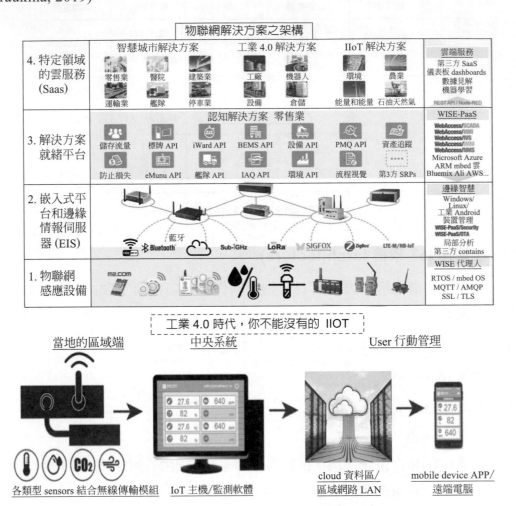

圖 1-14　工業 IoT(IIoT) 系統架構

（一）網路架構

物聯網需要網路空間的巨大可擴展性來處理設備的激增 (Hassan, 2017)。IETF 6LoWPAN 將用於將設備連接到 IP 網路。隨著數十億設備被添加到物聯網領域，IPv6 將在處理網路層可擴展性方面發揮重要作用。IETF 的約束應用協定，ZeroMQ 及 MQTT 將提供輕量級數據傳輸 (Chauhuri, 2018)。

霧計算 (fog computing) 是防止透過物聯網發生如此大量數據流的可行替代方案 (Pal, 2015)。邊緣設備的計算能力可以被用於分析及處理數據，從而提供容易即時的可擴展性。

五、複雜性 (complexity)

複雜性是系統或模型行為的特徵 (complexity characterizes the behavior of a system or model)，其組件以多種方式互動並遵循當地規則，這意味著沒有合理的更高指令來定義各種可能的互動。

該術語通常用來描述與其中的部分以多種方式互相交流，在高階高潮許多地方的東西出現大於部分的總及。對不同尺度的這些複雜聯繫的研究是複雜系統理論的主要目標。

在「半開放或閉環 (semi-open or closed loops)」(即價值鏈，無論何時可以確定全局終結) 時，由於大量不同的鏈接，自主參與者之間的相互作用，物聯網通常會被視為一個複雜的系統 (Gartner(2015)。它有能力整合新的參與者。在整個階段 (完全開環)，它可能被視為一個混亂的環境 (因為系統總是有終結)。作為一種實用的方法，並非物聯網中的所有元素都在全球公共空間中運行。通常實施子系統以減輕隱私，控制及可靠性的風險。例如，在智慧家居中運行的家庭機器人 (家庭自動化) 可能僅在當地網路內共享數據並且可透過當地網路獲得 (Reza, 2017)。管理及控制高動態 ad hoc 物聯網設備網路是傳統網路架構的一項艱鉅任務，軟體定義網路 (SDN) 提供靈活的動態解決方案，可以應對創新物聯網應用多樣化的特殊要求 (Gautier, 2011)。

Cassie: Dynamic Planning on Stairs

圖 1-15　機器人

網站：https://www.youtube.com/watch?v=qV-92Bq96Co&feature=youtu.be

（一）4 種方法克服物聯網實施的複雜性

在消費者領域，它得到了很好的宣傳，幾乎每台設備都變得越來越智能，越來越緊密。在主流媒體中受到較少關注的是物聯網 (IoT) 在工業領域所產生的巨大影響。工業物聯網 (IIoT) 已經在幫助企業更安全，更高效地運營，同時提高效率並降低成本。

雖然物聯網可以提供顯著的好處，但實施它們可能具有挑戰性。Forbes Insights 最近調查 500 多位高管，當被問及他們在建構物聯網能力方面面臨的最大挑戰時，29% 的人表示這是物聯網技術的品量。這並不奇怪。在某些情況下，物聯網平台必須支援數千個供應商，數十個標準，並能夠擴展到數百萬個設備，共同發送及接收數十億條消息。

1. 將新技術整合到現有環境中 (integrating new technologies into existing environments)

在智慧手機時代，似乎每台機器都連接並共享資訊，但事實並非如此。在消費者世界中，混合技術正在爭奪主導地位，標準化仍然難以捉摸。因此，相對較少的家庭，電器及其他消費品實際上是物聯網支援及連接。

在工業領域，由於投資的性質，它變得更加複雜。已經在現場使用 20 年或更長時間的資本設備並不總是可行的替換目標，因為爐子或冰箱可能在消費者世界中。改造通常是將物聯網功能引入現有設備的唯一現實解決方案。然而，改造既不簡單也不保證。雖然連接傳統設備及系統具有很大的好處，並且是許多工業公司的物聯網計劃中的重要一步，但實施的障礙可能非常艱鉅。

也就是說，公司正在這方面取得重大進展。他們在現有環境及設備中添加獨立的 sensor 及攝影機，以監控及收集有關機器性能及健康狀況的數據。這些 sensor 直接連接到現有設備並連接到 gateway 以安全地收集及傳輸數據，然後可以對其進行分析及使用，以幫助防止故障及停機。

2. 管理複雜性：協定擴散 (managing complexity: protocol proliferation)

部署 IIoT 的另一個重大挑戰是大量協定。一些更常見的標準包括：

(1) 藍牙低功耗 (Bluetooth Low Energy) 是藍牙聯盟設計的個人區域網路技術，旨在用於醫療保健、行動手機、運動健身、信標、安防、家庭娛樂等領域的新興應用。

(2) ZigBee(紫蜂) 是低速短距離傳輸的無線網路協定，底層是採用 IEEE 802.15.4 標準規範的媒體存取層與實體層。

(3) Z-Wave 是一種主要用於家庭自動化的無線網路協定。它與 Zigbee 略有不同，Zigbee 分為幾種不同的協定，一種協定的設備，並不總是能夠，與另一種協定的設備相互通信。

(4) Thread 是用於物聯網產品的基於 IPv6 的低功耗網狀網路技術，旨在確保安全性和面向未來。Thread 協定規範是免費提供的，但是這需要達成協議並繼續遵守 EULA，該協定規定：「實現、實踐和發佈線程技術和線程組規範必須具有線程組成員資格」。

(5) Wemo 是 Belkin 的一系列產品，使用戶可以遠程控製家用電子產品。該產品套件包括電源插頭、運動感測器、電燈開關、cameras，燈泡和移動應用程序。

在某些方面，BLE、ZigBee、Z-Wave 及 Thread 是相似的。它們都是使用網狀網路無線連接及網路物聯網設備的無線技術，而不涉及蜂窩或 Wi-Fi 信號。但它們的不同在他們所使用的射頻，其工作範圍，他們可以在給定時間支援的設備的數目。然而，We-Mo 確實需要 Wi-Fi，這消除了對集線器或控制器的需求，並允許設備透過物聯網直接連接。該系統的兩個主要缺點是，與其他低能耗選項相比，它需要更多的功率及處理能力。

同樣，這只是一個簡短的清單；協定的數量是廣泛的。每個都有其優點及缺點，但由於沒有單一的通用標準，公司必須為每個案例確定正確的協定，並確保他們選擇的技術與其整體平台兼容。隨著標準的不斷發展，沿途更換或升級可能更有利。

3. 數據來自邊緣：網路挑戰 (bringing data in from the edge: networking challenges)

除了許多不同的協定及不同的硬體之外，還必須解決基本的網路挑戰，以使支援 IoT 的設備成為現實。它從連接開始。第一步是確保數據快速可靠地流動。安全性也至關重要，因為物聯網設備更頻繁地成為黑客及網路恐怖分子的目標。當設備連接時，它們必須進行身份驗證 (identity)，數據必須加密，並且需要傳達其存在及活動。

功耗及頻寬 (帶寬 , bandwidth) 帶來了其他獨特的挑戰。在數千個設備彼此通信的情況下，頻繁的信令及傳輸可能是電池供電設備的消耗。在這些情況下，最小化，高效的電力使用是關鍵。在數千台設備透過無線網路進行通信的情況下，頻寬可能成為一個問題，成本可能會迅速增加。目標必須是盡可能保持物聯網數據流的緊湊及高效。

4. 在物聯網不斷發展的領域中，有太多最佳實踐 (too few best practices in evolving areas of IoT)

在資訊科技 (IT) 領域，最佳實踐通常被定義為眾所周知且被認為最有效的程序。如今，缺乏最佳實踐來幫助公司編寫程式碼，管理某些與物聯網相關的硬體及軟體的生命週期，並處理可能發生的獨特類型的破壞，包括在設備級別啟動的入侵。

沒有路線圖的最佳實踐，程序員及 IT 專業者正在未知的水域旅行。考慮 2016 年的 Mirai 殭屍網路攻擊。在此事件中，IT 專業者直接了解了違規行為的多樣性。雖然這一事件具有破壞性，但還是學到了很多東西，包括制定物聯網安全戰略的重要性及快速響應及解決事件的計劃。

隨著物聯網的不斷增加，必然會有越來越多的痛苦。硬體將繼續發展及改進。軟體將變得更加複雜。新標準，協定及連接選項將變得更加普遍。但公司必須記住確保其新功能與舊系統保持兼容，並確保現有流程能夠實作創新。透過這種方法，公司可以更輕鬆地處理物聯網帶來的變化速度並充分發揮其優勢。

➤ 1-1-3　物聯網的框架 (framework)

以 IoT、深度學習模型開發，可分框架 (framework) 與平台 (platform) 二個入門工具，讓你可用現成框架之工具套件來寫程式。

物聯網框架完全由三層組成：感應層、網路層及應用層，已在業界廣泛接受。

1. 感應層 (sensor layer) 主要實現物體資訊採集、汽車辨識及智慧控制。由於物體 (物件 ,objects) 本身不具有透過 RFID 進行通信、感測器、執行器、智慧設備及物體的能力，所以代碼條 ID 需要利用通信子層中的通信模組與閘道器 (網關 ,gateway) 交換資訊。感應層中的設備也可以形成擴展網路，然後與 gateway 互換。擴展網路包括感測器、無線個域網 (WPAN)、家庭網路及工業總線等。

　　執行器又稱致動器 (actuators) 是一台機器，它負責透過打開閥移動及控制的機構或系統中，例如房屋失火時，偵煙感測器本身就會啟動警報器／灑水器這二個執行器。簡單來說，執行器是一個「推動者」。

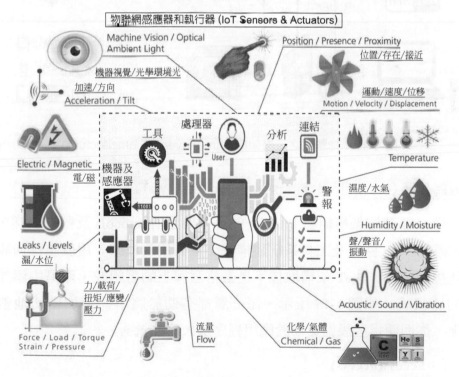

圖 1-16　感測器 - 物聯網元素，分層架構 (sensors- IoT elements, layered architectures)

2. 網路層是網路技術 (與通訊傳輸技術組合) 促進以應用與服務為目的所支撐的物件群集，包括各種無線或有線 gateway，接入網及核心網，主要實現感應層數據與控制資訊之間的雙向傳輸，路由及控制。網路層可以依賴於不同的電信網路及因特網，或者工業或公司專用網路。

3. 應用層包括支持子層及各種實際的 IoT 應用。支持子層為物聯網提供通用支持服務及能力呼叫介面，在此基礎上實現物聯網領域的各種應用，包括工業專業應用，以及基於公共平台的公共應用。

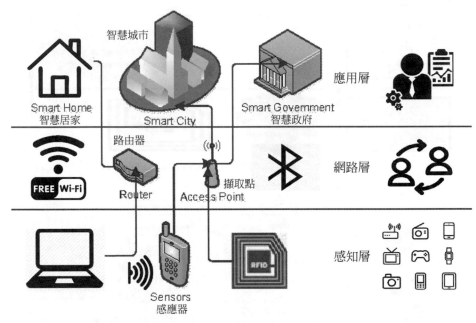

圖 1-17　物聯網之三層架構 (three-layer IoT arhcitecture)

物聯網架構 (the web of things architecture, WoT)

就像 OSI 分層架構組織 Internet 的許多協定 (protocol) 及標準一樣，WoT 架構試圖將 Web 協定及工具系統建構成一個有用的框架，用於將任何設備或物體連接到 Web。WoT 架構堆棧不是嚴格意義上的層組成，而是由添加額外功能的層組成，如圖 1-17 所示。每一層都有助於將事物更加密切地整合到 Web 上，從而使這些設備更易於應用程序及人類 access。

第 1 層：access(access)

該層負責將任何 Thing 轉換為 Web Thing，可以像使用 Web 上的任何其他資源一樣使用 HTTP 請求進行互動。換句話說，Web Thing 是一個 REST API，允許與現實世界中的某些東西進行互動，比如打開一扇門或讀取位於地球上的溫度感測器。

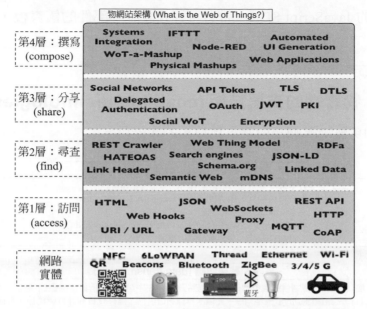

圖 1-18 什麼是物網站？(What is the Web of Things?)

第 2 層：尋查 (find)

透過 HTTP 及 WebSocket API 標記可 access 的東西很棒，但這並不意味著應用程序可以真正 "理解" Thing 是什麼，它提供什麼數據或服務等。

這是第二層 (尋查) 變得有趣的地方。該層確保您的 Thing 不僅可以被其他 HTTP 用戶端輕鬆使用，而且還可以被其他 WoT 應用程序尋查並自動使用。這裡的方法是重用 Web 語義標準來描述事物及其服務。這使得能夠透過搜索引擎及其他 Web 索引搜索事物，以及自動生成用於與 Things 互動的用戶界面或工具。

第 3 層：分享 (share)

只有物聯網能夠安全地跨服務共享數據，物聯網才會綻放。這是 Share 層的職責，它指定如何透過 Web 以高效及安全的方式共享 Things 生成的數據。在這個級別，另一批 Web 協定有所幫助。

第 4 層：撰寫 (compose)

最後，一旦物體進入網路尋查 (第 1 層)，人類及機器尋查 (第 2 層) 可以找到它們，並且它們的資源可以與其他人尋查第 3 層) 安全地共享，那麼現在是時候看看如何建立大規模，物聯網的有意義的應用程序。換句話說，我們需要了解異質事物中的數據及服務與分析軟體及 mashup 平台等網路工具的巨大生態系統的整合。Compose 層的 Web 工具包括 Web 工具包，例如，提供更高級抽象的 JavaScript SDK，帶有可程式設計小部件的儀表板，最後是物理 mashup 工具。

➤ 1-1-4　物聯網的支援技術 (enabling technologies for IoT)

如圖 1-19 為物聯網及對應支持技術的 4 階段。

階段1. 資料擷取及感應 (sensing)
1. WSN：無線感測網路 (Wireless sensor network) 2. RFID：無線射頻辨識 (Radio Frequency IDentification) 3. Bluetooth：藍牙是一種無線技術標準 4. NFC：近距離無線通訊 (Near-field communication, NFC) 5. UWB：是指一種無載波通信技術

階段2. 數據傳輸 (data transmission)
數據傳輸(也稱為數據通信或數位通信)是通過點對點或點對多點通信信道傳輸數據(數位比特流或數位化模擬信號 [1])。這種信道的示例是銅線、光纖、無線通信信道、儲存介質和計算機總線。數據表示為電磁信號，例如 電壓、無線電波、微波或紅外信號。 　　模擬或模擬傳輸是使用連續信號傳輸語音、數據、圖像、信號或視頻信息的傳輸方法，該連續信號的幅度、相位或某些其他性質與變量的性質成比例地變化。消息通過線路代碼(基帶傳輸)由一系列脈衝表示，或者由一組有限的連續變化波形(通帶傳輸)表示，使用數位調製方法。通帶調製和相應的解調(也稱為檢測)由調製解調器設備執行。根據數位信號最常見的定義表示比特流的基帶和通帶信號都被認為是數位傳輸，而另一種定義僅將基帶信號視為數位，而數位數據的通帶傳輸則視為數模轉換的形式。 　　發送的數據可以是源自數據源的數位消息，例如計算機或鍵盤。它也可以是模擬信號，例如電話呼叫或視頻信號，數位化為比特流，例如，使用脈衝編碼調製(PCM)或更高級的源編碼(模數轉換和數據壓縮)。計劃。該源編碼和解碼由編解碼器設備執行。

階段3. 數據處理和資訊管理 (data processing and information management)
1. 雲端運算 (cloud computing)：是一種基於網際網路的運算方式，通過這種方式，共用的軟硬體資源和資訊可以按需求提供給電腦各種終端和其他裝置。 2. 大數據 (big data)：指的是傳統資料處理應用軟體不足以處理它們的大或複雜的資料集的術語。巨量資料也可以定義為來自各種來源的大量非結構化或結構化資料。

階段4. 公用和行動 (utilization and action)
1. 語義 (semantic) 2. 執行器 (Actuators) 又稱為促動器、致動器、操動件、執行機構、驅動器或驅動件，是一種將能源轉換成機械動能的裝置，並可藉由執行器來控制驅使物體進行各種預定動作 [1]。這類機能能把能量轉化為運動。根據能量來源分為：電動執行器、油壓執行器及空壓執行器等。按尺度來分可為普通執行器、微執行器和奈米執行器等。 3. 應用：IoT 拉近分散的資訊，統整物與物的數位資訊，IoT的應用領域主要包括以下方面：運輸和物流領域、工商業……

圖 1-19　物聯網及對應支持技術的 4 階段

其中

1. WSN：無線 (wireless) 感測網路，是在空間中許多自動裝置組成的無線通訊電腦網路，這些裝置用感測器共同作業，來監控不同位置的物理或環境狀況 (比如溫度、風力、聲音、振動、壓力、運動或污染物)。無線感測器網路的發展早期用於戰場軍事監測等應用。迄今 WSN 應用在很多民用領域，如環境與生態監測、交通控制、健康監護、家居自動化等。

2. RFID：無線射頻辨識 (Radio Frequency IDentification) 是新的辨識技術，主要是利用接收器 (Reader) 發射 RF 來讀取：植入或貼附在物件上電子標籤 (Tag)，進行無線資料辨識及存取的工作。

3. Bluetooth：藍牙是一種無線技術標準，用於在固定及移動設備的 2.4M 至 2.485 GHz 的 ISM 頻段內使用短波 UHF 無線電波短距離交換數據，以及建立個人局域網 (PAN)。它最初被認為是 RS-232 數據線的無線替代品。

4. 近距離無線通訊 (Near-field communication, NFC)，又稱近場通訊，是通訊協定之一，讓兩個電子裝置 (其中一個是行動裝置，例如智慧型手機) 在相距幾公分之內進行通訊。

5. 超寬頻 (Ultra-wideband, UWB) UWB 是一種無線載波通信技術，它不採用正弦載波，而是利用納秒級的非正弦波窄脈衝傳輸數據，因此其所占的頻譜範圍很寬。它具備低耗電與高速傳輸的無線個人區域網路通訊技術，常應用在無線個人區域網路 (WPAN)、短距離雷達及家庭網路連接等領域。

一、可尋址性

有許多技術可以實作物聯網。對該領域至關重要的是用於在物聯網安裝的設備之間進行通信的網路，這是幾種無線或有線技術可能實作的角色 (Want, 2015)。

Auto-ID Center 的最初構思是基於 RFID 標籤及透過電子產品程式碼進行的獨特辨識。這已發展成具有 IP 地址或 URI 的物體。另一種觀點，來自語義網的世界，而是透過現有的命名協定 (如 URI) 使所有事物 (不僅僅是那些電子、智慧或 RFID) 都可以解決。物體本身不會交談，但現在可以由其他代理引用它們，例如代表其人類所有者的強大的集中式伺服器 (Hassan, 2018)。與物聯網的整合意味著設備將使用 IP 地址作為獨特的標識符。由於有限的地址空間的 IPv4 的 (允許 4.3 十億不同的地址)，在物聯網的物體將不得不使用下一代 Internet 協定 (的 IPv6 的) 擴展到所需的非常大的地址空間 (Sheng, 2017)。物聯網設備還將受益於 IPv6 中存在的無狀態地址自動配置 (Kushalnagar, 2007)，因為它減少了主機上的配置開銷 (Sheng, 2017) 及 IETF 6LoWPAN 標頭壓縮。若沒有 IPv6 的支援，在很大程度上，物聯網的未來是不可能的；因此，未來幾年全球採用 IPv6 對於未來物聯網的成功發展至關重要 (Waldner, 2008)。

二、短距離無線，有 8 種

1. 藍牙網狀網路：規範為藍牙低能耗 (BLE) 提供網狀網路變體，增加節點數量及標準化應用層 (模型)。

2. Light-Fidelity(Li-Fi)：類似於 Wi-Fi 標準的無線通信技術，但使用可見光通信來增加頻寬。

3. 近場通信 (NFC)：手機常用此通信協定，使兩個電子設備能夠在 4 厘米範圍內通信。

4. QR 碼及條形碼：機器可讀光學標籤，用於儲存有關其所附物品的資訊。

5. 射頻辨識 (RFID)：利用電磁場讀取儲存在嵌入其他專案的標籤中的數據的技術。

6. 傳輸層安全性：網路安全協定。

7. Wi-Fi：基於 IEEE 802.11 標準的局域網路技術，設備可以透過共享接入點或直接在各個設備之間進行通信。

8. ZigBee：基於 IEEE 802.15.4 標準的個人區域網路通信協定，提供低功耗，低數據速率，低成本及高吞吐量。

三、中程無線

　　LTE-Advanced：是進階長期演進技術 (LTE-A) 是長期演進技術 (LTE) 的升級版，是 4G 規格。透過擴展的覆蓋範圍，更高的網流量及更低的延遲，提供 LTE 標準的增強功能。

四、遠程無線

1. LPWAN 是 Low-Power Wide-Area Network 的縮寫，它的中文翻譯為低功率廣域網路，簡單地說，就是能在很省電的情況下，進行長距離通訊的無線網路技術。

    你在實作低數據速率的遠程通信，降低傳輸的功率及成本，可用的 LPWAN 技術及協定：LoRaWan，Sigfox，NB-IoT。

2. VSAT 通信是衛星通信的一種，VSAT 是 Very Small Aperture Terminal 的英文縮寫，意思是甚小口徑衛星通信終端，通常系指終端天線口徑在 1.2 米 -2.8 米左右的衛星通信地球站。近些年來它在獲得廣泛的發展。

五、有線

1. 乙太網路 (Ethernet) 是一種電腦區域網路技術。使用雙絞線及光纖鏈路及集線器或交換機的通用網路標準。IEEE 組織的 IEEE 802.3 標準制定了乙太網路的技術標準，它規定了包括實體層的連線、電子訊號和媒介存取層協定的內容。乙太網路是目前應用最普遍的區域網路技術，取代了其他區域網路標準如令牌環、FDDI 和 ARCNET。

2. 電力線通信 (PLC)：使用電線傳輸電力及數據的通信技術。HomePlug 或 G.hn 等規範將 PLC 用於網路物聯網設備。

六、標準及標準組織

物聯網的技術標準，如表 1-1 所示，其中大部分是開放標準及渴望成功設置它們的標準組織 (Sun, 2014)。

表 1-1　物聯網的技術標準

簡稱	全名	正在製定的標準	其他說明
Auto-ID Labs	自動辨識中心	網路化 RFID(射頻辨識) 及新興感應技術。	
EPCglobal	電子產品程式碼技術	採用 EPC(電子產品程式碼) 技術標準。	
FDA	美國食品及藥物管理局	UDI(唯一設備辨識) 系統，用於醫療設備的不同標識符。	
GS1	-	UID 標準（"獨特"標識符) 及快速消費品 (消費品)，醫療保健用品及其他東西的 RFID。	家長組織包括 GS1 US 等成員組織
IEEE	電氣及電子工程師協會	基礎通信技術標準，如 IEEE 802.15.4。	
IETF	Internet 工程任務組	包含 TCP/IP 的標準 (Internet 協定套件)。	
MTConnect Institute	-	MTConnect 是與機床及相關工業設備進行數據交換的製造業標準。它對物聯網的 IIoT 子集很重要。	

表 1-1　物聯網的技術標準（續）

簡稱	全名	正在製定的標準	其他說明
O-DF	開放數據格式 (Open Data Format)	O-DF 是 2014 年開放組織物聯網工作組發布的標準，它規定了一般資訊模型結構，適用於描述任何"事物"及發布，更新及查詢與 O-MI(開放消息傳遞介面) 一起使用時的資訊。	
O-MI	開放消息傳遞介面 (Open Messaging Interface)	O-MI 是 2014 年開放組織 Internet 工作組發布的標準，它規定 Internet 系統中所需的一組有限的關鍵操作，特別是基於觀察者模型的不同類型的訂閱機制。	
OCF	開放式連接基金會	使用 CoAP(約束應用協定) 的簡單設備的標準。	OCF(開放式連接基金會) 取代 OIC(開放式互連聯盟)
OMA	開放行動聯盟	用於物聯網設備管理 的 OMA DM 及 OMA LWM2M 及為物聯網應用提供安全框架的 GotAPI。	
XSF	XMPP 標準基金會	XMPP(可擴展消息傳遞及在線協定) 的協定擴展，即即時消息的開放標準。	

1-2　當人工智慧遇上物聯網迎接 AIoT 智慧時代

　　人工智慧 (AI) 整合物聯網 (IoT) 的 AIoT 將是最熱門趨勢之一，勢必帶動新的創新，影響產業有：半導體、邊緣運算、5G 網路、智慧車輛等相關技術領域。

　　物聯網是在 AI 興起後，最主要是它可填補運算能力的缺口，讓整體架構趨於完整，未來 IoT 與 AI 的整合是必然趨勢，而 AI 在 IoT 系統中所扮演角色，不會只是處理大數據，而是透過機器學習等演算法的自主學習，讓系統更具智慧。

　　AI 的加入，已改變現有的物聯網架構，包括：上層雲端、中間的平台與末梢設備，都將具有一定程度的運算能力，讓智慧化落實在 IoT 系統中。

$$AIoT = AIO + IoT$$

▶ 1-2-1　智慧物聯網 (AIoT) 是什麼？

　　人工智慧 (AI) 技術逐漸成熟，以及物聯網 (IoT) 蓬勃發展，AI 透過 IoT 滲透到社會生活及行業之中，AIoT 驅動各式智慧裝置應用，裝置將變得機智靈巧。

　　人工智慧 (AI) 及物聯網 (IoT) 其實密不可分。人工智慧結合物聯網的 AIoT 將是當今最熱門的趨勢，勢必帶動如半導體、邊緣運算 (無人車)、5G 網路、智慧車輛等相關技術領域的創新發展，引領第四波科技創新，迎接智慧時代的到來。電子技術與產品不斷創新，半導體已成為全球最重要的產業之一。

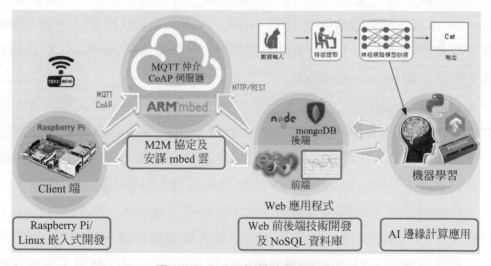

圖 1-20　AIoT 智慧物聯網平台

教學網
1.　https://www.youtube.com/watch?v=ZoemTySxFso(10 最可怕的 AI 機器人時刻)
2.　https://www.youtube.com/watch?v=6AnJZVRim-w(5 款最佳吹氣 AI Apps 2018)
3.　https://www.youtube.com/watch?v=i9MfT_7R_4w(神經網路的前 5 個用途)
4.　https://www.youtube.com/results?search_query=top+AI(五大新人工智慧技術)
5.　https://www.youtube.com/watch?v=1OXb8mg9IVw(擁有最佳 AI 的十大遊戲)
6.　https://www.youtube.com/watch?v=HxFCYIaZRHM(拔草機)
7.　https://www.youtube.com/watch?v=fKydPZuN0uE(除草神器)

一、邊緣運算 (edge computing)：無人車

AI 與機器學習興起，裝置的運算需求大增，最早想法是把複雜運算交由雲端處理，但是數據來回傳輸很花費時間。加上，資料處理的方式及位置的不斷變化，雲端運算也受限於硬體及網路連線的極限，邊緣運算已是雲端運算與物聯網的延伸概念。

邊緣運算就是把數據處理移往比較接近裝置的當地，不再大費周章移往"遠在天邊"雲端或資料中心。例如 Tesla 把汽車視為邊緣運算裝置，此自駕車即能自我 AI 機器學習來思考行動，汽車不能事事都依賴雲端，而須即時處理感測器傳來的資訊。汽車若要發揮最大效用，必須徹底改造物聯網 (IoT) 軟硬體，採用邊緣運算。

邊緣運算具有下列優勢：能夠即時處理資料，消除了在頻寬有限的網路上傳送原始資料的 loading，消除計算「大量的原始資料」對雲端中心的壓力，降低雲端網路從資料中心獲得資訊的網路流量 (依賴性)。

二、智慧物聯 (AIoT)

科技不斷突破，使 AI 應用領域不斷拓展，為人類帶來更多智慧更便利的生活，在 AI 技術越來越成熟情況下，金融、家庭、行銷、農業、零售、醫療、製造等產業相繼導入 AI，並衍生許多創新應用。展望未來 AI 與 IoT 整合趨勢，將催生智慧物聯 (AIoT) 的問世。

未來 AIoT 技術匯合，陸續開啟新的智慧商務，例如：無人機送貨、自駕車到無人商店等「無人經濟」的發展；AI 技術也聯接第三方開發者，例如刷臉支付、智慧餐桌、認証中心、智慧貨架等創新服務或具備情感社交、導覽、自動倉儲物流 (牛丼自動販賣機)、自動揀貨系統 (即時追蹤訂單揀貨、出貨時程、多店鋪訂單，每天自動備份) 等功能的商用機器人。各種整合 AIoT 軟硬體解決方案，持續問世，AI 應用平台串聯各種智慧裝置，發展新應用服務。

在產業服務上，AIoT 也聚焦於數位分身 (digital twins) 應用，利用各種裝置與數位感測器偵測某種物體或系統的狀態及變化，把機器學習演算法拓展至製程、機器運轉及服務作業的改善及回應，提供終端 (或遠端) 的預防性維護及維修。

迄今，AI 演算法技術日新月異，也解決機器學習的投入成本，更拓展機器實作跨任務學習的能力，讓機器人能像人類可藉由經驗來促進學習成長 (今週刊 , 2019)。

　　由於要訓練機器深度學習的演算法，需要非常龐大的資料，如何降低資料需求，讓機器自己創造資料，也是決勝關鍵。

開發類腦晶片使 AI 自主學習

　　迄今，全球 IT 大廠也插旗 AI 晶片，開發模仿人類腦神經架構「類腦晶片」，它以生物神經架構、訊號傳遞和運算記憶來進行電子電路材料、元件、電路類比等工程的仿真，猶如每個處理器皆搭配專屬記憶體，即可彌補傳統序列演算法之不足與降低資源成本。今日 AI 運算也由雲端運算，逐漸趨向分散架構的邊緣運算 (edge computing)，以便降少網路傳輸的延遲，加速即時運算的速度 (今週刊 , 2019)。

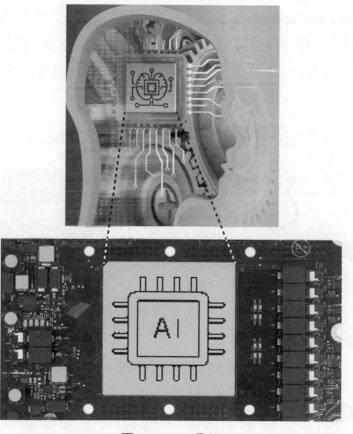

圖 1-21　AI 晶片

➤ 1-2-2　AIoT- 人工智慧化資訊產品推動：智慧家居、無人店

未來，醫療器材的 AI 新應用有三大類 (STPI, 2019)，如下說明。

1. 醫療影像：影像醫學是大數據與人工智慧 (Artificial Intelligence, AI) 在醫療照護應用的重要領域，全面影像照護是醫療影像 AI 之未來。將 AI 驅動平台整合到醫療照射設備 (medical scanning devices) 之中，透過減少輻射暴露來提高影像清晰度及臨床效果 (例如：GE Healthcare CT 掃描肝臟及腎臟病變)。

2. AI 的應用面可滿足健康照護和慢性病管理：使用機器學習來監控使用感測器的患者，並使用行動裝置應用程式 APP 自動連接的執行監控與治療 (例如：糖尿病、自動胰島素輸送)。

3. 智慧醫療跨域數據整合，關鍵在 IoT 離院監測與自動化：整合 AI 及 IoT，以更好地監測患者對治療方案的順從性、適應性，並改善臨床結果。例如，飛利浦 (Philips) 醫療保健解決方案，用於連續監測病情危重的患者。

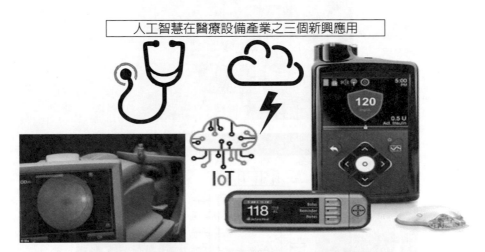

人工智慧在醫療設備產業之三個新興應用

圖 1-22　人工智慧在醫療設備產業之三個新興應用

一、智慧家居 (smart house)

智慧家居技術，通常也稱為家庭自動化或家庭自動化 (拉丁語 "domus"，意為家庭)，透過允許他們控制智慧設備，通常透過他們的智慧家居應用程序為房主提供安全性、舒適性、便利性及能源效率智慧手機或其他聯網設備。

迄今，智慧家居行業正在經歷四個真正加速市場擴張的重大轉變。

1. 連通性及智慧正在加速近年來易於使用的家庭應用程序數量的增加。借助智慧手機，家庭變得更加緊密。隨著大數據及人工智慧的結合，家庭也變得更加智慧化。

2. 互操作性：隨著不同製造商的產品之間更強的互操作性成為現實，智慧家居應用對消費者的用處越來越廣泛。

3. 智慧家居技術正變得越來越便宜並越來越便宜。考慮到智慧家居產品的價格溢價及降低成本的趨勢，它們可能在未來五年內達到臨界點。

4. 新的貨幣化模型正在出現。智慧家居應用不僅在家庭內部，而且與更廣泛的網路之間的聯繫越來越緊密，使得它們對整個智慧家居生態系統中的玩家更加開放，以實現多樣化的貨幣化模式。

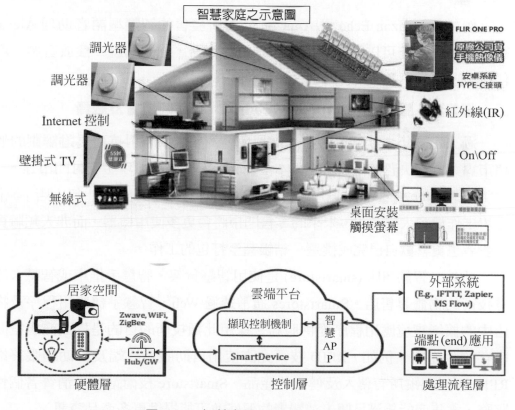

圖 1-23　智慧家居（smart house）

此外，智慧家居之 IoT，能談話的 AI 語音助理也加入這波潮流的領航員。例如 Apple Siri、Apple Home、 微 軟 Cortana 利 用 Azure 打 造 Home Hub、Amazon Alexa 的 Echo。

　　從前認為家裡最重要的上網裝置是電視，像是網路電視，有一陣子你覺得是路由器，最早期有人以為是冰箱，現在發現不是，竟然是一個聲控的 Speaker，例如 Amazon Echo。

圖 1-24　Amazon Echo

　　例如，Amazon Echo 是 Amazon 公司所發售的智慧型語音助理 Alexa 的智慧型喇叭。它可以幫助您處理一些日常事務，如開關燈、撥放音樂、增加代辦事項到行事曆、語音對答……等。

二、零售業 / 服務業 (retail/service industry) 的機會及威脅

　　過去這一年，「無人店」越來越多，例如沃爾瑪對抗亞馬遜籌劃的無人超市專案為解決老齡化問題的日本便利商店、中國的無現金支付門市等。

　　在過去的 20 年中，傳統的零售環境發生了巨大的變化，「無人店」流行，零售工作機會大幅減少。未來的零售門市將會更多使用機器，而非人類職員。消費者也更喜歡自己完成挑選、結帳甚至打包的工作。

　　此外，智慧商店 (smartstore) 是使用智慧貨架、智慧手推車或智慧卡等智慧技術的物體零售店。Smartstores 通常透過 Web，智慧手機應用程序及物體店中的擴增實境應用程序提供服務。採用此類技術的目的是提高商店空間及庫存的生產率。例如，RFID 技術允許使用自助服務終端及自助結賬終端，RFID 可以跟蹤所有傳入及傳出的產品。Smartstore 技術還提供消費者個性化服務，零售商能夠滿足個人消費者的偏好並可能提供更多產品資訊。

　　例如，Amazon 結合人工智慧 (AI) 與專用 App，透過攝像鏡頭、感測器等讀取技術，提供消費者無需排隊結帳即可結算的服務，進化成更講究購物效率的新型便利商店「Amazon Go」。

　　新的商業模型，智慧貨架 (smart shelves) 已經開始進入零售行業。智慧貨架系統包含三個元素：RFID 標籤 (tag)、RFID 閱讀器 (RFID reader) 及天線。

定義

無線射頻辨識（radio frequency identification, RFID）

　　RFID 是一種無線通訊技術之一，可以透過無線電訊號辨識特定目標並讀寫相關數據，而無需辨識系統與特定目標之間建立機械或者光學接觸。

　　RFID 標籤放置在貨物上，本身具有積體電路及微晶片天線，其將數據傳輸到 RFID 讀取器。資訊從 RFID 標籤中收集並發送到 IoT 平台，在那裡進行儲存及分析。

　　智慧貨架適用於智慧庫存管理，長期以來這是一個昂貴且繁瑣的過程。現在智慧貨架可以自動監控庫存，並在某個專案運行不足或其日期即將到期時向管理員發送警報。

教學網：https://www.youtube.com/watch?v=RaZQL18jzTc（全台首座智慧物流園區揀貨靠機器人大軍 20210508【台灣向錢衝】PART2)

　　連接設備對於避免供應過剩、商品短缺及商店盜竊至關重要。透過跟蹤庫存，它們可以減輕壓力，消除操作錯誤並節省成本。智慧貨架還可以在對客戶行為進行智慧洞察方面發揮重要作用。

　　透過監控庫存並將物品行動及下落的數據傳輸到 IoT 平台，該系統可以為零售商提供有關客戶需求及偏好的資訊，向他們展示改善服務，增加客戶互動及促進銷售的方法。

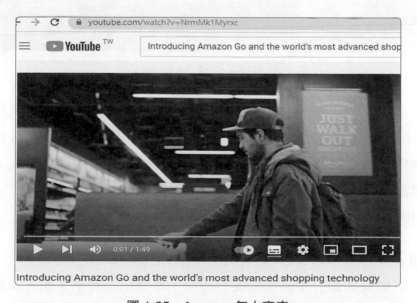

圖 1-25　Amazon 無人商店

來源：https://www.youtube.com/watch?v=NrmMk1Myrxc (Introducing Amazon Go and the world's most advanced shopping technology)

三、什麼是信標 (Beacons)？

Beacon(燈塔、信標)是鄰近系統(proximity system)。此系統中,可在智慧手機、平板電腦、可穿戴或其他計算設備上來應用,若你愈靠近目標物時,對「beacon設備」發出的信號也會愈強烈。

Beacon設備自身是小巧而廉價的物體設備,可將它放置在某些場所,於一定距離之內「響應設備」自動發送資訊。

信標是用來吸引注意力的故意顯眼裝置具體位置(例如鯊魚、蛇追蹤)。信標還亦可與其他指示器(信號)相結合使用,以提供即時資訊,例如機場狀態,機場信標用顏色及旋轉模型來指示天氣等級。這種方式使用情況,信標是光電報的一種形式。

圖 1-26　信標 (beacons)

此外,網路信標(web beacon)也稱追蹤臭蟲(tracking bug)、網頁臭蟲(web bug),是指暗藏在任何網頁元素或郵件內約1像素大小的透明PNG或GIF圖片,旨在收集目標電腦用戶的上網習慣等資料,並將這些資料寫入Cookie,網路信標常見於垃圾郵件中。

(一)信標的用途(中文百科,2019)

1. 導航

信標協助指引領航員到達目的地。導航信標包括:雷達反射器、無線電信標、聲波及視覺信號等類型。

2. **防禦性通信**

　　信標是在丘陵或高處知名地點點燃大火，用來作為燈塔的海上航行，或警報信號以提醒敵軍正在接近海沿。

3. **車上**

　　美國有人用紅外線及微波掃描器，設置在公路旁，當作「路旁信標」，來實現公路自動化，確保交通的暢通無阻，並降低車禍。車載信標是固定在車輛頂的旋轉燈，以吸引周圍車輛及行人的注意。警車、消防車、救護車、拖車、施工車輛及除雪車等緊急車輛攜帶信標燈。

➤ 1-2-3　工業 4.0

　　工業 4.0 的目標並不僅是創造新工業技術，而是著重於現有工業相關的技術、銷售及產品體驗的整合，透過工業 AI 技術來建立更具適應性、資源效率和人因工程學的智慧型工廠，且在商業流程及價值流程中，整合客戶與商業夥伴，以提供完善的售後服務。

　　工業 4.0 就是「工業物聯網 (industrial IoT, IIoT) 與大數據分析」的整合。它著重於互聯性、自動化、機器學習及即時數據幾方面。工業 4.0 又稱為 IIoT 或智慧製造，是將實際生產 / 營運與智慧數位技術、大數據及機器學習整合起來進行數位化轉型。因為透過工業物聯網與大數據分析等基礎建設，即可將外部世界及工廠連結在一起，同時藉由採集、分析資料來提高整體營運效率，進而造就智慧工廠。

1.　物聯網將掀起工業 4.0

　　隨著 IoT 時代來臨，工業開始進步到工業 4.0，大量採用自動化機器人、感測器物聯網、供應鏈互聯網、生產 / 銷售大數據分析，以「人機協作」方式提升全製造價值鏈之生產力及品質。工業 4.0 特點有：智慧生產、個人化訂製、批量生產。

2. 工業 4.0 智慧工廠之新風貌

　　工業 4.0 將影響工廠的未來樣貌，轉變成自動化之智慧工廠 (Rearch Portal, 2019)：

(1)　工廠內所有設備、物料、半成品、成品都嵌入 eTag 或感測器，記載必要的資料，利於生產過程進行監控，藉此提升生產品質使消費者產生信賴感。

(2) 生產線上大量使用智慧機器人及無人搬運機，機器與機器之間可互相溝通，第一線工人變成 IT 品質監控者或被軟體程式設計師取代。

(3) 機械視覺之自動量測 (動態電路測試機 (ATE)、AOI 自動光學檢測、機器手臂等) 進行細微的效準調整，隨時因應訂單的改變。

(4) 現場資訊監控系統 (shop floor control system)，旨在提供工作場所狀態與資訊給管理者。便於下達有效命令，予以控制工廠系統。它可進行採集生產設備及產品的大量履歷資料，然後傳送到雲端伺服器，透過 Big Data 分析，產生確實情報便於做出決策。

3. 工業 4.0 浪潮引爆智慧機器人商機

結合自動化生產、機器人、IoT 等工業 4.0 概念是全球先進製造國家下一波的競爭。製造業將整合電腦、通訊、感測、節能及監控技術，同時融入新技術 (大數據分析、雲端運算、IoT)，逐漸由「工業自動化」邁向「智慧自動化」，因而機器人變聰明了，且能相互溝通，使無人工廠的成為潮流 (Rearch Portal, 2019)。

機器人變聰明是受惠於大數據 (big data) 正確分析，故以數據分析為基礎的智慧工廠也將帶來大數據商機，在智慧自動化工廠作業流程，從訂單到工廠感測器採集資料，每天產生上千萬筆的巨大數據，將成為企業很重要的資產，你不但可掌握製造流程的履歷、客戶的偏好習性的資料，大數據分析來預測未來需求的決策方向。

4. 人工智慧 (AI) 及工業 IoT(IIoT) 來進化 AIoT

迄今 IIoT 工業，由感測器收集數據，它仍需有數據工程背景的資料分析師來解釋報表的意涵。IIoT 的興起雙引擎有的運算能力強及低成本儲存空間，將數據轉換成有用資訊的『機器學習』就是引擎的汽油。目前，機器學習旨在「分類」與「預測」二種用途，它從累積數據來自我學習、判別類別或預測未來結果。

一、工業 IoT：製造業 (manufacturing)IoT

(一) 工業 IoT 是什麼？

工業 IoT 商機大，但標準化整合不易。IIoT 產業中又以智慧工廠跟智慧城市二者應用商機最大，智慧零售、智慧醫院、智慧物流、智慧能源、智慧機械這五者商機也不容小看。

　　工業 4.0 也可生產過程最佳化、改變管理模式、降低製造成本，但也引起科技取代的爭議。例如產業界慣用的監控系統 (SCADA)，是否將隨工業物聯網 (IIoT) 的興起而式微？而物聯網 (IoT)、資料收集與 SCADA 及可程式邏輯控制器 (PLC) 三者的差異性與優劣比較也引發論戰。有眾多學者認為 IoT 將取代後兩者成為主流，不過亦有人認為，三者其實各司其職。

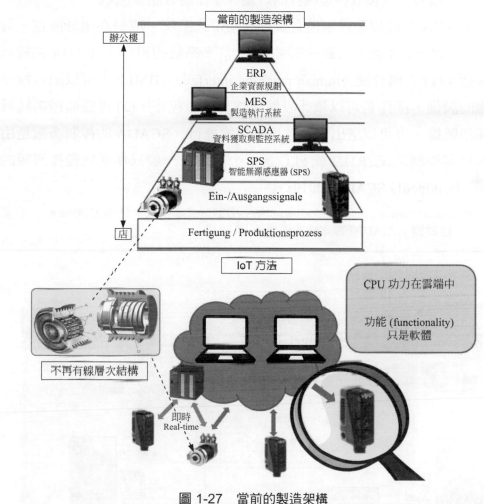

圖 1-27 當前的製造架構

定義

資料採集與監控系統（supervisory control and data acquisition，SCADA）

　　SCADA 即資料獲取與監視控制系統。它是以電腦為基礎的 DCS 與電力自動化監控系統；它可應用於電力、軍事、冶金、化工、石油、燃氣、鐵路等領域的資料獲取與監視控制以及程序控制等諸多領域。

　　SCADA 是監控及控制所有裝置的集中式系統，或是在由分散在一個區域（小到一個工廠，大到一個國家）中許多系統的組合。SCADA 系統通常包括：(1) 人機介面（human machine interface，HMI）：可以顯示程序狀態的設備，操作員可以依此設備監控及控制程序。(2) 電腦監控系統旨在採集數據，也可以送出命令監控程序的進行。SCADA 的控制多數是由遠端終端控制系統 (RTU) 或 PLC 進行，主系統一般只作系統監控層級的控制。(wikipedia.SCADA, 2019)。

教學網：https://www.youtube.com/watch?v=D3HqnSsndJk（台達 DIAView 工業圖控軟體（SCADA）專案建立與新建 IO 設備）

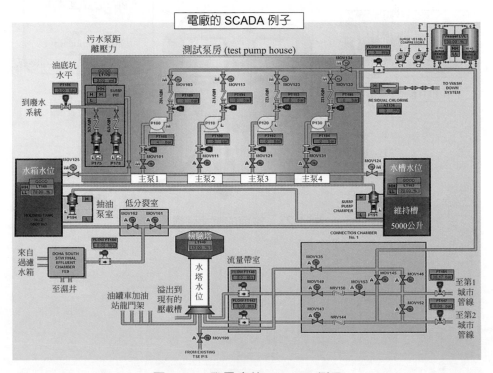

圖 1-28　發電廠的 SCADA 例子

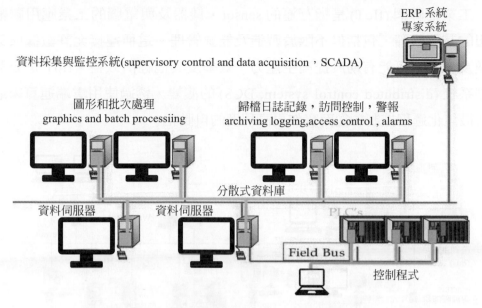

資料採集與監控系統(supervisory control and data acquisition，SCADA)

ERP 系統
專家系統

圖形和批次處理
graphics and batch processiing

歸檔日誌記錄，訪問控制，警報
archiving logging,access control , alarms

分散式資料庫

資料伺服器　資料伺服器

PLC's

Field Bus

控制程式

圖 1-28　發電廠的 SCADA 例子（續）

來源：資料採集與監控系統 . https://zh.wikipedia.org/wiki/%E6%95%B0%E6%8D%AE
%E9%87%87%E9%9B%86%E4%B8%8E%E7%9B%91%E6%8E%A7%E7%B3
%BB%E7%BB%9F

　　此外，智慧感測器結合 AI 將啟動工業新局面。例如，微軟 (Microsoft) 工業 4.0 策略有四支柱，包括：機器對機器的通信、分散決策、預測故障及即時警報機制，進而實現最佳整體設備效率 (OEE)，同時亦可取得工廠或車輛間之感測器資料。

工業物聯網 (Industrial Internet of Things, IIoT)

工具　處理器　User　分析　連結

機器及感應器　警報

圖 1-29　工業物聯網 (Industrial Internet of Things, IIoT)

教學網：https://www.youtube.com/watch?v=K8_iuT1h-dY（工業 4.0 介紹）

工業物聯網 (IIoT) 是指互連的 sensor、儀器及與電腦的工業應用聯網在一起的其他設備，包括但不限於製造及能源管理。這種連接允許數據收集，交換及分析，可能有助於提高生產力、效率及其他經濟效益。IIoT 是分散式控制系統 (distributed control system, DCS) 的演變，透過使用雲端運算來最佳化及最佳化過程控制，從而實作更高程度的自動化。

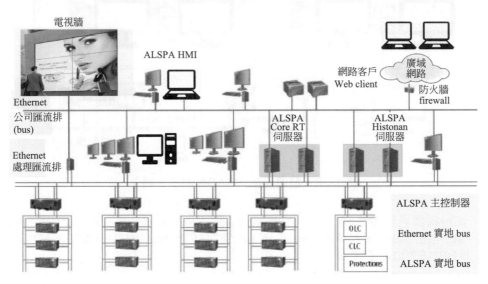

圖 1-30　分散式控制系統 (distributed control system, DCS)

IIoT 由諸如網路安全、雲端運算、行動技術、機器對機器、3D 列印、高級機器人、大數據、物聯網、RFID 技術及認知計算等技術實作。其中四個最重要的描述如下：

1. 網路物體系統 (cyber-physical systems, CPS)：物聯網及 IIoT 的基本技術平台，因此是連接先前斷開連接的物體機的主要推動者。CPS 將物體過程的動態與軟體及通信的動態相結合，提供抽象及建模、設計及分析技術，以整合整體。

2. 雲端運算：透過雲端運算，可以提供從物聯網檢索資源的 IT 服務，而不是直接連接到伺服器。文件可以保存在基於雲端的儲存系統上，而不是當地儲存設備上。

3. 大數據分析：大數據分析是檢查大量不同數據集或大數據的過程。

4. 人工智慧及機器學習：人工智慧 (AI) 是電腦科學領域的一個領域，其中創造出像人類一樣工作及反應的智慧機器。機器學習是人工智慧的核心部分，允許軟體在預測結果的情況下變得更加準確，而無需明確程式設計。

定義

網路物體系統 (cyber-physical system, CPS)

　　它是一個結合電腦運算領域以及感測器及致動器裝置的整合控制系統。目前 CPS 的電子控制整合系統，應用在：航空、自動倉儲、汽車、基礎建設、能源、化學製程、長照、智慧製造、智慧交通監控、娛樂及消費性電子產品。以上這些系統通常採用嵌入式系統，強調機器的計算能力，但 CPS 則強調各個物體裝置及電腦運算網路的聯結。

　　CPS 是借用技術手段來延伸人的控制 (在時間、空間等方面)，其本質就是「人、機、物」的整合計算。所以，CPS 又稱為人機物整合系統。它與傳統的嵌入式系統不相同，完整的 CPS 被設計成一個物體裝置的互動網路，而不只是一個單獨運作的裝置。這個概念類似於機器人網路及無線感測網路。未來人將緊密結合：計算及物體物體單元，大幅提升 CPS 的適應性、自動化、功能、效率、可靠性、安全性及可用性。讓 CPS 在多個方面的應用變大，包括：行動介入 (避免行為衝突)；精準製造 (機器手術及奈米層級的製造)；甚至在危險或是無法進入的環境下進行搜尋及營救、消防及深海或太空探測；協調 (空中交通控制、戰鬥行動協調)；擴增人類的能力 (醫療監控及照護)；效率 (零能源額外損耗建築)。

教學網：https://www.youtube.com/watch?v=uDYtRffQe3o (工業 4.0 時代的應用核心 CPS (Cyber-Physical-System))

　　如圖 1-31 所示，網路物理系統 (cyber-physical system, CPS) 是計算、網路及物理過程的整合。嵌入式電腦及網路監視及控制物理過程、回饋循環、物理過程影響計算，反之亦然。這種系統的經濟及社會潛力遠遠超過已實現的系統，並且正在全世界範圍內進行重大投資以開發該技術。該技術建立在較早 (但仍然非常年輕) 的嵌入式系統，電腦及軟體嵌入設備中，其主要任務不是計算，如汽車、玩具、醫療設備及科學儀器。CPS 將物理過程的動態與軟體及網路的動態整合在一起，提供抽象及建模、設計。

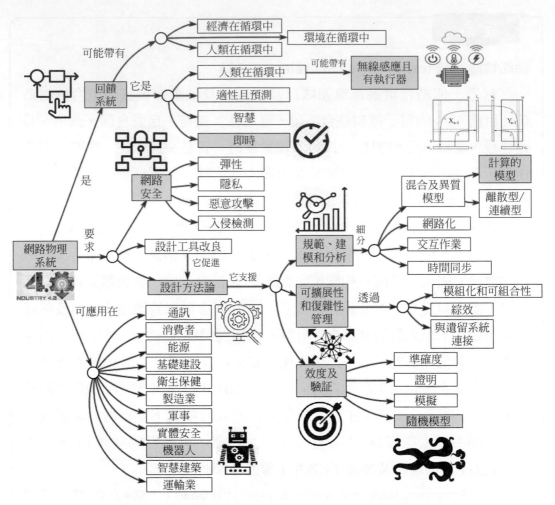

圖 1-31　網路物理系統 (cyber-physical system, CPS)

(二) IoT 數據對於製造業的四大功用 (DigiTimes, 2019)

1. 一是透過自動化來升級製造流程。把 IoT 應用於生產流程管控，不僅會減少無謂浪費，有助於工廠永續發展，長期下來也會提高獲利空間。

2. 提高安全性。雖然 IoT 的好處多多，但也會帶來危害數位安全，工廠通常會採用雙因素認證 (2FA) 或影像分析來偵錯，智慧工廠會搭配自動攝影機。此外，穿戴式裝置內建感測器，也可偵測空氣品質或有害氣體，意外發生前就先發出警告。

3. 提升供應鏈效率，並掌握出貨狀態。例如 IoT 可追蹤管理資產 (原料、成品及者)。製造商通常會利用感測器來收集、監測及傳輸分析的資料。擁有這些資料，你便可發現更有效率的出貨路徑，有效控制產品的溫度，來確保產品到達倉庫前的最佳路徑。

4. 加強顧客體驗。製造商亦可運用 IoT，提升顧客的虛擬 / 實境體驗。

（三）智慧製造：IIoT 的數位化架構

我們處於第四次工業革命的中間，也稱為工業物聯網 (IIoT)。IIoT 正在獲得動力，因為它能夠提高效率並更好地獲取做出關鍵業務決策所需的資訊。

為了在製造環境中，實現 IIoT 並促進數位線程 (digital thread) 及數位分身 (digital twin) 的建構，需要一些系統的解決方案：一致的框架，用舫收集、管理及分析來自產品，機器及流程的數據，並分發來自：立即分析流程應用程序，以便他們及時響應事件。同樣的框架還需要在整個製造過程中，甚至在部署後的產品使用及維護方面，促進數位分身的建構及維護。最後，它需要支持大規模計算來執行大數據分析、模型建構及模擬。

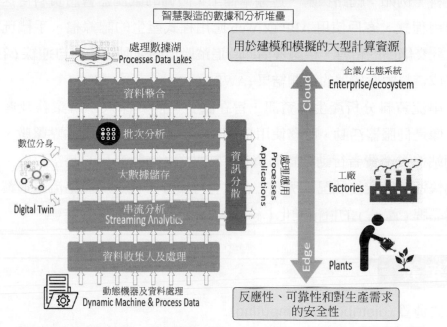

製造過程包括不同的操作、產品、流程、組件、人員、機器、合作夥伴、活動和信息系統

圖 1-32 智慧製造的數據及分析堆疊

需要全面的數據及分析堆疊 (stack) 來滿足需求並滿足要求。如圖 1-30 說明堆疊中的基本層及其在分散式運算方案中的關係。較低的堆疊用於快速及可擴展的串流 (streaming) 數據收集、處理及分析，用於可擴展及持久數據儲存及管理的中間堆疊，以及用於大規模及密集的批次導向分析的高層堆疊，可能基於大數據框架。可靠地分散式分析是必需的：在數據源及決策點附近執行分析，以滿足延遲、可靠性及安全性要求：這意味著需要能夠在工廠級別或附近的邊緣部署流式分析。你還需要在雲中部署大規模批次分析，以充分利用其龐大的計算資源。

現在，在數位化製造環境中將所有內容整合在一起。在其底部，有 CPS 平面，包括：製造設備、產品及物體設施及環境。

然後，制定製造計劃，決策及執行平面 - 包括價值鏈及產品鏈中的流程。

定義

串流資料 (streaming data)

串流資料是按順序以遞增 (減) 的方式處理，且用相互關聯、彙總、篩選和取樣等多種分析。它是由數千個資料來源持續產生的資料，通常會同時傳入資料記錄，且大小不大 (約幾 KB)。串流資料包含「各式各樣」的資料，例如：網路採購、運輸車輛工業設備的感測器會將資料傳送到串流應用程式、客戶使用 APP 或 Web 應用程式產生的記錄檔、手機玩家貼文、社交網路的留言、金融機構即時追蹤股市的變動，或來自連線 (智態) 裝置或資料中心儀器的遙測結果 (AWS,2019)。

串流資料分析產生的資訊，旨在讓公司能更深入了解業務及客戶活動，像是伺服器活動、服務使用量 (用於計量 / 計費)、網站點擊數、不動產網站追蹤消費者行動裝置的資料，或裝置 / 物體商品的時空位置，如此做到快速反應突發狀況。例如，企業可持續分析社交媒體串流來追蹤大眾對其品牌 (產品) 的情緒變化 (滿意度)，來即時回應客戶。

定義

分散式運算 (distributed computing)

開放分散式計算架構是指以分散式計算技術為基礎，旨在解決大規模的問題開放式軟體架構。開放分散式計算架構具有較好的可攜性和可裁剪性。現在的架構樣式多，包括：高併發架構、容器化架構、異地多活架構、微服務架構、彈性化架構、高可用架構等，其管理型的技術方法，如應用於監控、DevOps、自動化運維、SOA 服務治理、去 IOE 等。

分散式運算旨在研究分散式系統 (system) 如何進行計算。它以多部處理機 (processor) 並行處理計算方式。意即把電腦與儲存記憶體安裝在各不同地點的部門，應用電腦網路加以連接而做資料計算的一種電腦系統。把需要進行大量計算的工程資料分割成幾小塊，分工給多台電腦來同步計算，再上傳運算結果後，將結果合併後再求得資料結論的科學。但分散式系統架構仍有其難點，包括系統設計，以及管理和維運。

二、工業 IoT：汽車業 (automotive industry) 為例

隨着汽車向智慧化發展，汽車由機械系統向電子系統轉換，目前汽車中使用的電器及電子產品元件占汽車總成本的比例已從 25% 提高到 40%。

(一) 汽車安全趨勢：高級駕駛輔助系統 (ADAS) 來消除盲點

多年來，從防剎死剎車系統到安全氣囊，汽車安全的重要性已成為許多關鍵創新的推動力。德國汽車製造商率先利用許多最先進的技術來提高駕駛員的安全性及整體駕駛體驗。例如，僅在過去的二十年中，德國車輛就是第一個提供主動車道保持輔助的車輛，當駕駛員從他或她的車道轉向時，它會向方向盤引入振動。然後是側面輔助系統，這是一種基於雷達的系統，可以向駕駛員發出盲區內任何車輛的警報，幫助她安全地換道。隨後引入了走走停停及製動輔助，延長了巡航控制，透過在即將發生的碰撞之前快速斷開制動來降低後端碰撞的風險。

隨著時間的推移，這些功能變得越來越複雜，並且越來越普遍，特別是在車輛中引入安全攝影機以消除駕駛員的盲點。

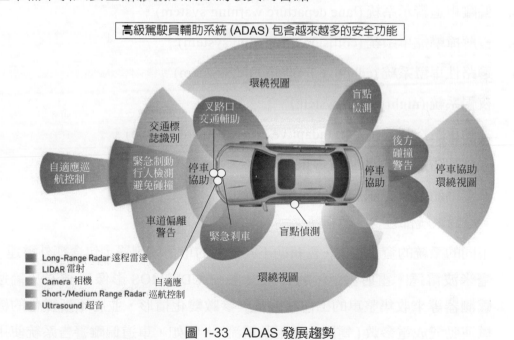

圖 1-33　ADAS 發展趨勢

常見的輔助駕駛系統有：

1. 車載導航系統，通常由 GPS 及 TMC 來提供即時交通資訊。

2. 自適應巡航控制系統

3. 車道偏離警示系統

4. 換車道輔助系統

5. 防撞警示系統

(二) 先進駕駛輔助系統 (advanced driver assistance systems, ADAS)

先進駕駛輔助系統 (ADAS)，ADAS 的主要功能並不是控制汽車，而是為了避免人類駕駛分心而發生意外，預先警告可能發生的危險狀況。ADAS 是在車上安裝各式各樣的感測器 (偵測光、熱、壓力等參數)，在第一時間收集車內外的環境資料，進行靜、動態物體的辨識、偵測與追蹤等技術上的處理，並在最短的時間內提醒駕駛人注意可能發生的情況；常見的輔助駕駛系統包括 10 個組件 (MoneyDJ，2019)：

1. 盲點偵測系統 (blind spot detection system)。

2. 支援型停車輔助系統 (backup parking aid system)。

3. 後方碰撞警示系統 (rear crash collision warning system)。

4. 偏離車道警示系統 (lane departure warning system)。

5. 緩解撞擊煞車系統 (collision mitigation system)。

6. 適路性車燈系統 (adaptive front-lighting system)。

7. 夜視系統 (night vision system)。

8. 主動車距控制巡航系統 (adaptive cruise control system)。

9. 碰撞預防系統 (pre crash system)。

10. 停車輔助系統 (parking aid system)。

上述，每個系統都包含 3 個程序：

1. 不同的系統的資訊收集，需藉助不同類型的車用感測器，包含紅外雷達、毫米波雷達、雷射雷達、超聲波雷達、CCD\CMOS 影像感測器及輪速感測器等來收集整車的工作狀態及其參數變化情形，並將不斷變化的機械運動變成電參數 (電壓、電阻及電流)。例如，車道偏離警告系統使用 CMOS 影像感測器、夜視系統則使用紅外線感測器、停車輔助系統則會使用超聲波、適應性定速控制通常使用雷達等。

2. 電子控制單元 (ECU) 旨在將感測器收集到的資訊進行分析處理，然後再向控制的裝置輸出控制訊號。

3.　執行器,依據 ECU 輸出的訊號,讓汽車完成控制動作。

車用雷達依據傳輸介值不同,可分為微波雷達、紅外線雷達、超聲波雷達及雷射雷達。

(三) 自動駕駛 (autopilot)

自動駕駛汽車 (autopilot),又稱無人車或輪式行動機器人,它是一種經由機械、電子儀器、液壓系統、陀螺儀等,做出無人操控的自動化駕駛。迄今,完全的自動駕駛汽車仍未全面商用化,只部份可靠技術才能納入量產車型。(Wiki.autopilot,2019)。

無人車係常以光學雷達、GPS 及電腦視覺等技術感測其環境。先進的控制系統能將感測資料轉換成適當的導航道路及障礙與相關標誌。迄今,自駕車能透過感測輸入的資料,更新其地圖資訊,讓交通工具可以持續追蹤其位置。

例如,Tesla 電動汽車,環繞車身共配有 8 個攝影機,視野範圍達 360 度,對周圍環境的監測距離為 250 公尺。12 個超聲波感測器作為整套視覺系統的輔助,來偵測物體。

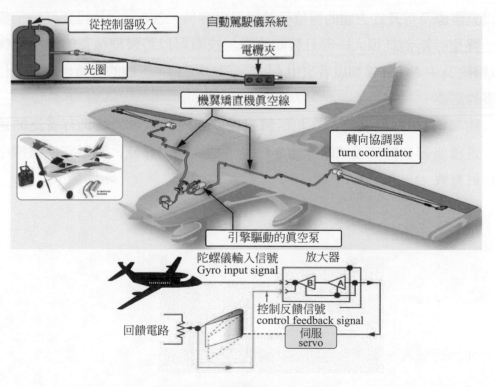

圖 1-34　自動駕駛 (autopilot)

飛機系統：自動駕駛儀組件

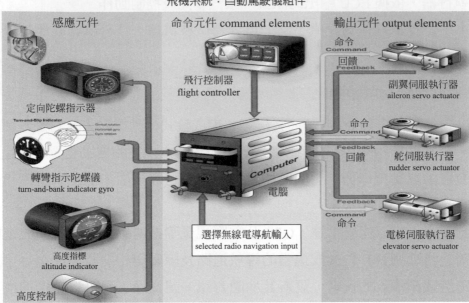

圖 1-34　自動駕駛 (autopilot)（續）

三、醫療保健中物聯網 (IoT in healthcare)

　　雖然技術無法阻止人口老化或同時根除慢性病，但物聯網 (IoT) 至少可以使口袋醫療及可及性方面的醫療保健變得更容易，患者可以獲得更好的治療。

　　醫療診斷消耗很大一部分醫院帳單。技術可以將醫療檢查的程序從醫院 (以醫院為中心) 轉移到患者家中 (以家庭為中心)。正確的診斷也將減少住院治療的需要。

　　物聯網 (IoT) 的新範例在包括醫療保健在內的眾多領域具有廣泛的適用性。這種典範在醫療領域的全面應用是一個共同的希望，因為它使醫療中心能夠更有效。

圖 1-35　醫療業 (Internet of Things in healthcare)

教學網
1. https://www.youtube.com/watch?v=8AkXW9EPFJg（醫療保健 -IoT 及大數據）
2. https://www.youtube.com/watch?v=QSlPNhOiMoE(IoT 工作原理）
3. https://www.youtube.com/watch?v=6OxiD91PYXo(IoT 患者健康監測專案）

(一) 醫療保健中物聯網的 10 個例子

物聯網 (IoT) 開闢了醫學可能性的世界。當連接到 Internet 時，普通醫療設備可以收集寶貴的額外數據，提供對症狀及趨勢的額外洞察，實現遠程護理，並通常為患者提供更多控制在他們的生活及治療。

以下是醫療保健中物聯網的 10 個例子，它們透過技術證明了藥物的功能。

1. 癌症治療 (cancer treatment)

近年 ASCO 年會上的一項隨機臨床試驗提供數據，該試驗包括 357 名接受頭頸癌治療的患者。該試驗使用具有藍牙功能的體重秤、血壓袖帶及症狀跟蹤應用程序，每個工作日向患者的醫生發送有關症狀及治療反應的更新。

使用這種智慧監測系統 (稱為 CYCORE) 的患者與對照組患者相比，經歷與癌症及其治療相關的不太嚴重的症狀，而對照組患者每周定期就診 (無需額外監測)。

該研究證明智慧技術在改善患者與醫生的聯繫，以及監測患者狀況方面的潛在益處，其方式對他們的日常生活造成的干擾最小。

2. **智慧連續血糖監測 (CGM) 及胰島素筆 [Smart continuous glucose monitoring(CGM) and insulin pens]**

事實證明，糖尿病是智慧設備發展的沃土，作為一種影響大約十分之一成人的病症，一種需要持續監測及治療的疾病。

連續葡萄糖監測儀 (CGM) 是一種透過定期讀數，幫助糖尿病患者連續數天連續監測血糖水平的裝置。第一個 CGM 系統於今年獲得美國食品及藥物管理局 (FDA) 的批准，近年來，許多智慧 CGM 已經上市。

像 Eversense 及 Freestyle Libre 這樣的智慧 CGM 將血糖水平數據發送到 iPhone、Android 或 Apple Watch 上的應用程序，讓佩戴者可以輕鬆檢查他們的資訊並檢測趨勢。FreeStyle LibreLink 應用程序還允許護理者進行遠程監控，護理者可能包括糖尿病兒童的父母或老年患者的親屬。

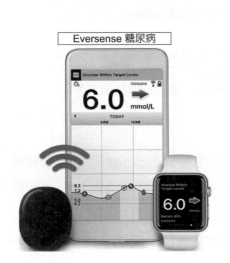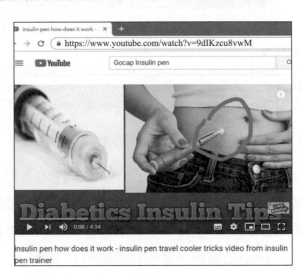

圖 1-36　Eversense 糖尿病

教學網
https://www.youtube.com/watch?v=9dIKzcu8vwM(胰島素筆如何工作)

目前改善糖尿病患者生活的另一種智慧設備是智慧胰島素筆。智慧胰島素筆 (或筆帽) 如 Gocap、InPen 及 Esysta 能夠自動記錄劑量注射胰島素的時間、數量及類型，並在合適的時間推薦正確的胰島素注射類型。

這些設備可以與智慧手機應用程序進行互動，可以儲存長期數據，幫助糖尿病患者計算胰島素劑量，甚至 (在 Gocap 的情況下) 允許患者記錄他們的膳食及血糖水平，看他們的食物及胰島素攝入量正在影響他們的血糖。

3. **閉環 (自動) 胰島素輸送 [closed-loop(automated) insulin delivery]**

OpenAPS 是一種閉環胰島素輸送系統，它與 CGM 的不同之處在於，它既可以測量患者血液中的葡萄糖含量，也可以提供胰島素，從而"關閉循環"。

自動化胰島素輸送提供許多可以改變糖尿病患者生活的益處。透過監測個體的血糖水平並自動調節輸送到系統中的胰島素量，APS 有助於將血糖保持在安全範圍內，防止極端高低 (也稱為高血糖 (過高的葡萄糖) 及低血糖 (過度低葡萄糖)。胰島素的自動輸送還允許糖尿病患者整夜睡眠而沒有血糖下降的危險 (也稱為夜間低血糖症)。

雖然 OpenAPS 不是一個"開箱即用"的解決方案，並且要求人們願意建立自己的系統，但它正在吸引越來越多的糖尿病患者群體，他們正在使用其免費及 open source 技術來解決他們的胰島素輸送。

4. **連接至哮喘吸入器 (connected inhalers)**

與糖尿病一樣，哮喘是影響全世界數億人生活的一種疾病。由於連接吸入器，智慧技術開始讓他們更好地了解及控制他們的症狀及治療。

最大的智慧吸入器技術生產商是 Propeller Health。Propeller 並沒有生產整個吸入器，而是創造一種連接吸入器或藍牙肺活量計的感測器。它連接到一個應用程序，幫助患有哮喘及 COPD (慢性阻塞性肺病，包括肺氣腫及慢性支氣管炎) 的人了解可能導致他們的症狀的原因，追蹤救援藥物的使用，並提供過敏原預測。

圖 1-37　哮喘吸入器 (inhalers)

教學網
1. https://www.youtube.com/watch?v=2Ihv4PUstXs（螺旋槳吸入器感測器拆箱及檢查）
2. https://www.youtube.com/watch?v=von7cyXcj2c（使用吸入器）
3. https://www.youtube.com/watch?v=WQRJHuEmUTA（智慧觸控藥品）

5. 可攝取的感測器 (ingestible sensors)

　　Proteus Digital Health 及其可攝取的感測器是智慧醫學如何監測依從性的另一個例子。根據世界衛生組織的研究，50% 的藥物未按指示服用。

　　Proteus 的系統是減少這個數位的一種努力：該公司製造的藥丸溶解在胃中並產生一個小信號，該信號被佩戴在身體上的感測器拾取，然後將數據轉發到智慧手機應用程序，確認患者已按照指示服用了他們的藥物。

　　到目前為止，Proteus 已經用藥丸試驗該系統，用於治療未控制的高血壓及 2 型糖尿病及抗精神病藥物。迄今，ABILIFY MYCITE 是一種由 Proteus 及 Otsuka Pharmaceutical Co. 建立的抗精神病藥物－成為第一個獲得 FDA 批準的帶有數位追蹤系統的藥物。

　　與連接吸入器一樣，可攝取感測器可以幫助跟蹤及改善患者服用藥物的頻率，並允許他們與醫生就治療進行更加明智的對話。雖然使用感測器服用藥片的想法可能看起來具有侵入性，但該系統允許患者可以隨時停止共享某些類型的資訊，或者完全退出該計劃。

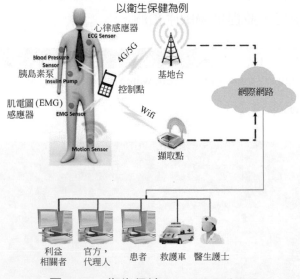

圖 1-38　衛生保健 (healthcare) IoT

圖 1-38　衛生保健（healthcare）IoT（續）

教學網
1. https://www.youtube.com/watch?v=sGQeWRpmgIU（移動醫學 -IoT 與健康相結合）
2. https://www.youtube.com/watch?v=Y8288eEEsmc(IoT 在醫療保健領域的崛起）
3. https://www.youtube.com/watch?v=6OxiD91PYXo(IoT 病患健康監測項目）
4. https://www.youtube.com/watch?v=bsycx2zbCxA（前 7 名 IoT 專案）
5. https://www.youtube.com/watch?v=8AkXW9EPFJg（醫療保健 -IoT 及大數據）

6. 連接隱形眼鏡 (connected contact lenses)

醫療智慧隱形眼鏡是物聯網在醫療保健領域的雄心勃勃的應用。雖然這個概念具有很大的潛力，但到目前為止，科學並不總能達到預期。

Google 生命科學，該專案吸引了大量懷疑論者，他們認為透過眼淚測量血糖水平的想法在科學上並不合理。但是最終，證明他們是正確的。

7. 監視抑鬱症 (monitors depression) 的 Apple Watch app

可穿戴技術並不總是必須考慮到醫療用途才能獲得醫療保健。Takeda Pharmaceuticals USA 及 Cognition Kit Limited 是一個衡量認知健康的平台，於近期合作探索使用 Apple Watch app 監測及評估重性抑鬱症 (MDD) 患者。

該研究發現該 app 的合規程度非常高，參與者每天都會使用它來監控他們的情緒及認知。該 app 的每日評估也被發現與更深入及客觀的認知測試及患者報告的結果相對應，表明透過 app 提供的認知測試仍然可靠且可靠。

　　雖然這項研究只是一個探索性試點，但它已經證明了可穿戴技術可用於即時評估抑鬱症的影響。與其他收集數據的智慧醫療設備一樣，Apple Watchapp 還可以讓患者及醫療保健專業者更深入地了解他們的情況，並就護理問題進行更明智的對話。

圖 1-39　監視抑鬱症的 Apple Watch app

8. 凝血測試

　　2016 年，羅氏推出了「藍牙凝血系統」，讓患者可以檢查血液凝固的速度。這是抗凝患者的第一種此類裝置，其自我檢測顯示可幫助患者保持在治療範圍內並降低卒中或出血的風險。能夠將結果傳輸給醫療服務提供者意味著更少 access 診所。該設備還允許患者為其結果添加註釋，提醒他們進行測試，並標記與目標範圍相關的結果。

9. Apple 的 ResearchKit 及帕金森病 (Parkinson's disease)

　　現今，Apple 在其開源 (open source) 研究套件 API 中添加一個新的「運動障礙 API」，允許 Apple Watches 監測帕金森症的症狀。通常，症狀由診所的醫生透過物理診斷測試來監測，並且鼓勵患者記錄日記以便隨時間更深入地了解症狀。API 旨在使該過程自動且連續。

　　連接的 iPhone 上的應用程序可以在圖表中顯示數據，提供每日及每小時的故障，以及每分鐘的症狀波動。

　　Apple 的 ResearchKit 也被用於許多不同的健康研究，包括與 GSK 合作進行的關節炎研究，以及使用 Apple Watch 中的感測器檢測癲癇發作及持續時間的癲癇研究。

　　Apple 熱衷於宣傳其應用程序有助於醫學研究及護理的潛力，為此，2017 年推出了 CareKit，這是一個 open source 框架，旨在幫助開發者建立用於管理醫療條件的應用程序。與 HealthKit 不同，CareKit 可以用於一般健身及健康，CareKit 可用於設計具有特定醫療用途的應用程序－因此，請觀看此空間，以獲得更多利用 iPhone 及 Apple Watch 技術的醫療創新。

10. ADAMM 哮喘監測儀 (asthma monitor)

ADAMM 是一種可穿戴的智慧哮喘監測儀，旨在發現哮喘發作前的哮喘發作症狀，讓佩戴者在發作惡化之前對其進行管理。它振動以通知佩戴它的人即將發生的哮喘發作，並且還可以同時向指定的護理者發送短信。該設備的其他功能包括吸入器檢測，也可以檢測及跟蹤吸入器的使用，若患者不記得他們是否使用過，可以語音記錄來記錄諸如變化、感覺及行為之類的事情。

它還具有一種算法技術，可以隨時了解佩戴者的"正常"情況，從而更好地了解某些事情何時發生變化。

ADAMM 與應用程序及門戶網站結合使用，幫助哮喘患者設置藥物提醒，查看設備數據，並提醒自己治療計劃。

（二）連接醫療設備的重要性

連接的醫療設備是醫療行業數位化的實施例。這些先進的工具可以更好地改變當前醫療保健服務的面貌。隨著其需求的增長，全球互聯醫療設備市場正在獲得動力。

這些設備非常有用，因為它們內置了連接功能。它們可以有效地用於將重要資訊傳輸到各種系統，如 Android 手機、電子健康記錄等。事實證明，這些設備的引入對醫療保健領域非常有益。

除此之外，這些設備還幫助那些尋求高品質醫療服務的患者。連接的醫療設備對於接收者來說具有三個主要優點，即成本效益，高品質及更容易 access。隨著越來越多的人開始選擇它們，與醫療保健相關的所有問題很快就會消失。

連接醫療設備市場細分

全球連接醫療器械市場已根據包括軟體、血壓監測儀、追蹤器、心電圖、動態心電圖。BiPAP 在內的產品進行細分，其基礎包括通信、網路；基於護理，包括睡眠呼吸暫停；血壓基於最終用戶，包括醫院、患者、診所。

醫療設備連線

　　醫療設備可以連接在無線及有線網路上。無線網路，包括 Wi-Fi、無線醫療遙測服務及藍牙，提供更廣泛的連接覆蓋，允許不間斷監測運輸中的患者。有線網路快速、穩定且高度可用。有線網路通常首先安裝成本更高，並且需要持續的維護成本，但允許組織在封閉環境中連接 (Brookstone, 2011)。

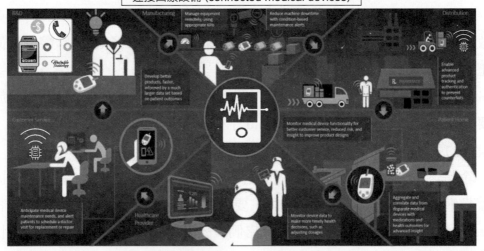

物聯網對醫療保健的用處

1. 遠程患者健康數據監控
Remote patient health data monitoring, abnormality alerting

3. 設備到分析數據流自動化
Device-to-analytics data stream automation

5. 遠程設備配置
Remote equipment configuration

2. 虛擬設備管理
Virtual appliance management

4. 看護人的設備管理
Caregiver's equipment administration

6. 及時的設備維護
Timeous appliance maintenance

連接醫療設備 (connected medical devices)

圖 1-40　連接醫療設備 (connected medical devices)

醫療設備的重要性

越來越多的護理者選擇醫療 Internet 的解決方案，因為 IoT 提供以下好處 (圖 1-38)：

1. 遠程患者健康數據監控、報告及異常警報。小工具向護士或醫務者發送有關患者病情的有價值資訊，而不需要與患者直接接觸。此外，若情況變得更糟或向用戶發送提醒警報，他們會向工作者發出警報。

2. 虛擬設備管理，無論其數量多少。成千上萬家醫院的設備與中央控制系統相連，便於管理及監控。此外，這減少人類的參與，最大限度地減少了錯誤的風險，並且需要更少的時間。

3. 設備到分析數據流自動化。醫務者不接收原始資訊；他們獲得可供使用的結構化數據。因此，工人不會被數據處理分心。

4. 看護人的設備管理。此功能允許工作者了解其設備的狀況及位置；特別是，可以從一個地方移動到另一個地方的資產。

5. 遠程設備配置。工作者可以遠程調整家庭健康監測設備或可穿戴設備，無需患者到醫院就診。

6. 及時的設備維護。廠商可以提前注意到設備性能的任何異常，並在損壞之前進行修復。對於安裝在重症監護病房中的小配件或特別容易損壞的設備而言，這一點尤其重要。

7. 降低成本。醫療保健領域的物聯網可以遠程監控患者的狀態，從而實現家庭疾病治療。此外，醫療設備維護成本降低，而正常運行時間增加。

小結

IoT 在醫療業的應用，包括：

1. 協助診斷。
2. 協助新藥開發。
3. 安養照護機器人。

四、物流倉儲業 (logistics warehousing industry)

物流管理是由運輸、儲存、包裝、裝卸、流通加工、配送及資訊諸環節構成。系統方法就是利用現代技術，使物流各個環節能共享總體資訊，把所有環節作為一個一體化的系統來進行組織及管理，達到物流成本低、經濟效益高的目標。

基本上，IoT 在物流業的應用，包括：

1. 機器人硬體及配套設施之標準化設定，以確保大量生產的可控性。

2. 後台之操控系統可根據客戶業務特性、倉庫布局等資訊來自定時空配置，包括：工位設定與機器人動線 / 數量、貨架擺放等。

很久以前，物流業是將貨物從 A 點移到 B 點的時間。由於競爭激烈及面臨多重挑戰，主要關注客戶，滿足他們的需求及期望。

現在，物流公司的首要目標是確保準時交貨，供應鏈可視性，產品生命週期透明度及優質服務。任何物流公司的成功在於高效的庫存管理及倉儲，內部業務流程的自動化，快速交付及安全存儲及貨物品量。

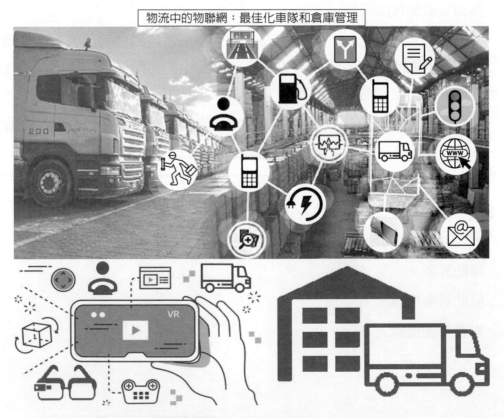

圖 1-41　物流倉儲業 (logistics warehousing industry)

教學網：https://www.youtube.com/watch?v=4DKrcpa8Z_E&t=9s（Inside A Warehouse Where Thousands Of Robots Pack Groceries）

教學網：https://youtube.com/tch?v=RaZQL18jzTc（全台首座智慧物流園區 揀貨靠機器人大軍 20210508【台灣向錢衝】PART2）

教學網：https://www.youtube.com/watch?v=hENoa6dKpgs&t=10s（中國造全球最大最先進的碼頭，耗資 700 億打造，全港只有 9 名員工）

　　很久以前，物流業是將貨物從 A 點移到 B 點的時間。由於競爭激烈及面臨多重挑戰，主要關注客戶，滿足他們的需求及期望。

　　現在，物流公司的首要目標是確保準時交貨、供應鏈可視性、產品生命週期透明度及優質服務。任何物流公司的成功在於高效的庫存管理及倉儲，內部業務流程的自動化，快速交付及安全儲存及貨物品量。

　　7R 目標原則是指：將適當數量 (right quantity)、適當產品 (right product)、適當的時間 (right time)、適當的地點 (right place)、適當的條件 (right condition)、適當的使用者 (right customer) 及適當的成本 (right cost) 交付給客戶。由於任務非常複雜，因此使用創新解決方案來實作目標的必要性越來越大。

　　物聯網 (IoT) 帶來了智慧連接及案例，即將徹底改變物流領域。基於物聯網的解決方案提供許多優勢及機遇，正在該領域得到廣泛應用。而供應鏈監控、車輛追蹤、庫存管理、安全運輸及流程自動化是物聯網應用及連接物流系統主要組成部分的關鍵。

（一）物流中的物聯網 (IoT in logistics)：最佳化車隊及倉庫管理

　　由於射頻辨識 (RFID)、電子數據交換 (EDI)、條形碼、無線局域網、AVL、自動辨識及數據捕獲 (AIDC) 技術等技術的出現，物流行業的物聯網增長成為可能。

　　今日物聯網的出現，物流服務提供商 (LSP) 正在經歷其業務運營的急劇轉變。這影響了他們的整個價值鏈，從原材料到入境及出境運輸，生產工作流程，倉儲及分銷。在章節中，將討論物聯網在兩個物流領域的影響：(1) 車隊管理，(2) 倉庫管理。

1. **車隊管理的物聯網**

　　由於車輛的燃料及維護成本不斷增加，車隊公司的利潤率很高。車隊管理中的物聯網可以透過有效利用車輛、燃料、備件等資源來幫助降低及管理總體成本。供應鏈必須針對燃油效率，駕駛員生產率以及最大限度地減少運輸貨物的運輸損壞進行最佳化。

　　讓我們從如何最佳化燃料供應及運輸負載開始。感測器可以測量負載容量，以提供有關某些路線上車輛備用容量的更多見解。透過使用儀表板，可以辨識沿固定路線的空間容量。這將提高車隊效率，改善燃油經濟性並減少死角里程。連接的車隊還可以為預測資產生命週期管理鋪平道路，利用分析來預測資產故障並自動安排維護檢查。

　　即時驅動程序監控對於最佳化機群運行時至關重要。物聯網可以透過警告長途駕駛時的疲勞，在駕駛員的健康及安全方面發揮關鍵作用。使用車隊遠程資訊處理，可以透過將感測器與物聯網相結合來監控車隊內車輛的位置、移動、狀態及行為。必須確保駕駛員不會太累，無法安全操作卡車。此外，為了確保卡車以 24×7 運行，可以透過操作員電話上的智慧手機應用程序追蹤駕駛員在車輪後面花費的小時數及燃料使用情況。

　　車聯網物流公司可以節省巨額的總支出，因為透過追蹤設備及感測器可以完全避免擁擠的路線，從而降低燃料成本，同時由於交付延遲而降低損壞物品的成本。

2. **倉庫管理系統中的物聯網**

　　連接的設備及感測器可以在合適的價格，時間及地點幫助管理正確數量的產品。目標是管理從提貨點到終點的商品路線 (行程)，包括提貨、接收、品質控制、報告及預測等。在倉庫管理系統中，需要分配每平方米有效地確保易於檢索特定商品，然後進行處理，並迅速交付。物聯網與倉庫管理系統 (WMS) 的整合導致基於拉動的供應鏈 (而不是基於推送) 的真正發展。

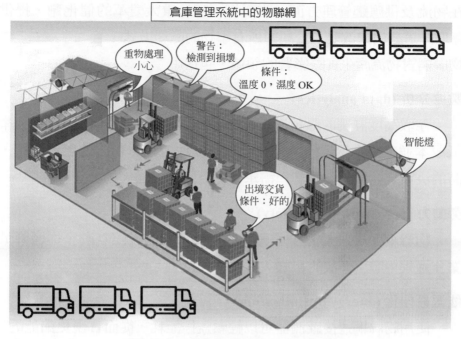

圖 1-42 倉庫管理系統中的物聯網

　　以易腐食品為例。如今，美國及歐洲佔所有食物浪費的約 60%，平均 21% 的廢物由於腐敗而發生。透過使用感測器捕獲每個托盤從入站 gateway 到達時傳輸的數據並記錄尺寸，容量等參數並將整個數據發送到 WMS 進行處理，可以防止倉庫中的一些變質。

　　怎麼樣？可以透過更加成功地將托盤移動到正確的位置，將傳輸信號標記到 WMS 並為庫存控制提供即時可見性來實現。若貨物對溫度敏感，則可以使用感測器測量濕度閾值，若位置不匹配，可以向倉庫管理員發送警報以跟蹤其確切位置。

　　在外向交貨期間，出站 gateway 可用於跟蹤正確的訂單；庫存水平也可以在 WMS 中自動更新，以實現準確的庫存控制。攝像機可以與 gateway 連接，並且掃描托盤以檢測損壞。我們還可以監控工人的健康及疲勞，追蹤工人的固定過程路徑，並分析倉庫經理可以改善人行道或改變流程的位置，使工人的生活更輕鬆，更安全。

（二）提供價值：物流及供應鏈管理中的物聯網

　　從家用電器到辦公室機器、從自動駕駛汽車到智慧恆溫器及安全系統，IoT 正在成為集體現實中的便利力量。

　　　在物流及供應鏈管理方面，物聯網一直是重大變革的催化劑，提供對數據的存取，這些數據改變了公司對所有事物的處理方式。

　　　物聯網對物流產生實際影響的領域，包括：

1.　數據分析 (data analytics)

　　　存取高度詳細的數據有助於公司加強客戶關係，提高運營效率，降低成本並支持全球規模。公司能夠更好地追蹤庫存，做出更明智，更及時的決策，並準確預測客戶需求，從而建立更強大的合作夥伴關係。

2.　勞動力安全 (workforce safety)

　　　物聯網連接設備減少了與其他人及機器的人際互動，從而降低了在業務過程中發生事故的風險。

3.　能源最佳化 (energy optimization)

　　　使用物聯網連接感測器可以輕鬆監控能耗，從而實現更節能的流程，降低成本及環境影響。

4.　最佳化倉儲 (optimized warehousing)

　　　使用物聯網進行倉庫及堆場最佳化可減少人員干預，減少工作中的傷害，提高點到點的效率及準確性。

5.　供應鏈可見性 (supply chain visibility)

　　　聯網設備提供對供應鏈各個方面的完全可視性，為透過鏈中的每個環節改善運營及問責制提供平台。

6.　車隊管理最佳化 (fleet management optimization)

　　　使用物聯網可以追蹤及最佳化從裝載物流到駕駛員時刻表、檢查、車輛使用、服務路線及車輛維護的所有內容。透過提供預測性見解並大幅減少車隊停機時間，可以降低維護成本。

7.　物聯網、機器學習及人工智慧 (IoT, machine learning, and artificial intelligence)

　　　雖然它被廣泛稱讚為物流改進技術的新浪潮，但物聯網只是其中的一個組成部分。為了能夠利用物聯網所支持的功能，公司必須準備好收集其感測器將收集的大量數據。為了從這些感測器中提取最大價值，有必要將它們與機器學習及人工智慧 (AI) 組件配對，以幫助理解這一切。

這些分析技術將物聯網設備收集並處理的數據全部轉化為可操作的見解，然後可以利用這些數據做出及時的業務決策。

（三）物流的物聯網應用有 6 種

包括：車隊管理及運輸 (fleet management and transportation)、庫存跟蹤及倉儲 (inventory tracking and warehousing)、物聯網技術及預測分析 (IoT technology and predictive analytics)、用於供應鏈管理的物聯網及區塊鏈 (IoT and blockchain for supply chain management)、自動駕駛車輛 (self-driving vehicles)、基於無人機的運送 (drone-based delivery)。

1. 車隊管理及運輸 (fleet management and transportation)

車隊管理一直是物流業的重要組成部分。隨著GPS追蹤服務的進步，管理車隊從未如此簡單。物聯網提供的這種新連接將使連接及到達所有車隊幾乎毫不費力。On Time Logistics 已經在使用技術來跟蹤你在現場的司機，因此不僅可以知道客戶包裹的位置，還因此知道在他們進入時可以分配新的交付。

物聯網還可能對物流行業的貨運方面產生影響。透過向卡車添加物聯網技術，公司可以追蹤卡車本身的燃油效率，並可以查看駕駛員路線的詳細資訊。這項技術可以幫助發現潛在的漏油及其他卡車電機故障，以幫助司機及車隊經理。提前發現這些問題可能會降低維修成本，因為問題正在迅速發現。

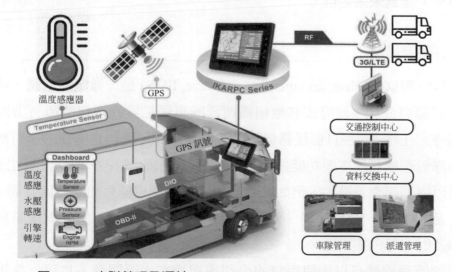

圖 1-43　車隊管理及運輸 (fleet management and transportation)

最新的車隊管理解決方案，利用物聯網為車隊運營商提供在車隊生命週期內的廣泛優勢，包括：

(1) 遵守環境及安全法規。

(2) 最佳化的維護及物流。

(3) 監控駕駛員性能及車輛狀態，以提高安全性及燃油消耗。

(4) 定期的預防性維護，以提高車輛估值。

對於希望透過物聯網解決方案實作最佳投資回報率，對車隊運營商而言，關鍵是為車輛配備旨在支援長生命週期的無線技術。其主要考慮因素包括：強大的連接性、可擴展性及支援新收入模型的靈活性。

選擇遠程資訊處理設備，旨在透過車輛跨越農村到城市，網路供應商之間及網路從 2G 及 3G 演進到 4G／LTE 的邊界，可靠地運行。部署將保持兼容的 SIM 及模組，以避免在現場升級設備的成本。

對於 OEM，遠程資訊處理服務供應商及 IT 部門而言，關鍵是使用可擴展，易於部署且與現有及不斷發展的標準兼容的技術開發連接的車隊管理解決方案。

解決方案供應商可以透過使用整合的設備到雲端 IoT 平台來進一步降低 TCO，這些平台可簡化開發，允許跨多種設備類型進行軟體更新，並支援應用程序與各種解決方案及服務供應商的整合。與連接服務捆綁在一起的基於雲端的服務提供額外的靈活性，使車隊運營商能夠支援他們當前所需的靈活業務模型，並為未來定位。

軟體採購及開發

車隊管理軟體 (fleet management software, FMS) 是一種電腦軟體，使人們能夠在管理與公司，政府或其他組織運營的車隊相關的任何或所有方面完成一系列特定任務。這些具體任務包括從車輛採購到維護再到處置的所有操作。

車隊管理軟體的主要功能是：收集、儲存、處理、監控、報告及導出資訊。資訊可以從外部來源導入，例如氣泵處理器，管理車輛登記的地區當局 (例如 DVLA 及 VOSA)、金融機構、保險資料庫、車輛規格資料庫、測繪系統及人力資源及財務等內部來源。

車隊管理軟體可以由使用它的公司或組織在內部開發，也可以從第三方購買。它的複雜性及成本差別很大。

車隊管理軟體與車隊管理直接相關。它起源於 70 年代的大型電腦，並在 80 年代變為實用時轉移到個人電腦。然而，在後來的幾年裡，Fleet Management Software 作為 SaaS 提供的效率更高。隨著越來越多的車輛相關立法的引入，車隊管理軟體變得越來越必要及復雜。

5 個最佳免費及開放車隊管理軟體程序

1. Fleet VIP 免費軟體

優點：Fleet VIP 的免費版提供 GPS 追蹤及警報、車輛里程、車輛成本管理及預防性維護到期日等功能。

一個重要的專業是截止日期預測技術功能。公司總裁 Steve Farthing 解釋說，該功能可以幫助公司將 "車隊維護跟蹤功能轉變為現代專案管理範例"，提供日曆到期日，而不是維護到期觸發器的里程表值。

截止日期預測技術可以 "預測未來的截止日期，減少或不需要頻繁的里程表讀數或昂貴的 GPS 系統來捕獲里程表讀數。"

將所有這些與 Fleet VIP 的 CSV 導出功能結合在一起，就可以擁有一個應用程序，可以幫助小型企業減少不必要的繁忙工作並保持機隊清晰。

缺點：免費版僅適用於兩輛車。然而，這種下行的好處是，它仍然可以作為試驗。可以在車隊的兩輛車上進行測試，看看獲得了哪些節省。從那裡推斷，已經了解總體節省。

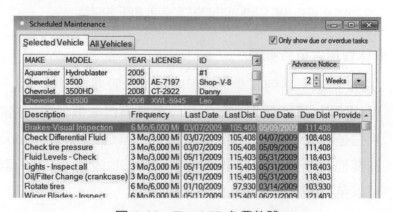

圖 1-44　FleetVIP 免費軟體

下載網址：https://en.freedownloadmanager.org/Windows-PC/FleetVIP.html

2. GPS Wox 免費軟體

優點：GPS Wox 對於一種資產是免費的，可透過 Apple、Google Play 及 Microsoft 商店中提供的原生應用程序即時追蹤您的車輛。Capterra 評論的 GPS Wox 平均有五顆星；客戶喜歡他們在節目中節省多少錢。

缺點：免費版的缺點是功能有限；所有你會得到的是行動應用程序及即時車輛追蹤。GPS Wox 是一種使用遠程資訊處理 (車輛定位) 數據的好方法，但隨著業務的增長，它可能不是一個長期的解決方案。

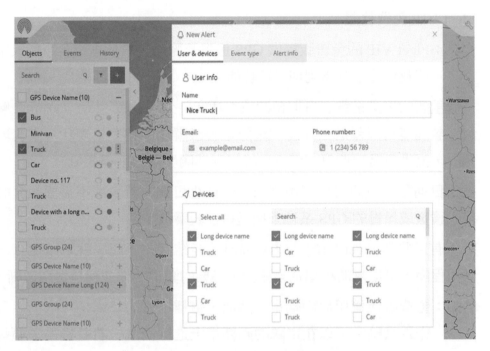

圖 1-45　GPS Wox 免費軟體

下載網址：https://www.gpswox.com/en/features/poi-and-tools

3. Odoo 車隊管理之免費軟體

優點：Odoo 提供一系列商業應用程序，車隊管理就是其中之一。若還沒有任何 Odoo 的應用程序，可以免費獲得一個免費的機隊管理 (只要它是託管的雲)，無限期使用者。但是，若想從 Odoo 套件中添加其他雲託管應用程序，則會花費您的成本 (若託管該軟體，則可以免費獲得任意數量的應用程序)。

Odoo Fleet 包括核心功能，如車輛燃料使用、成本及保險管理。Odoo 還提供透過可定制的報告功能更好地管理車隊的機會。

缺點：免費版本不提供自定義及支援，並且沒有 GPS 追蹤或整合功能。

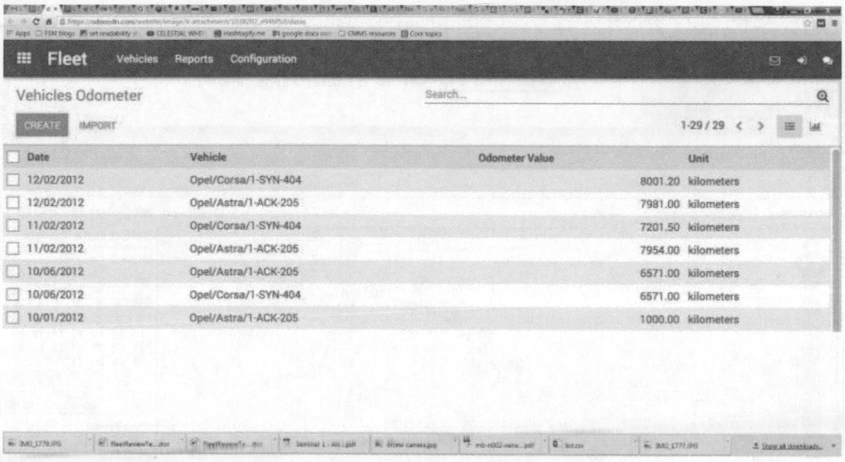

圖 1-46　Odoo 車隊管理之免費軟體

下載網址：https://www.odoo.com/zh_CN/page/download

4.　Open GTS 免費軟體

優點：若想要一種追蹤車輛並具有一些編碼功能的方法，應該檢查 Open GTS Project。這不是一個完整的車隊服務計劃；它追蹤車隊的車輛位置，但不是用於追蹤燃料使用、維護、成本或保修到期等事項。

也就是說，可以調整 Open GTS 以滿足其他需求。可以使用 XML 自定義報告，將系統與各種映射軟體程序整合，並使用可調整的網頁裝飾使您的業務脫穎而出。Open GTS 兼容 Linux、Mac OS、Windows、Free BSD 及 Open BSD。有一些用戶端應用程序可以在 Google Play 及 Apple 的 App Store 上運行，因此 行動性不會成為問題。

若捲起袖子並深入研究程式碼，OpenSource GTS 提供大量的可定制性。

缺點：雖然絕大多數 Open GTS 的評論是積極的，但一些使用者強調冗餘及程式碼膨脹 (不必要的長或複雜的程式碼)。其他人批評 Open GTS 使用 Java。

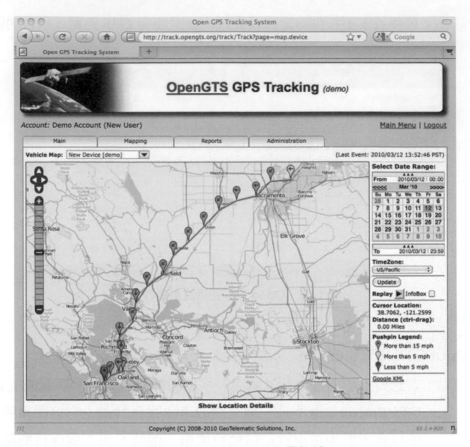

圖 1-47　Open GTS 免費軟體

下載網址：http://www.opengts.org/

5.　Traccar 免費軟體

優點：Traccar 提供基於伺服器的版本及原生行動應用程序。該軟體可與令人
　　　眼花撩亂的追蹤設備配合使用，甚至可與 Open GTS 整合。Traccar 的
　　　人們保持忙碌，沒有任何減速跡象。他們在過去六個月內發布了三個
　　　新版本的 Traccar Server，並經常推出新版本的 行動應用程序。

　　　Traccar 的評論主要是積極的，該計劃淨評分為 4.6 星 (滿分為 5 分)。
　　　若您需要有關該計劃的幫助，Traccar 論壇上的問題將由所有者 Anton
　　　Tananaev 精確地回答瑞士手錶的問題。

缺點：Traccar 是一個免費的 GPS 追蹤系統，可以告訴您車輛的位置，但無
　　　法管理其他業務方面的問題，例如使用主動維護計劃來節省資金。若
　　　需要的只是車隊管理軟體的遠程資訊處理部件 (車輛跟蹤)，Traccar
　　　是一個很好的選擇。但是，若需要一個適用於所有業務相關方面的單
　　　一平台，那麼它可能不是最合適的。

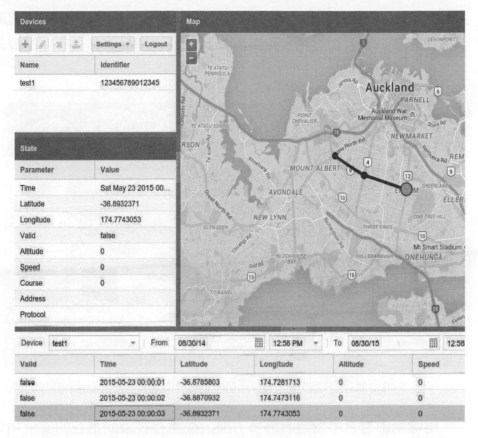

圖 1-48　Traccar 免費軟體

下載網址：https://www.traccar.org/download/

2.　庫存追蹤及倉儲 (inventory tracking and warehousing)

　　庫存管理及倉儲是連接物流生態系統中最重要的部分之一。小型廉價 sensor 的放置將使公司能夠輕鬆追蹤庫存物品，監控其狀態及位置，並建立智慧倉庫系統。

　　在物聯網技術的幫助下，員工將能夠成功地防止任何損失，確保貨物的安全儲存及有效地定位所需的物品。

　　倉庫用於儲存貨物或產品。在倉庫中，若使用者想要找到任何產品是非常困難的，因為使用者必須在所有可用的庫房中手動進行詳細搜索，這需要很多努力。因此，為了避免這個問題，倉庫庫存管理系統非常有用，因為它維護詳細的產品資訊並告訴產品存在於哪個庫房中。倉庫庫存管理系統在許多生產及基於貨物的方法中發揮著重要作用。雖然有很多無線通信 RFID 技術最適合倉庫庫存管理系統。借助於物聯網，標籤資訊透過無線鏈路從發送器部分傳送到開放硬體。基於物聯網架構的倉庫庫存管理系統被開發用於追蹤附加到標籤的產品，其具有產品資訊及它們各自的時間戳以進一步驗證。

圖 1-49　庫存追蹤和倉儲 (inventory tracking and warehousing)

　　物聯網影響倉庫管理有許多方面，從庫存控製到潛在的安全增強。RFID 及其他追蹤技術使企業所有者能夠了解倉庫中的產品及產品的去向。在自己的倉庫中提供該技術，客戶告訴你，能夠從舒適的辦公室電腦控制庫存是他們業務的重要資產。

　　物聯網還有助於提高倉庫管理者管理庫存的準確性及速度。例如，可穿戴技術及遠程 sensor 等連接設備可以使員工使用倉庫物品位置的即時數據，這意味著可以更有效地處理訂單。這對於尋求與亞馬遜競爭的中小型公司尤為重要。

　　人們越來越擔心物聯網將減少倉庫工作，從某種意義上說，這是事實。很快就會有一個時間，需要更少的工人來查找及交付倉庫中的物品。也就是說，倉庫工作將從繁重的工作轉變為更多的數據分析及技術管理。

　　倉庫事故仍然比它們應該更加普遍，物聯網可以幫助改善這些數位。若倉庫員工透過物聯網 sensor 連接到機器，他們可能會被警告附近的車輛，並且可以在高擁堵區域調節叉車速度。安全措施，例如只允許員工攜帶他們刷卡進入倉庫的批准身份證已經被大量使用，並且只會變得更受歡迎。

3. 物聯網技術及預測分析 (IoT technology and predictive analytics)

預測分析正在不同行業中佔據中心位置，幫助公司及企業製定有效的業務發展戰略，改進決策流程，制定明智的業務洞察力，管理風險等等。

支援物聯網的設備可以收集大量數據並將其傳輸到中央系統進行進一步分析。物聯網及預測分析解決方案可應用於路線及交付計劃，並在出現問題之前辨識各種缺陷。結果是即時更換機器部件，防止任何碰撞及高效的車輛／設備維護。

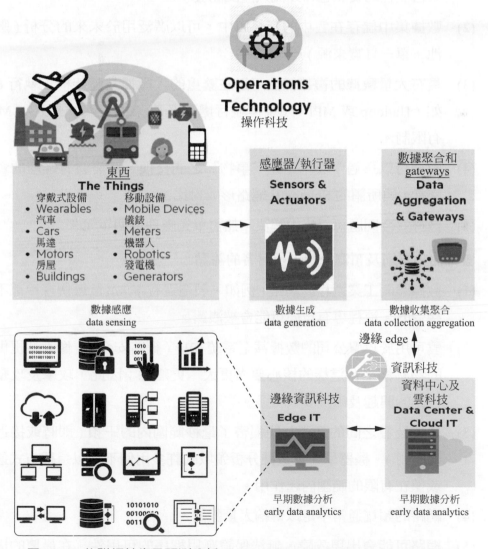

圖 1-50 物聯網技術及預測分析 (IoT technology and predictive analytics)

物聯網及預測分析：工業與雲的霧及邊緣計算

Q：為什麼 IoT 不是必須總是雲呢？

　　工業客戶一再懷疑雲是否真的是在工業流程，生產設施及機器中實施物聯網及預測分析的正確方法。有一些令人信服的理由更喜歡它，同時也有反駁者論調：

1. **雲中的物聯網及預測分析：贊成者的論點**

    (1) 可以從雲集中監控流程。透過數據，可以最佳化流程以更好地運行。來自流程的資訊也可以流入產品開發。

    (2) 數據集中儲存在雲中的資料庫中，可以廣泛用於未來的分析 (數據池，單一真實來源)。

    (3) 具有大量數據的複雜算法可以在繁重的大數據基礎架構上執行 (例如，Hadoop 或 MPP- 大規模並行處理基礎架構)。CPU 及 RAM 沒有限制。

    (4) 數據可以透過中央單元在 "事物" 之間交換。這需要有條理的資訊交換 (與所謂的 Spaghetti 網路形成對比)。

    (5) 數據安全問題可以集中解決，無需單獨處理每個單元。

2. **雲中的物聯網及預測分析：反對者的論點**

    (1) 數據離開工業過程的網路 (例如，製造過程)，這是每個客戶都不能接受的。流程專有技術可能會被洩露。

    (2) 雲可用於攻擊公司的數據甚至系統本身 (網路安全)。像大型提供商的物聯網平台這樣的核心要素更大，更熟悉；因此，攻擊及攻擊這一點的興趣及風險要大得多。

    (3) 機器及雲之間的延遲時間損害了毫秒範圍內的干預 (即時或接近即時應用)。機器學習及數據分析領域的許多用例不能以這種方式運行或僅在有限的範圍內起作用。

    (4) 網路的頻寬通常不足以傳輸大量數據。

    (5) 網路可能會出現故障，無法保證應用程序的可用性。在最壞的情況下，這會對工廠的可用性產生影響。

(6)　對於大量數據，諸如 MS Azure IoT、Predix、Mindsphere、Amazon AWS、Google Cloud 等雲可能非常昂貴，因為許可模型是在特定數量的基礎上設置的。

Q：什麼是 Edge 以及何時使用？

新概念的目標是使 Edge(工業系統) 或霧 (即工業網路) 中的設備及感測器更加智慧化，使通信不僅可以從雲移動到雲，還可以 - 在適當的情況下 - 在設備本身。

那為什麼不直接在機器上運行 Predictive Maintenance 等應用程序呢？可以使用微控制器，但它們在內存及 RAM 方面受到限制。這種小型處理器單元用於 Raspberry Pi，Onion Omega 3 或類似產品，可提供小型且經濟高效的物聯網環境。這些設備具有重要的介面，如 WiFi、藍牙及 USB，但它們的性能相當小。例如，Raspberry Pi Zero W 具有 1 GHz CPU 及 512 MB 儲存空間，每個單元的價格為 10 美元。

圖 1-51　微控制器及 Raspberry Pi

演算法 (algorithm) 必須非常 "輕" 才能在這些系統上運行，而且通常是不可能的。

那麼 Compute 技術的下一個最大單位是什麼？今天，也可以使用 SoC(片上系統) 組件。它們具有更高的功率密度並且需要更少的空間。這些在硬體成本方面相對便宜，但必須專門開發使用，這又需要開發成本。

倉庫智慧庫存管理系統如何執行？
(How does a warehouse smart inventory management system perform?)

　　無線射頻辨識 (RFID) 是無線通訊技術，它可透過無線電訊號來辨識特定目標並讀寫感測數據，而形成機械 (或光學) 接觸功能。

　　許多行業都運用了 RFID 技術。例如，將標籤貼在一輛正在生產中的汽車，廠方便可以追蹤此車在生產線上的進度。倉庫可以追蹤藥品的位置。射頻標籤也可以附於牲畜上，方便對牲畜的履歷辨識。RFID 的身份辨識卡就可使管制員工進出某建築，汽車 RFID 也可用來徵收過路費或停車場的費用。

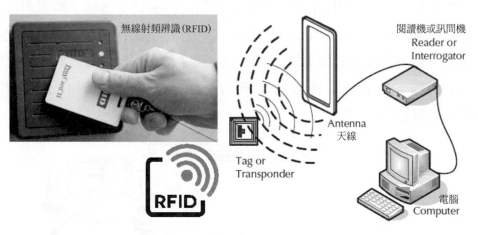

圖 1-52　無線射頻辨識 (RFID)

　　RFID(射頻辨識) 技術正在迅速取代資產追蹤及庫存管理的過時方式及技術。按照傳統，零售供應鏈中的資產追蹤及庫存管理取決於這些老派方法：

1. 會計工具及系統：庫存中每個專案的個別詳細資訊都手動輸入電子表格 (例如 Microsoft Excel)

2. 手動系統：從字面上看，每個入口 / 出口處的人都坐在前面，並在一張紙上寫下每個庫存專案的詳細資訊。

　　這些老派方法存在許多問題，加上庫存量的日益增加，上述方法已無法運作。

　　現代資產追蹤需要採用最新技術。對於大型庫存、紙質及電子表格追蹤及管理系統是不可能的。除了 RFID 之外，條形碼掃描還用於資產追蹤。

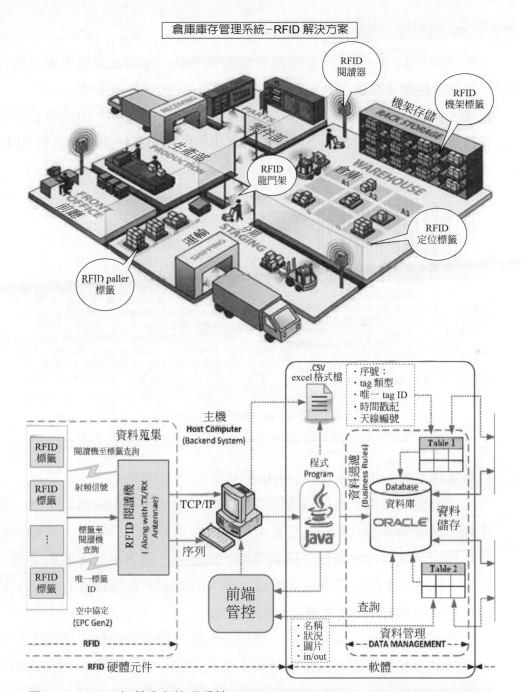

圖 1-53　RFID 智慧庫存管理系統 (RFID smart inventory management system)

教學網

1.　https://www.youtube.com/watch?v=SMy4lJ2ncEc (葡萄酒庫存管理系統)
2.　https://www.youtube.com/watch?v=gsfMR9AQwJk(Inventory with SMART RFID)
3.　https://www.youtube.com/watch?v=hEllu_jP9rA(LogiTag RFID SmartCabinet)
4.　https://www.youtube.com/watch?v=v1o8kDttHZw(Zebra)

RFID vs. 條形碼 (barcode) 的優劣

　　手動掃描，其中一個人手動掃描在每個戰略點上印刷在每個專案上的條形碼，為該過程帶來某種自動化，但它具有針對 RFID 的一組缺點。

　　因此，儘管條形碼已經在市場上存在相當長的一段時間，但由於它們具有優於傳統條形碼解決方案的各種優勢，因此其重點正在快速轉向基於 RFID 的解決方案

條形碼 (barcode)
是掃描和解釋信息的數據的直觀表示。每個條形碼包含一定的代碼，用作產品的跟蹤技術；並以一系列線或其他形狀表示。最初，這項技術的標誌是一維平行線之間的寬度和空間。然後演變成其他幾何形狀，例如矩形和六邊形的六邊形。這種條形碼技術可以通過條形碼閱讀器以及智能手機和台式打印機等設備上的新技術進行掃描

RFID
射頻識別技術（RFID）涉及貼在產品上的標籤，該標籤通過無線電波識別和跟蹤產品。　這些標籤最多可攜帶 2,000 個字節的數據。該技術包括三個部分：掃描天線，具有解碼器以解釋數據的收發器和預先設置有信息的應答器（RFID 標籤）。掃描天線發出射頻信號，提供與 RFID 標籤通信的手段。當 RFID 標籤通過掃描天線的頻率場時；它檢測激活信號，並且可以將信息數據傳送到由掃描天線拾取的保持中。

圖 1-54　RFID vs. 條形碼 (barcode)

4. 自動駕駛車輛 (self-driving vehicles)

　　自動駕駛汽車，也稱為機器人車、自主車或無人駕駛汽車，是一個車輛，其能夠感測其環境及具有很少或沒有運動的人的輸入。自動駕駛汽車結合各種 sensor 來感知周圍環境，如雷達、電腦視覺、雷射雷達、聲納、GPS、測距及慣性測量單元。先進的控制系統解釋感官資訊，以辨識適當的導航路徑及障礙物及相關標誌。

　　潛在的好處包括降低成本，增加安全性，增加流動性，提高客戶滿意度及減少犯罪。安全利益包括減少交通碰撞，造成傷害及相關費用，包括保險費用。預計自動駕駛汽車將增加交通流量；為兒童、老年人、身障者及窮人提供更強的流動性；並促進運輸即服務的商業模型，特別是透過共享經濟。

　　在不久的將來，你將成為目前正在測試的自動駕駛車輛的廣泛使用及採用的見證人。物流公司將率先將其整合到業務流程中。

　　雖然物聯網設備負責收集大量數據，但分析系統將其轉變為智慧駕駛路線及方向。這樣，企業還可以最大限度地減少車禍，降低運營成本並最佳化道路交通。

圖 1-55　自動駕駛車輛（self-driving vehicles）

5. 基於無人機的運送 (drone-based delivery)

　　無人機在零售、物流、農業及電子商務，無人機及機器人方面具有最高潛力，可以為工作環境增加速度及效率。

　　在物流行業，無人機可以透過提供智慧庫存追蹤，快速貨物運輸及即時店內交付來確保業務流程自動化。更重要的是，它們可以解決最後一英里的交付問題。根據 Gartner 的預測，市場正在迅速發展，到 2020 年預計將達到 112 億美元。

　　在技術進步及面臨諸多挑戰的今天，物流業看到了快速的轉型及增長。透過庫存追蹤及位置管理解決方案，無人駕駛運輸系統及智慧通信，物聯網將徹底改變物流領域。

圖 1-56　基於無人機的運送（drone-based delivery）

➤ 1-2-4　用於供應鏈管理的物聯網及區塊鏈
(IoT and blockchain for supply chain management)

一、物聯網在供應鏈管理中的作用

　　傳統上，供應鏈的特點是孤立的運營，幾乎沒有任何跨職能的整合；換句話說，系統已經變得複雜，斷開連接，並且處於非智慧狀態。缺乏整合導致缺乏端到端的可見性，並增加追蹤整個供應鏈中產品流動的成本。

物聯網肯定會影響供應鏈管理，提高運營效率及收入機會。

(一)運營效率

1. 資產追蹤

　　與條形碼及數位不同，物聯網使用新的 RFID 及 GPS 感測器來追蹤 "從地板到商店" 及 "從農場到餐桌" 的資產。這些感測器可以提供像物品儲存溫度這樣的顆粒狀數據 (根據聯合國糧食及農業組織的數據，每年運輸中最多有 1/3 的食物消失。穩定的溫度，不同溫度，確保更多保存)，產品在貨物上花多長時間以及在貨架上花多長時間。這將加強對準時交貨，品質控制，產品及需求預測的更嚴格控制。

2. 供應商關係

　　據 IBM 稱，65% 的產品價值取決於供應商。來自資產追蹤的數據將使組織能夠確定成本高於低利潤的供應商關係。它還將幫助組織根據需求水平調整生產計劃。

3. 預測及庫存

　　例如，亞馬遜正在使用 WIFI 機器人掃描及追蹤其產品上的二維碼並發布分類訂單。除了確保不會錯過任何截止日期之外，物聯網數據的預測將確保製造進度更有效。

4. 連接車隊

　　就像城市利用這些數據更快地應對緊急情況或清理交通問題 (交通延誤導致交貨延遲及庫存短缺)，製造商及供應商正在使用物聯網更快地為客戶提供更好的產品。例如，思科與加州衝擊創傷空中救援空中救護服務機構合作，提高其調度系統的效率。當出現緊急情況時，公共安全應答點將與最近的空中救護者進行地理匹配，然後將被派遣。工作者能夠透過 IoT 啟用的一個系統保持通信。

5. 定期維護

　　製造車間的物聯網智能感測器可以傳輸哪些機器需要維護的數據。這確保了計劃及預測性維護，以防止代價高昂的停機時間。

(二)收入機會

　　分析的物聯網數據提供 360 度全方位客戶視圖，購買習慣及業務流程的見解，預測及趨勢。這種理解有助於企業與客戶建立更緊密的關係，從而為消費者提供更好，更具創新性的行銷方式。在供應鏈管理方面，物聯網可以幫助企業獲得更多的創造性、創新性、透明度及社會責任感。

二、區塊鏈 (blockchain 或 block chain)

它是是密碼學串聯，區塊鏈技術就指一種全民參與記賬的方式。所有的系統背後都有一個資料庫，可以把資料庫看成是就是一個大賬本。區塊鏈旨在保護內容串連的交易記錄 (又稱區段)(Blockchains, 2016)。每一個區段包含前一個區段的加密雜湊 (hash)、相應時間戳記及交易資料 (用 Merkle Tree 演算法計算的雜湊值表示)，這樣的設計可防止區段內容被篡改。目前區塊鏈技術最大的應用是數位貨幣，例如比特幣的發明。因為支付的本質是「將帳戶 A 中減少的金額增加到帳戶 B 中」。

定義

Merkle Tree

在密碼學及電腦科學中，Hash 樹或 Merkle 樹是其中每個葉節點用數據塊的散列標記的樹，並且每個非葉節點用其子節點的標籤的加密散列標記。hash 樹允許有效及安全地驗證大型數據結構的內容。Merkle 樹被遞歸地定義為散列列表的二叉樹，其中父節點是其子節點的散列，並且葉節點是原始數據塊的散列。

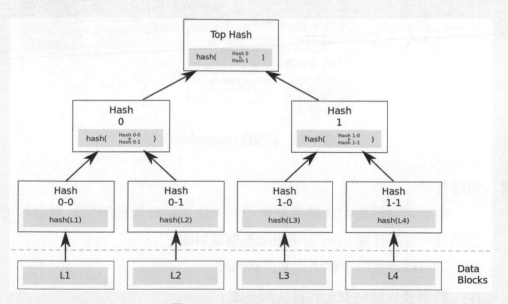

圖 1-57　二叉 Hash 樹例子

教學網：https://www.youtube.com/watch?v=bBC-nXj3Ng4（你有疑惑過比特幣的運作原理嗎？）

區塊鏈共用價值體系，除應用在加密虛擬貨幣 (比特幣)，也應用在採用權益證明及 SCrypt 演算法。今日，區塊鏈生態系統已在全球不斷進化，例如：代幣發售 ICO、智慧型合約區塊鏈乙太坊。

（一）基於區塊鏈數據架構的資料庫

1. 責任、保密及誠信 (如圖 1-58 所示)

當用戶建立事務記錄時，他使用其私鑰加密數據並將數據發佈到 Blockchain Database API。Blockchain Database API 將使用用戶的公鑰解密數據。在此過程中，已確認用戶的身份。它實現問責制及保密的目標。

在下一步中，區塊鏈資料庫 API 將使用隨機數 (即隨機字符串) 及先前的 hash 值計算事務的 hash 值。Blockchain Database API 會將事務、隨機數及散列插入資料庫。

為了檢測任何未經授權的更改，區塊鏈資料庫 API 將根據先前 hash、事務及隨機數的資訊重新計算 hash 值。若進行了任何更改，則 hash 值將更改，並且可以通知 API。因此，將確保數據的完整性。

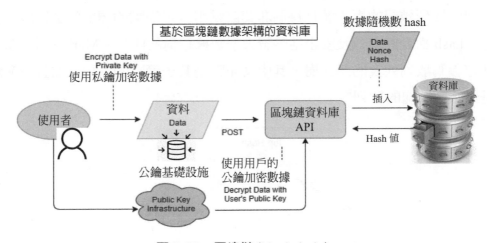

圖 1-58　區塊鏈 (blockchain)

2. 局限性

由於它處於集中式體系結構中，因此獲得管理權限的攻擊者有可能透過再次重新計算 hash 值來更改整個資料庫。

這可以透過以下解決方案得到保護：

(1) 將事務克隆到安全的日誌伺服器。

(2) 逐步備份數據 (逐行事務) 而不是完全備份。

（二）區塊鏈技術

　　根據大數據區，區塊鏈是一個分散式資料庫系統，充當「開放式分類帳」來儲存及管理交易。區塊鏈為供應鏈帶來三個關鍵組件：可靠性、完整性及速度，這是任何基礎供應鏈。區塊鏈技術透過以下功能實現這一目標：

1. 共識：區塊鏈中的所有物體必須同意每項交易有效；是否付款、交貨、倉儲或運輸。

2. 來源：區塊鏈中的每個物體都知道每個資產來自哪裡；誰是以前的所有者，在什麼時間。

3. 不變性：沒有人可以篡改任何條目；簡單地說，沒有欺詐，沒有模仿，沒有偽造庫存，交貨時間及倉庫條件等記錄。

4. 分類賬的分散副本都具有相同的真實性。

5. 區塊鏈將允許供應鏈合作夥伴建立可信賴的關係，而無需像銀行這樣的中間人。

6. 區塊鏈可以實現供應商及消費者之間的直接。

　　更重要的是，區塊鏈中的智慧合約將使供應鏈更加靈活。企業將自動與全球供應鏈中的合作夥伴建立聯繫，協商及完成商業交易，並將整個流程付諸實施，直至付款等。這將有助於參與者加快生產及創新，滿足客戶不斷變化的需求，並幫助實現更加可信及富有成效的關係。智慧合約是針對特定交易的自動執行的一套商定規則。智慧合約還將有助於根據需求監控貨物流量，以便在有需求時，智能合約執行貨物流動，當有盈餘時，智慧合約會觸發多餘貨物的儲存或限制供應。例如，dApp Builder 旨在幫助企業／用戶輕鬆建立及編輯智慧合約，而無需任何編碼技能。

圖 1-59　dApp Builder 幫助企業、用戶輕鬆建立及編輯智慧合約

來源：https://dappbuilder.io/

　　總之，區塊鏈 (blockchain) 可以解決許多物聯網安全問題，它也可為供應鏈增加巨大價值。他們攜手並進，可以滿足供應鏈安全性，透明度及可追溯性的需求。

　　放射性射頻辨識標籤及 sensor 可以監測產品溫度及濕度，車輛位置及運輸過程的各個階段。數據被記錄並保存在區塊鏈中，每個產品都有一個數位 ID，可以保護所有資訊及產品生命週期。

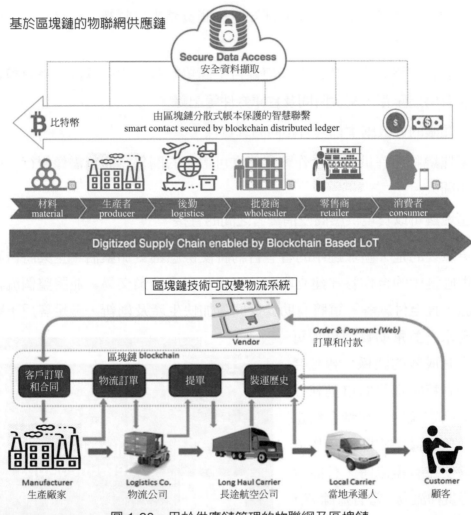

圖 1-60　用於供應鏈管理的物聯網及區塊鏈

1-3　物聯網的 7 條原理 (principle)

支撐物聯網有七項基本原則。

1.　大類比數據 (big analog data)

　　類比數據 (analog data) 以連續的形式表示，與具有離散值的數位數據形成對比。以與其原始結構類似的形式記錄的數據。與數位數據相比，類比信號使用連續可變的電流及電壓來再現傳輸的數據。

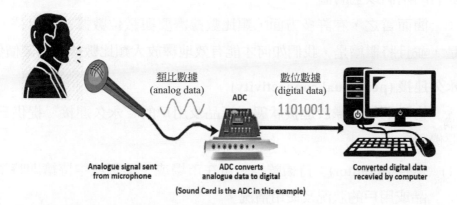

類比訊號是指在時域上數學形式為連續函式的訊號。與類比訊號對應的是數位訊號，後者採取分立的邏輯值，而前者可以取得連續值。類比訊號的概念常常在涉及電的領域中被使用，不過經典力學、水力學、空氣動力學 (Pneumatic) 等學科有時也會使用類比訊號的概念。

數位訊號可以有多重的含義。它可以用來表示已經數位化的離散時間訊號，或者表示數位系統中的波形訊號。

數位訊號是離散時間訊號 (discrete-time signal) 的數位化表示，通常可由類比訊號 (Analog signal) 獲得。

類比是一組隨時間改變的資料，如某地方的溫度變化，車輛在行駛過程中的速度，或電路中某節點的電壓幅度等。有些類比訊號可以用數位函式來表示，其中時間是自變數而訊號本身則作為應變數。離散時間訊號是類比訊號的採樣結果：離散訊號的取值只在某些固定的時間點有意義 (其他地方沒有定義)，而不像類比訊號那樣在時間軸上具有連續不斷的取值。

若離散時間訊號在各個採樣點 (samples) 上的取值只是原來類比訊號取值 (可能需要無限長的數字來表示) 的一個近似，那麼我們就可以用有限字長 (字長長度因應近似的精確程度而有所不同) 來表示所有的採樣點取值，這樣的離散時間訊號稱為數位訊號。將一組精確測量的數值用有限字長的數值來表示的過程稱為量化 (quantization)。從概念上講，數位訊號是量化的離散時間訊號，而離散時間訊號則是已經採樣的類比訊號。

類比訊號 (analog signal)

數位訊號 (digital signal)

二元訊號 (binary signal)

類比資料與類比訊號

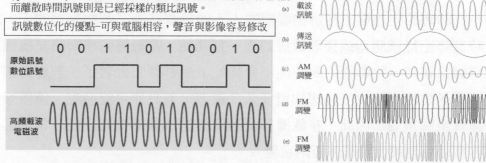

圖 1-61　類比數據 (analog data) vs 數位數據 (digital data)

1. https://www.youtube.com/watch?v=AqMGh7THtNQ(Digital Data vs Analog Data)
2. https://www.youtube.com/watch?v=jh7q8YUgiqQ(數據及信號 - 類比及數位)

　　類比數據代表了自然及物理世界，泛在，換句話說是一切的一部分；光、聲音、溫度、電壓、無線電信號、濕度、振動、速度、風、運動、視頻、加速度、微粒、磁力、當前、壓力、時間及位置。它是所有大數據中最古老、最快、最大的數據，但它代表了 IT 挑戰，因為它具有數位數據所具有的兩個以上的值。

　　簡而言之，在許多方面，類比數據需要與數位數據區別對待。問題是，並且將繼續是，我們如何才能有效地釋放大類比數據的商業價值？

2. 永久連接 (perpetual connectivity)

　　物聯網始終處於連接狀態，產品及用戶的"永久連接"提供三個主要優勢：

(1) 監控 (monitor)：持續監控，可在市場或工業環境中持續即時了解產品或用戶的狀況及使用情況。

(2) 維護 (maintain)：由於持續監控，現在可以根據需要推送升級、修復、補丁及管理。

(3) 激勵 (motivate)：與消費者或工人的持續及持續聯繫使組織能夠強迫或激勵他人採取行動、購買產品等。

　　我們稱之為三 M，並且一個組織可以永久地與消費者及產品聯繫的概念是非常深刻的，具有深遠的影響及機會。例如，若洗衣機已連接到物聯網，預測分析可以感知機器何時出現故障並安排維修，例如，在該不幸事件發生前十天。這樣就不會站在一個拿著一籃子髒衣服的已經不存在的洗衣機前面。

3. 真的很即時 (real time)

　　即時的定義與不理解物聯網的人不同於那些不了解物聯網的人。即時實際上從感測器或獲取數據的那一刻開始。當數據到達網路交換機或電腦系統時，物聯網的即時性不會開始 - 到那時它太舊了。若想知道你的房子是否會著火，你想知道多久？或者，若犯罪可能發生，僅僅幾秒鐘就至關重要。因此，在數據甚至到達雲端或數據中心之前，警報必須非常即時地發出警報，否則它無效。

關鍵在於正在尋求將運營技術 (OT)、感測器及數據測量領域與 IT 世界融為一體。物聯網首次將這兩個世界融為一體，結果將是深遠的。

4. 洞察力的光譜 (the spectrum of insight)

如圖 1-62 所示，物聯網數據的 "洞察力譜" 與其在五階段數據流中的位置有關：即時、運動、早期、靜止及存檔。回想一下感測器或採集點處的物聯網即時及分析，以確定控制系統的即時響應並相應地進行調整，例如在軍事應用或精密機器人中。在頻譜的另一端，可以檢索數據中心或雲端中的存檔數據，以針對較新的運動中數據進行比較分析，以獲得對例如發電渦輪機的季節性行為的的了解。因此，可以在一系列時間及位置上提取物聯網中的大數據的洞察力。

5. 即時性與深度 (immediacy versus depth)

利用當今傳統的電腦及物聯網解決方案，可以在速度及深度之間進行權衡。也就是說，人們可以在一個基本的分析上立即獲得「洞察時間」，例如溫度比較或快速 Fourier 變換，以確定電車上的旋轉輪是否會導致生命威脅事故。立即了解時間至關重要。

另一方面，是獲得深刻見解所需的時間。這裡的例子來自我以前的客戶之一，歐洲 CERN 的大型強子對撞機，它們將亞原子粒子粉碎在一起，以尋求洞察這些粒子的組成。這裡收集的數據需要很長時間才能使用大型後端電腦場進行分析。這種深刻的洞察力導致最近發現一種稱為希格斯玻色子的新亞原子粒子。

6. 向左移動 (shift left)

考慮直接及深刻洞察力的相互排斥的目標。今天真的很難得到。但是，工程師擅長解決相互衝突的目標並獲得兩者兼備。這種現象稱為 the genius of the AND。

如圖 1-62 所示，從數據中獲得即時及深入洞察力的驅動力將導致通常為雲端或數據中心保留的複雜高端計算及數據分析 (稱之為物聯網解決方案中的第 4 層)，向左端遷移端到端的物聯網解決方案基礎架構。也就是說，深度計算將更靠近數據源，在感測器 (稱之為第 1 層) 及網路網關 (第 2 層) 中的數據採集及累積點。

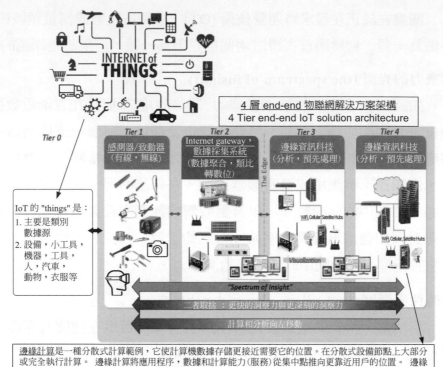

圖 1-62　4 層 end-end 物聯網解決方案架構

7. 下一個 "V"

　　大數據通常以臭名昭著的 "V" 為特徵：Volume, Velocity, Variety, and Value。提出第五個 "V" 「可見性」。收集數據後，世界各地的數據科學家應該能夠根據需要查看及使用數據。可見性是指不必將大量數據傳輸到遠程者或位置所帶來的好處。喜歡這種 "獨立於時間及地點" access 數據及應用程序的想法。有人亦增加了第三項獨立性：「設備獨立性」，部署了時間、地點及設備獨立的「可見性」解決方案。

1-4　智慧設備 (smart device)

一、智慧設備 (smart device) 是什麼？

　　智慧設備是傳統電氣設備與電腦技術、數據處理技術、控制理論、感測器技術、網路通信技術、電力電子技術等相結合的產物。

　　迄今，智慧設備的功效已逐漸經發揮作用－從智慧手機控制的智慧冰箱到全天監控生命值的智慧手錶，在異常情況下做提醒。

智慧設備 (smart device)

圖 1-63　智慧設備 (smart device)

二、智慧設備牽涉的關鍵技術

智慧設備主要有兩關鍵內容：自我檢測是智慧設備的基礎；自我診斷是智慧設備的核心。其所牽涉的關鍵技術有下幾個 (MBA 智庫 ,2019)：

1. 檢測與感應技術

無損檢測是在不損壞試件的前提下，以物理或化學方法為手段，藉助先進的設備器材，對試件內部或表面的結構、性質、狀態進行檢測的方法。

「感測器 (sensor)」早期以手工機械式為主，接著發展出電氣機械式、電子式與微電子式，它能將物理量、化學量、生物量等轉換成電訊號的元件。感測器輸出訊號的樣式有：電壓、電流、脈衝、頻率等。感測系統旨在訊息傳輸、處理、控制、記錄及顯示。

其中，光學電流互感器 (optical current transformer, OCT) 及光學電壓互感器 (optical potential transformer, OPT) 是近年來新型電量感測器。

2. 通訊技術

資訊科技及通訊技術 (ICT) 是資訊科技及通訊技術的合稱。通訊技術旨在訊息傳播的傳送技術，而資訊科技著重資訊的編碼或解碼，以及通訊載體的傳輸方式。

　　　　資訊化與自動化的實現就須網路及通信技術，二者都是智慧設備控制系統中不可缺少的內容。

　　　　其中，現場匯流排是用於現場儀錶與控制系統及控制室之間的一種全分散、全數位化、智慧、雙向、互聯、多變數、多點、多站的通信網路。其結構特點打破了傳統一對一的設備連接，可直接在現場完成，實現分散控制。

3. **自診斷技術**

　　　　眾多自診斷技術旨在模仿人為操作控制過程中的思維及邏輯推理，迄今在醫療方面已經取得顯著的成果。例如汽車上，自診斷報告不僅僅是車輛的電子診斷檔案，還是日後維修檢索車輛歷史維修。目前自診斷技術的研究主要集中在專家系統、模糊邏輯控制、人工神經網路及其它 AI 方法。

　　　　功能完備的智慧設備必須具備：(1) 準確靈敏的感知功能；正確的思維與判斷功能；及 (2) 有效的執行功能。感測器任務是感知功能；控制器功能是思維判斷則，其主要技術就是自診斷技術。

4. **電磁兼容 (electromagnetic compatibility, EMC) 技術**

　　　　在電學中，EMC 是探討意外電磁能量的產生、傳播和接收，或這種能量所引起的有害影響。電磁兼容旨在相同環境下，涉及不同電磁現象的設備都能夠正常運轉。

　　　　智慧設備結合電氣設備與電腦技術、控制理論、數據處理技術、感測器技術、網路通信技術、電力電子技術。是機電一體化設備，也是一個「弱電」及「強電」相混合的系統，因此電磁兼容性越來越成為系統設計、調試需考慮的問題。

Chapter 2

物聯網 (IoT) 十大應用領域

2-1 IoT 應用

如圖 2-1 為物聯網的應用。

居家
1. 智慧溫度控制
2. 最佳能源使用

工業
1. 機器之間通訊
2. 品質管理

汽車業
1. 汽車自動診斷
2. 最佳車流量
3. 智慧停車

農業
1. 後代護理 offspring care
2. 作物管理 crop management
3. 土壤分析 soil analysis

軍事
1. 情境意識 awareness
2. 威脅分析

醫
1. 優化患者護理
2. 可穿戴健身器材
3. 質量數據報告

環境的
1. 森林火災探測
2. 物種追蹤
3. 天氣預報

零售
1. 防盜
2. 庫存控制
3. 專注營銷

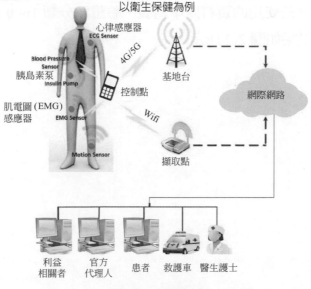

圖 2-1　物聯網

教學網
1. https://www.youtube.com/watch?v=OfGxbxUCa2k（IOT 應用）
2. https://www.youtube.com/watch?v=91aXs9E0qAI（IOT 應用）
3. https://www.youtube.com/watch?v=54to8mQkclY（10 個最酷的應用）
4. https://www.youtube.com/watch?v=QSIPNhOiMoE（IoT 工作原理：物聯網）
5. https://www.youtube.com/watch?v=p78wOuI8-FU（IoT 應用：連接感測器）
10. https://www.youtube.com/watch?v=N-13m8Lvzxs（3 步驟 5 分鐘建構您自己 IoT 應用）

➤ 2-1-1　物聯網十大應用領域

　　物聯網是指連結到 Intenet 的設備網路，它可記錄或接收數據，而不須任何「人機互動」。這些設備可以是日常生活（無人車、無人商店）、商業（無人商店）或工業（智慧製造）中的任何一種實物，例如，家裡的 Tesla、路邊的監視器（人臉辨識）、工廠生產線上的設備（辨識設備性能是否正常，以避免設備故障）、自動化倉庫 / 物流中心等。又如，智慧農場，感應器自動測量土壤濕度，準確通知農民（自動噴灑器）何時需要灌溉。

　　發物聯網應用的終端與嵌入式運算解決方案，產品包括標準嵌入式主板和物聯網閘道器設備，以針對工業、商業、零售、交通、醫療、農業或其他物聯網應用的解決方案。

一、10 大物聯網細分市場：調查 1600 個物聯網專案

　　現在是時候再次消除行銷信息的混亂，並探索物聯網的一些現實實施！作為持續追蹤物聯網生態系統的一部分，再次製定（挖掘數千個 homepages）在一個結構化的易於使用的資料庫中組裝、驗證及分類 1600 個實際的組織物聯網項目。調查結果如圖 2-2 所示。

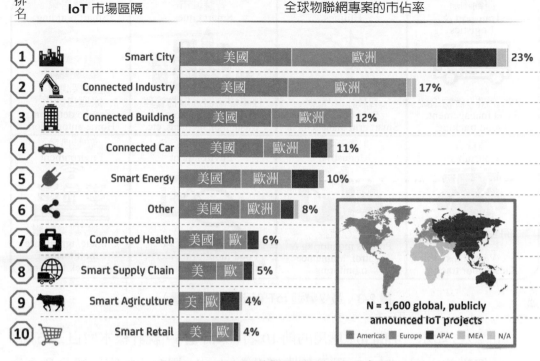

圖 2-2　1600 個物聯網專案之應用市場

二、IoT 應用之排名

圖 2-3　最受歡迎 IoT 前十大應用

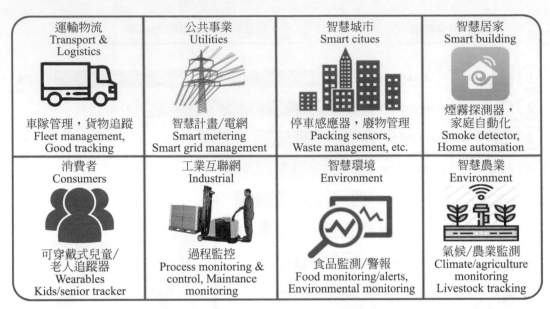

運輸物流 Transport & Logistics 車隊管理，貨物追蹤 Fleet management, Good tracking	公共事業 Utilities 智慧計畫/電網 Smart metering Smart grid management	智慧城市 Smart cities 停車感應器，廢物管理 Packing sensors, Waste management, etc.	智慧居家 Smart building 煙霧探測器， 家庭自動化 Smoke detector, Home automation
消費者 Consumers 可穿戴式兒童/ 老人追蹤器 Wearables Kids/senior tracker	工業互聯網 Industrial 過程監控 Process monitoring & control, Maintance monitoring	智慧環境 Environment 食品監測/警報 Food monitoring/alerts, Environmental monitoring	智慧農業 Environment 氣候/農業監測 Climate/agriculture monitoring Livestock tracking

圖 2-3　最受歡迎 IoT 前十大應用（續）

如圖 2-3 顯示，坊間 IoT 應用的前 10 名 (累計值)，統計樣本取自三方面：Google 搜索的內容、Twitter 談論的內容及 LinkedIn 撰寫的內容。得分最高得分為 100%，其他物聯網應用程序的得分百分比表示與最高得分 (相對排名) 的關係。

1. 智慧家居 (smart home)

　　隨著物聯網建立嗡嗡聲，「智慧家居」是 Google 上搜索次數最多的物聯網 (IoT) 相關功能。但是，什麼是智慧家居？

圖 2-4　五大智慧家居技術

教學網
1. https://www.youtube.com/watch?v=hIEIGDsbKqY（五大智慧家居技術）
2. https://www.youtube.com/watch?v=NjYTzvAVozo（使用連接設備簡化生活）
3. https://www.youtube.com/user/googlecloudplatform（Google 雲端平台）
4. https://www.youtube.com/watch?v=MREnJ7a3BV0（最佳物聯網家庭自動化）

　　若可以在到家之前打開空調或者在離開家後關掉燈，你會不會喜歡？或者，即使不在家，也可以透過朋友的大門進行臨時 access。不要感到驚訝，IoT 成型公司正在構建產品，讓生活更簡單方便。

　　智慧家庭 (smart home)/ 家庭自動化 (home automation)，都是指家庭中建築自動化。家庭自動化系統要能控制燈光、溫濕度 (冷氣機)、影音設備及家電 (電鍋) 等、家庭保全 (門禁)。當家庭連接 Internet 後，家庭設備就變成 IoT 重要分子。

　　典型的智慧家庭系統係透過中心化的 Hub 或者是閘道器 (Gateway) 進行連接。使用牆壁上的終端、平板、桌上型電腦、行動電話 APP 或者是網頁介面來當作控制系統的使用者介面，或則透過網路來達成遠端 (Off-site) 操作。

　　最突出的最重要及最有效的 IoT 應用，都是智慧家居排名第一。

　　目前智慧家居初創公司，著名的創業公司包括：Nest 或 AlertMe，以及許多跨國公司，如飛利浦、海爾或貝爾金。

2. **可穿戴設備 (wearables)**

　　可穿戴設備仍然是潛在的物聯網應用中的熱門話題。例如 Sony Smart B Trainer 或 LookSee 手鐲、Myo 手勢控制。

圖 2-5　醫療保健中的可穿戴技術

教學網
1. https://www.youtube.com/watch?v=LzCW4P52UmE（醫療保健中的可穿戴技術）
2. https://www.youtube.com/watch?v=6OxiD91PYXo（物聯網患者健康監測專案）
3. https://www.youtube.com/watch?v=Bj3RipRs5Cs（HealthBand: 遠程監控的健康狀態手鐲）
4. https://www.youtube.com/watch?v=ob8-WT1LfJc（GlassView- 可穿戴設備及物聯網的廣告）
5. https://www.youtube.com/watch?v=TvleTg9LKIM（Windows 10 IoT 可穿戴）

可穿戴技術 (wearable technology)、可穿戴設備、時尚技術、可穿戴設備、技術工具或時尚電子設備是智慧電子設備 (具有微控制器的電子設備)，其可以結合到衣服中或作為植入物或附件佩戴在身體上。

可穿戴設備安裝有感測器及軟體，用於收集有關用戶的數據及信息。稍後對該數據進行預處理以提取關於用戶的基本見解。這些設備廣泛涵蓋健身、健康及娛樂要求。可穿戴應用的 IoT 技術的先決條件是高能效或超低功耗及小尺寸。

可穿戴設備 (例如活動追蹤器) 是物聯網的一個例子，因為諸如電子產品、軟體、感測器 (感應器 , sensor) 及連接之類的 "東西" 是能夠使對象 (物件 , objects) 透過 Internet 交換數據 (包括數據質量) 的效應器。製造商、運營商及 / 或其他連接設備，無需人為干預。

可穿戴技術具有各種應用，隨著現場本身的擴展而增長。隨著智慧手錶及活動追蹤器的普及，它在消費電子產品中顯得尤為突出。除商業用途外，可穿戴技術還被納入導航系統，高級紡織品及醫療保健領域。

3. **智慧城市 (smart city)**

智慧城市，包括：智慧監控、自動化運輸、智慧能源管理系統、配水、城市安全及環境監控都是智慧城市 IoT 應用的例子。

圖 2-6　智慧城市(smart city)

教學網
1. https://www.youtube.com/watch?v=Br5aJa6MkBc（智慧城市）
2. https://www.youtube.com/watch?v=nnyRZotnPSU（智慧城市 - 利用技術解決城市問題）
3. https://www.youtube.com/watch?v=bANfnYDTzxE（什麼是智慧城市？）
4. https://www.youtube.com/watch?v=xi6r3hZe5Tg（未來之城 - 新加坡）

　　智慧城市之所以如此受歡迎，是因為它試圖消除居住在城市中的人們的不適及問題。智慧城市區域提供的物聯網解決方案可解決各種與城市相關的問題，包括交通、減少空氣及噪音污染，並協助提高城市的安全性。

　　透過感測器安裝及使用網路應用程序，市民可以在整個城市找到免費停車位。此外，感測器可以檢測電錶篡改問題，一般故障及電力系統中的任何安裝問題。

　　IoT 將解決生活在城市中的人們面臨的主要問題，如污染、交通擁堵及能源供應不足等。移動通信等產品使得智慧肚子垃圾將在需要清空垃圾箱時向市政服務發送警報。

　　一個智慧城市是城市地區使用電子的不同類型的數據收集感測器來提供，用來有效地管理資產及資源的資訊。這包括從公民、設備及資產收集的數據，這些數據經過處理及分析，用於監控及管理交通及運輸系統、發電廠、供水網路、廢物管理、執法、資訊系統、學校、圖書館、醫院及其他社區服務。智慧城市概念整合資訊及通信技術 (ICT)，以及連接到網路的各種物理實體設備 (IOT)，以最佳化城市運行及服務的效率及連接到公民。智慧城市技術允許城市官員直接與社區及城市基礎設施互動，並監控城市發生的事情以及城市的發展方式。

　　ICT 用於提高城市服務的質量、性能及互動性、降低成本及資源消耗、增加公民與政府之間的聯繫。智慧城市應用程序的開發是為了管理城市流量並允許即時響應。因此，智慧城市可能比與公民有簡單 "交易" 關係的城市更願意應對挑戰。然而，該術語本身仍然不清楚它的具體細節，因此可以接受許多解釋。

4. **能源參與 (energy engagement)**

　　未來的電網不僅足夠智慧，而且高度可靠。智慧電網背後的基本思想是以自動方式收集數據，並分析行為或電力消費者及供應商，以提高效率及電力使用的經濟性。

　　智慧電網 (smart grid、smart electric grid、intelligent grid) 之基礎建設，在於電網上的裝置由人工在地監測，進化到遙測、遙控，再進化到自動判斷調整控制。

　　智慧電網是以自動化方式提取消費者及電力供應商的行為資訊，以提高配電的效率、經濟性及可靠性。並且快速地檢測出停電源，甚至實現分佈式能源系統。

　　智慧電網包含智慧型電表基礎建設 (advanced metering infrastructure，AMI)，用於記錄系統所有電能的流動。透過智慧型電表 (smart meter)，它會隨時監測電力使用的狀況。

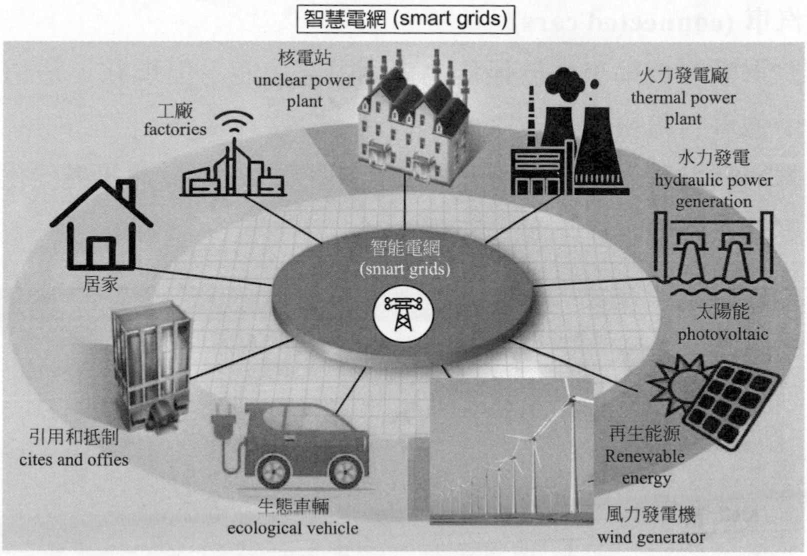

圖 2-7　智慧電網（smart grids）

5.　工業 Internet(industrial Internet)

　　互聯機械、智慧型設備及供應鏈的數位化正在改變全球的生產週期管理規範。越來越多的製造商開始尋求將 IIoT 技術引入生產程序。

　　工業 Internet(IIoT 或工業 4.0)，透過感測器、軟體及大數據分析，最佳化及自動化工藝流程及資產配置，為工業工程提供支持，進而創造出卓越的機器。

　　IIoT 是「美麗、可取且可投資」的資塵。IIoT 背後的驅動理念是，智慧機器在透過數據進行通信時比人類更準確，更一致。而且，這些數據可以協助公司更快地解決效率低下的問題。

　　考慮工業 Internet 的一種方式是連接發電、石油、天然氣及醫療保健等行業的機器及設備。在非計劃停機及系統故障可能導致危及生命的情況下，也可以使用它。嵌入 IoT 的系統往往包括用於心臟監測或智慧家用電器的健身帶等設備。這些系統功能齊全，可以很好地提供易用性但不可靠，因為若發生停機，它們通常不會產生緊急情況。

　　總之，IIoT 在質量控制及可持續性方面具有巨大潛力。追蹤貨物的應用程序、供應商及零售商之間庫存的即時信息交換，以及自動交付將提高供應鏈效率。

6.　聯網汽車 (connected cars)

　　汽車數字技術專注於最佳化車輛內部功能。但現在，這種關注正在朝著增強車內體驗的方向發展。

　　聯網汽車是一種能夠利用車載感測器及 Internet 連接最佳化其自身操作，維護以及乘客舒適度的車輛。

圖 2-8　聯網汽車 (connected car)

教學網
1.　https://www.youtube.com/watch?v=Q8Cn47L8FRQ（聯網汽車：交通的未來）
2.　https://www.youtube.com/watch?v=D5BXm1HXk3Y（IoT 中的連接汽車）
3.　https://www.youtube.com/watch?v=cejQ46IQpUI（IoT 實現 - 聯網汽車）

　　聯網汽車技術是一個龐大而廣泛的網路，包括多個感測器、天線、嵌入式軟體及技術，可協助在復雜的世界中進行通信。它有責任以一致性，準確性及速度做出決策。它也必須可靠。當人類完全控制方向盤及製動器到現在正在我們的高速公路上成功測試的自動或自動車輛時，這些要求將變得更加重要。

　　迄今，大多數大型汽車製造商以及一些勇敢的初創公司都致力於聯網汽車解決方案。例如特斯拉、BMW、蘋果、Google 等主要品牌都全力於推動汽車的下一次革命。

7.　互聯健康 (connected health)：(數位健康 / 遠程醫療 / 遠程醫療)

　　未來幾年醫療保健領域的 IoT 將會非常龐大。醫療保健中的 IoT 旨在通過佩戴連接設備使人們過上更健康的生活。

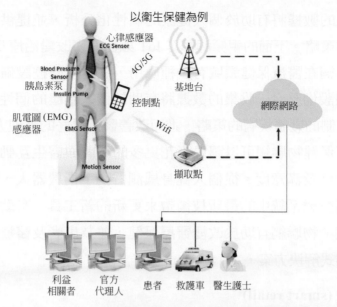

圖 2-9　衛生保健(healthcare)IoT

教學網

1. https://www.youtube.com/watch?v=sGQeWRpmglU（移動醫學 -IoT 與健康相結合）
2. https://www.youtube.com/watch?v=Y8288eEEsmc（IoT 在醫療保健領域的崛起）
3. https://www.youtube.com/watch?v=6OxiD91PYXo（IoT 病患健康監測項目）
4. https://www.youtube.com/watch?v=bsycx2zbCxA（前 7 名 IoT 專案）
5. https://www.youtube.com/watch?v=8AkXW9EPFJg（醫療保健 -IoT 及大數據）

收集的數據將有助於個人健康的個性化分析，並提供量身定制的戰勝疾病的策略。下面的視頻解釋了 IoT 如何徹底改變治療及醫療協助。

物聯網在醫療保健領域有多種應用，從遠程監控設備到先進智慧感測器再到設備整合，收集的數據將有助於個人健康的個性化分析，並提供量身定制的戰勝疾病的策略，進而改善醫生更好的護理方式。

醫療保健物聯網可以讓患者花更多的時間與醫生互動，進而提高患者的參與度及滿意度。從個人健身感測器到手術機器人，醫療保健中的物聯網為生態系統中的最新技術帶來更新的新工具，有助於開發更好的醫療保健。物聯網有助於改變醫療保健，並為患者及醫療保健專業人員提供便攜式解決方案。

8. 智慧零售 (smart retail)

自動零售是自助式獨立資訊亭的類別，透過使用軟體整合來替代傳統零售商店內的傳統零售服務，作為全自動零售商店運營。這些獨立的資訊亭通常位於交通繁忙的地方，如機場、商場、度假村及交通樞紐。

IoT 在零售業的潛力巨大。IoT 為零售商提供與客戶建立聯繫的機會，以增強店內體驗。

加上，智慧手機將成為零售商即使在店外也能與消費者保持聯繫的方式。通過智慧手機進行互動並使用 Beacon 技術可以協助零售商更好地為消費者服務。他們還可以追蹤消費者在商店中的路徑，改善商店佈局，並將高端產品放置在高流量區域。

此外，消費者經常使用類似於電子商務網站的觸摸屏介面瀏覽及選擇產品，使用信用卡或借記卡支付購買費用，然後透過除重力投放系統之外的系統分配產品，通常透過機器人手臂內部亭子。

這些軟體整合，消費者體驗及交付機制使自動零售店與自動售貨機區別開來。

迄今，零售商已開始採用物聯網解決方案，並在多個應用中使用物聯網嵌入式系統，以改善商店運營，例如增加購買量、減少盜竊、實現庫存管理以及增強消費者的購物體驗。透過物聯網，物體零售商可以更強烈地與在線挑戰者競爭。他們可以重新獲得失去的市場份額並吸引消費者進入商店，進而使他們更容易在省錢的同時購買更多產品。

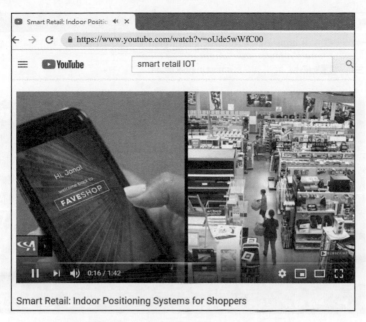

圖 2-10　智慧零售（smart retail）

教學網

1. https://www.youtube.com/watch?v=oUde5wWfC00（智慧零售 - 購物者的室內定位系統）

2. https://www.youtube.com/watch?v=reApr2wU8q8 (Solutiile IoT pentru Smart Retail de la Vodafone Business)

3. https://www.youtube.com/watch?v=336YkwayCD4（阿里巴巴對新零售解釋）

4. https://www.youtube.com/watch?v=lNocWvFw46w（智慧零售 - 商業智能的室內定位系統）

9.　智慧供應鏈 (smart supply chain)

　　供應鏈的組織、人員、活動、資訊及參與移動資源的系統產品或服務從供應商到客戶。供應鏈活動涉及將自然資源，原材料及組件轉化為交付給最終客戶的成品。在復雜的供應鏈系統中，二手產品可能在剩餘價值可回收的任何地方重新進入供應鏈。供應鏈將價值鏈聯繫起來。

　　供應鏈已經變得越來越智慧了幾年。提供諸如在路上或在途中追蹤貨物或協助供應商交換庫存資訊等問題的解決方案是一些受歡迎的產品。透過支持 IoT 的系統，包含嵌入式感測器的工廠設備可以傳輸有關不同參數的數據，例如壓力、溫度及機器的利用率。物聯網系統還可以處理工作流程並更改設備設置以最佳化性能。

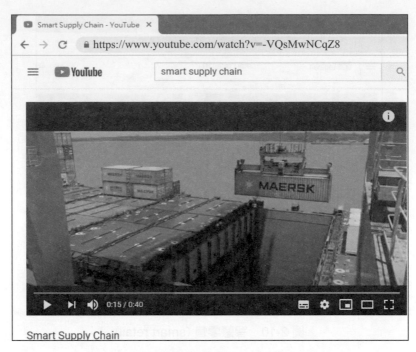

圖 2-11　智慧供應鏈（smart supply chain）

教學網

1.　https://www.youtube.com/watch?v=-VQsMwNCqZ8（智慧供應鏈）
2.　https://www.youtube.com/watch?v=Mi1QBxVjZAw（什麼是供應鏈管理）
3.　https://www.youtube.com/watch?v=5zuyssUMGTc（DHL 智慧倉庫）

10. 智慧農業 (smart farming)

　　隨著世界人口的不斷增加，對糧食供應的需求也大大增加。政府正在協助農民使用先進技術及研究來增加糧食產量。智慧農業是 IoT 發展最快的領域之一。

　　精準農業 (precision agriculture,PA)、衛星農業或特定地點作物管理 (SSCM) 都是農業管理概念，其基礎是觀察，測量及響應作物的田間及田間變異。精準農業研究的目標是為整個農場管理定義決策支持系統 (DSS)，目標是在保留資源的同時最佳化投入回報。

　　農民正在從數據中獲得有意義的見解，以獲得更好的投資回報。感知土壤水分及養分，控制植物生長用水及確定定制肥料是 IoT 的一些簡單用途。

　　在這些許多方法中，植物地貌學方法將多年作物生長穩定性／特徵與拓撲地形屬性聯繫起來。對植物地貌學方法的興趣源於這樣一個事實，即地貌組成部分通常決定了農田的水文。

　　全球定位系統及全球導航衛星系統的出現使精確農業的實踐成為可能。農民或研究人員在田間定位其精確位置的能力允許建立可測量的盡可能多的變數的空間變異圖 (例如，作物產量、地形特徵 / 地形、有機物含量、水分含量、氮水平、pH、EC、Mg、K 等)。安裝在配備 GPS 的聯合收割機上的感測器陣列收集了類似的數據。這些陣列由即時感測器組成，可測量從葉綠素水平到植物水狀態的所有內容，以及多光譜圖像。此數據與。一起使用透過可變速率技術 (VRT) 的衛星圖像，包括播種機、噴霧器等以最佳化分配資源。

　　總之，智慧農業是一種經常被忽視的物聯網應用。然而，由於農業經營的數量通常很少，農民工作的牲畜數量很多，所以這一切都可以透過物聯網進行監控，也可以徹底改變農民的工作方式。但這個想法尚未得到大規模的關注。儘管如此，它仍然是一個不容低估的物聯網應用之一。智慧農業有可能成為農產品出口國特別重要的應用領域。

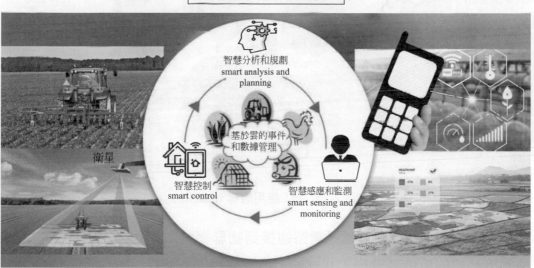

圖 2-12　物聯網應用：智慧農業

教學網
1.　https://www.youtube.com/watch?v=Qmla9NLFBvU（農業的未來）
2.　https://www.youtube.com/watch?v=j4HBIOf5ZDA（物聯網 - 智慧農業）
3.　https://www.youtube.com/watch?v=ipWDe33e7os（使用物聯網的智慧農業）
4.　https://www.youtube.com/watch?v=WSrvj-IcJ6o（物聯網實現智慧農業）
5.　https://www.youtube.com/watch?v=o1J1Eszfjyc（智慧農業）

家禽及農業的物聯網 (IoT in poultry and farming)

畜牧監測涉及畜牧業及節約成本。使用 IoT 應用程序收集有關牛的健康及福祉的數據，牧場主早知道生病的動物可以拔出並協助預防大量生病的牛。

➤ 2-1-2 物聯網案例分析

如圖 2-13 所示為物聯網的應用態樣。

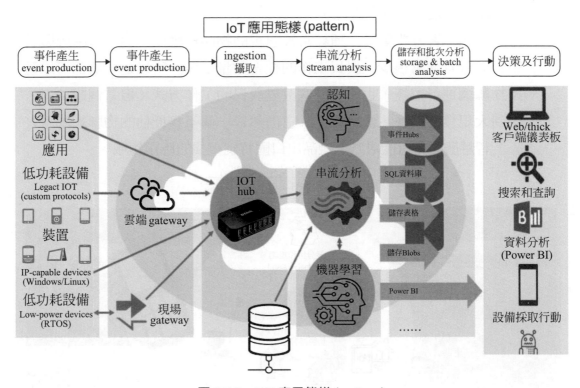

圖 2-13　IoT 應用態樣 (pattern)

圖 2-14「圖 1」中，透過網路連接到物聯網的軟體：物聯網的基本主張是連接軟體的價值高於嵌入式軟體。連接軟體的資源受限較少，可以整合更多樣化的數據源。

圖 2-14「圖 2」中，虛擬化：連接到事物的抽象表示的軟體。虛擬化可以更輕鬆地建立可重用的軟體及設備。

圖 2-14「圖 3」中，透過中間件進行虛擬化：允許許多 (Web) 應用程序與事物進行互動。中間件可以緩存事物的狀態並最小化受限設備上的網路流量及功耗，並且還可以作為由於電源循環，防火牆等而無法透過網路到達的事物的持久終點。

圖 2-14「圖 4」中，(1) 中間件平台：允許應用程序及事物之間的多對多互動。實現連接環境及網路效果。可以為事物及應用軟體提供標準介面 (interface)。(2) 事物互動：包含某些應用軟體的東西直接與本地網路上的其他東西互動。

IoT基本設計模式的一些例子

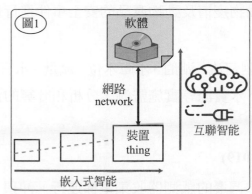
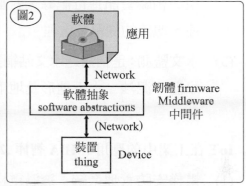
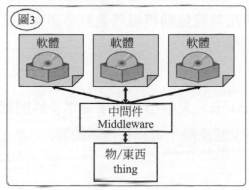
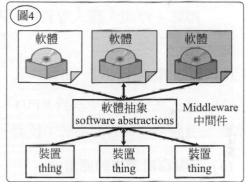

圖 2-14　IoT 應用態樣 (pattern)

教學網
1. https://www.youtube.com/watch?v=xV-As-sYKyg（用 Amazon DynamoDB 設計態樣）
2. https://www.youtube.com/watch?v=91aXs9E0qAl（物聯網應用）
3. https://www.youtube.com/watch?v=OfGxbxUCa2k（物聯網應用）
4. https://www.youtube.com/watch?v=u9osDr4rz7c（智慧城市中的物聯網）

一、物聯網應用場景

案例一：物聯網應用場景分析

1. 物聯網在農業中的應用 (MBA 智庫, 2019)

(1) 農業標準化生產監測：是將農業生產中最關鍵的溫度、濕度、二氧化碳含量、土壤溫度、土壤含水率等資料即時收集，即時撐握農業生產的各種資訊。其中，灌溉水量是農業生產的根本，灌溉水質是保障農業生產品質的基礎。

(2) 動物標識溯源：動物標識是指對動物個體或群體進行標誌，它可以對動物個體進行標誌，對有關飼養、屠宰加工等場所進行登記，對動物的飼養、運輸、屠宰及動物產品的加工、儲藏、運輸、銷售等環節相關資訊進行記錄，對動物疫情及動物產品的安全事件進行快速、準確的溯源及處理。

(3) 水文監測：是指通過水文站網對河流、湖泊、水庫水位、流量、水質、水溫、泥沙、水下地形及地下水資源等實施監測、分析和計算的活動。

2. **IoT 在工業中的應用 (MBA 智庫 ,2019)**

(1) 電梯安防管理系統：透過電梯週邊的感測器收集電梯運行、沖頂、蹲底、停電、關人等資料，再用無線傳輸模組將資料傳送到 IoT 的業務平臺。

(2) 輸配電設備監控、遠端抄表。

(3) 整合在一卡通：基於 RFID-SIM 卡，大中小型企事業單位的門禁、考勤及消費管理系統；校園一卡通及學生資訊管理系統等。

3. **IoT 在服務產業中的應用**

(1) 個人保健：IoT 應用 (穿載式感測器) 在醫療保健領域，包括血糖、心電圖、血氧濃度等個人生理資訊的偵測監控，以及復建系統、用藥管理、輪椅管理等醫療安養環境的管理系統等。

(2) 智慧家居：物聯智慧家庭自動化方案結合數據收集分析，讓用戶藉由視覺化圖表即時了解環境變化如溫度、聲音、動作。企業更可針對聯網設備所產生的巨量資料進行管理分析。

(3) 智慧物流：IoT 透過物聯車輛、車隊管理和供應鏈監控，來增強運輸與物流之交貨路線最佳化、監控效能、實作遠端車輛調度、實作自動化貨倉管理，並在延遲或問題出現時予以回應，進而簡化智慧物流。

(4) 行動電子商務：手機支付、行動票務、自動售貨等功能。

(5) 機場防入侵：架設感應門，覆蓋地面／低空探測，防止人員的偷渡、翻越、恐佈襲擊等。

4. IoT 在公共事業中的應用

(1) 智慧交通：智慧交通就是交通管理的智慧化。管理人與車，無論是人在移動上的需求、非公共車輛的停車需求，或是人跟車和車跟車之間移動的需求，這些需求是須要被協調的。透過 GPS 定位系統，監控系統，可以查看車輛運行狀態，關注車輛預計到達時間及車輛的擁擠狀態。

(2) 智慧城市：AI + IoT = 智慧城市最佳解答。利用監控探頭，實作影像敏感性智慧分析並，進而構建及諧安全的城市生活環境。

(3) 城市管理：運用地理編碼技術，實作城市部件的分類、分項管理，系統可實作對城市管理問題的精確定位。

(4) 環保監測：IoT 空汙監測系統可即時監測城市的空氣質量。

(5) 醫療衛生：遠端醫療、藥品查詢、衛生監督、急救及探視視頻監控。

案例二：IoT 在物流產業應用分析

物流領域是 IoT 技術最有現實意義的應用領域之一。IoT 的建設，會進一步提升物流智慧化、資訊化與自動化水準，推動物流功能整合。IoT 對物流服務各環節運作將產生影響，主要有以下幾個 (MBA 智庫,2019)：

1. 生產物流環節

IoT 物流體系是實作整個生產線上的原材料、零部件、半成品及產成品的全程辨識與追蹤。應用產品電子程式碼 (electronic product code, EPC) 技術來減少人工辨識成本及出錯率，透過電子標籤的辨識來快速從種類繁多的庫存中準確地找出工位所需的原材料及零部件。

2. 運輸環節

IoT 使物品的運輸過程之管理更透明、視覺化程度更高。實作：運輸貨物、線路、時間的視覺化追蹤管理，是途中運輸的貨物及車輛貼上 EPC 標籤，運輸線的一些檢查點上安裝上 RFID 接收轉發裝置，公司即時瞭解貨物目前所處的位置及狀態。此外。IoT 還能協助實作智慧化調度，提前預測行車的最優路線。

3. **倉儲環節**

　　IoT 技術 (如 EPC 技術) 可用在倉儲管理，包括：倉庫的存貨、盤點、自動化取貨，進而提高作業效率。降低作業成本。

4. **配送環節**

　　利用 EPC 技術也能準確瞭解貨物存放位置，縮短揀選時間，提高揀選效率，加快配送的速度。精確掌握有什麼貨箱處於轉運途中、轉運的送發地及目的地，以及預期的到達時間等資訊。

5. **銷售物流環節**

　　當貼有 EPC 標籤的貨物被客戶領取，智慧貨架會自動辨識，並透過網路向系統報告。

二、IoT 在物流產業應用中出現的問題

　　雖然 IoT 給物流產業產生流程改造的機會。但 IoT 應用還以下幾方面，有待改進 (MBA 智庫 ,2019)：

1. **技術方面**

　　IoT 屬於通用技術 IoT，但進物流智慧化是個性需求多、很複雜的行業之一，因此，要仔細考慮 IoT 通用技術如何滿足物流產業個性需求。

2. **標準化方面**

　　IoT 的實作需要一個標準體系的支撐，這樣才能夠做到物品檢索的互通性。但是，目前所制定的標準並未形成一個共識的標準體系，阻礙了 IoT 在物流業的推廣。

3. **安全方面**

　　RFID 是將小小的晶片之中，藏入了天線的功能，能夠不需要電能的支援，不經接觸就可以傳出隱藏其中的資訊。但 RFID 仍有保密疑慮。RnD 技術可能洩露資訊，由於 RFID 的功能要保證任意一個標籤的標識 fID1 或辨識碼都能在遠端被任意的掃描，且標籤自動地，不經區別地回應閱讀器的指令並將其所儲存的資訊傳輸給閱讀器。如此可能存在未經授權的機構或個人對 RFID 標籤的讀取及寫入，甚至被人非法盜取貨物 (或機密資訊)。

4. 成本方面

　　成本價格偏高是 IoT 技術在物流產業應用的障礙之一。

2-2　IoT 的硬體及軟體的生態

一、智慧物件 (smart object)、智慧製造 (smart manufacturing) 技術

　　IoT 能夠將汽車，建築物及機器等普通產品轉換為可與人，應用程序及彼此進行通信的智慧連接對象 (物件 ,objects)。

　　參考架構 (reference architecture) 必須涵蓋多個方面，包括雲端或伺服器端架構，允許監控、管理、互動及處理來自 IoT 設備的數據，與設備通信的網路模型，以及設備本身的代理及代碼。

(一) 智慧物件，又稱智慧對象 (smart object)

　　智慧物件是一種物件，它不僅增強與人的互動，還增強與其他智慧物件的互動。也稱為智慧連接產品或智慧連接產品 (SCoT)，它們是嵌入處理器、感測器、軟體及連接的產品、資產及其他東西，允許在產品與其環境、製造商、運營商 / 使用者之間交換數據，及其他產品及系統。連通性還使產品的某些功能能夠存在於物體設備之外，即所謂的產品雲。然後，可以分析從這些產品收集的數據，為決策制定提供資訊，提高運營效率並不斷提高產品性能。

　　它不僅可以指與物體世界物件的互動，還可以指與虛擬 (計算環境) 物件的互動。可以將智慧物體物件建立為人工製品或製造產品，或者透過將諸如 RFID 標籤或感測器的電子標籤嵌入非智慧物體物件中。智慧虛擬物件被建立為在建立及操作虛擬或網路世界模擬或遊戲時固有的軟體物件。智慧物件的概念有幾個起源及用途，請參閱歷史。還有幾個重疊的術語，也可以看到智慧設備，有形物體或有形使用者介面及 IoT 中的物品。

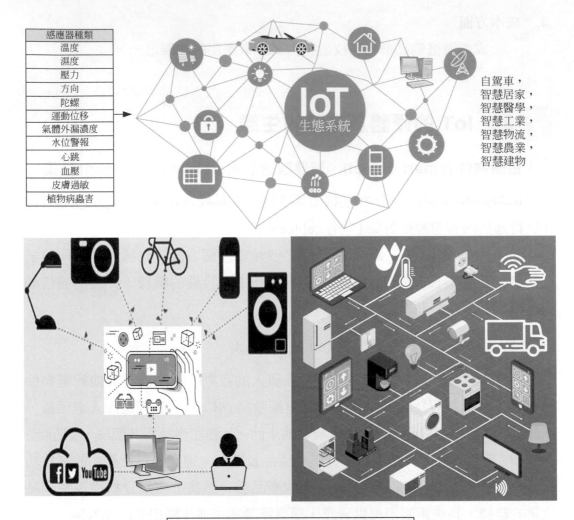

感應器種類
溫度
濕度
壓力
方向
陀螺
運動位移
氣體外漏濃度
水位警報
心跳
血壓
皮膚過敏
植物病蟲害

自駕車，
智慧居家，
智慧醫學，
智慧工業，
智慧物流，
智慧農業，
智慧建物

IoT 2.0 交互作業性 (interoperability)

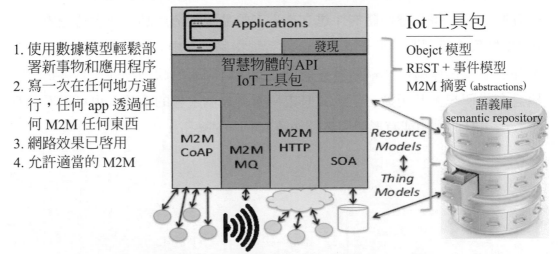

1. 使用數據模型輕鬆部署新事物和應用程序
2. 寫一次在任何地方運行，任何 app 透過任何 M2M 任何東西
3. 網路效果已啓用
4. 允許適當的 M2M

Iot 工具包

Obejct 模型
REST + 事件模型
M2M 摘要 (abstractions)

連接的東西，感應器，執行器，數據源　　資源

圖 2-15　智慧物件 (smart object)

定義

SOA

　　服務導向架構 (service-oriented architecture, SOA) 是架構風格 (architectural style)，不是一種產品，也不是一組定型的解決方案，它是讓我們在分析設計系統時，能夠循序漸進遵循的精神與原則。其中服務透過應用程序組件，透過網路上的通信協定提供給其他組件。面向服務的體系結構的基本原則獨立於供應商、產品及技術。服務是一個獨立的功能單元，可以遠程 access 並獨立操作及更新，例如在線檢索信用卡對帳單。

二、IoT 的硬體及軟體的生態

　　感測器及執行器 + 半導體 + 安全連接 + 自動化流程 = IoT 系統

　　IoT 領域正在從更高層次的基於雲端的處理轉向分佈式智慧模型，在該模型中，數據驅動的決策正在向邊緣節點 (事物) 遷移。由於設備具有更複雜的處理能力以及傳達重要趨勢或差異的能力，因此促進終端節點級別的處理。觸手可及的預測數據可實現更好、更快、更強大的解決方案：得益於 IoT 技術的廣泛及不斷發展。

　　IoT 的基本架構如圖 2-16 所示。

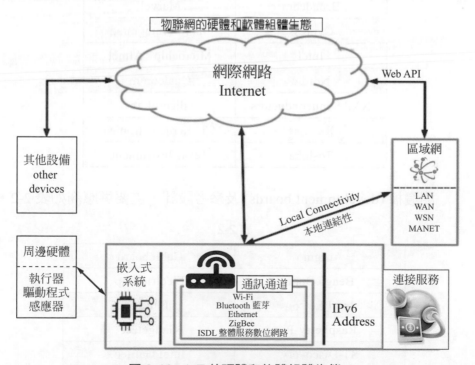

圖 2-16　IoT 的硬體和軟體組體生態

其中，利用 Internet 的功能，製造商能夠增加整合及數據儲存。使用雲端軟體允許公司 access 高度可配置的計算資源。這允許快速建立及發布伺服器，網路及其他儲存應用程序。組織整合平台允許製造商從其機器收集數據廣播，這些數據可以追蹤工作流程及機器歷史等指標。製造設備及網路之間的開放式通信也可以透過 Internet 連接來實作。這包括從平板電腦到機器自動化感測器的所有內容，並允許機器根據外部設備的輸入調整其過程。

1. IoT 的組體 / 子系統

IoT 市場中出現了各種框架 / 拓撲結構，以促進 IoT 市場中 IoT 設備 / 物體的更順暢互連，進而使智慧產品變得更好、更安全、更智慧。

30% 硬體、30% 軟體及 40% 通信協定 / 標準共同構成 IoT 組體。

2. IoT 硬體

本質上響應的設備或物體對象 (物件 ,objects) 集具有檢索數據並遵循指令的能力稱為 IoT 硬體。

表 2-1 是 IoT 硬體組件：晶片 (微控制器，單晶片系統及 RF / 通信 IC) 有名製造商。

表 2-1　IoT 硬體組件

Analog Devices	AMS(安謀)
Broadcom	Marvel
Cypress	Maxim Integrated
Intel	Microchip / Atmel
Nordic	Qualcomm
NXP Semiconductors	Silicon Labs
Renesas	STMicroelectronics
Toshiba	Texas Instrument

開發板 (development boards) 及參考設計，主要供應商如表 2-2。

表 2-2

Arduino	Cubieboard
BeagleBone	Electric Imp
Intel Edison	Flutter
Raspberry-Pi	Gadgeteer
ST-Discovery	Intel Galileo
Tessel 2	Particle.io

其他組件之類別，如表 2-3。

表 2-3

執行器 (actuators)	交流 - 直流轉換器 (DC-DC converters)
介面 (interfaces)	顯示器 (displays)
記憶體 (memories)	整合模組 (integrated modules)
繼電器 / 開關 (relays / switches)	馬達 (motors)
感測器 (sensors)	子系統 (sub-systems)
收發器 (transceivers)	

3. IoT 軟體

支持 IoT 硬體組件的數據收集、儲存、處理、操作及指示的程序集稱為 IoT 軟體。作業系統，中間件或固件，應用程序等是很少的例子。

軟體組件及相關標準 (standards) 如表 2-4。

表 2-4

通訊 / 傳輸	數據協定	基礎設施	語義
ANT	AMQP	6LowPAN	IOTDB
Bluetooth	CoAP	Aeron	JSON-LD
Cellular (GPRS, 2G, 3G, 4G, 5G)	DDS	CCN	LsDL
EnOcean	HTTP/2	DTLS	RAML
IEEE 802.15.4	Mihini	IPv4/IPv6	SENML
LoRaWAN	MQTT	NanoIP	SensorML
LPWAN	Node	ROLL	Web Thing Model
NFC	SMCP	RPL	
WiFi	STOMP	TSMP	
Zigbee	Websocket	UDP	

5 種通訊協定 (Protocols) 廠商如表 2-5。

表 2-5

發現 (discovery)	鑑定 (identification)	多層框架 (multi-layer framework)	設備管理 (device management)
DNS-SD	IPv6	Alljoyn	OMA-DM
Hypercat	URIs	Homekit	TR-069
mDNS	EPC	IoTivity	
Physical Web	uCode	Telehas	
UPnP		Thread	

IoT 雲端平台、嵌入式作業系統，有名廠商如表 2-6。

表 2-6

開源 (open source)	雲端平台 (cloud platforms)	嵌入式作業系統
AllJoyn	Google Cloud IoT	Abacus OS
Argot	AWS IOT	Ant Nut/OS
IoT Toolkit	IBM Watson IoT	ClearConnex
Nimbits	GE Predix	Contiki
Nitrogen	Cisco Cloud	EmberNet
OpenAlerts	Artik Cloud	FreeRTOS
RIOT	ioBridge	LiteOS
Saphire OS	Microsoft Azure IoT Suite	Mantis
The Thing System	OpenHab	Nano-RK
Thingspeak	SensorCloud	Smart-its
Thingsquare Mist	Telit DeviceWise	SNAP network operating system
	Thingworx	Tiny OS
	Zebra Zatar Cloud	

知名的中間件 (middleware)、合作夥伴生態系統 (partner ecosystems) 廠商如表 2-7。

表 2-7

中間件 (middleware)	合作夥伴生態系統 (partner ecosystems)
EEML	BERG Cloud
Gaia	Carriots
MundoCore	Electric Imp
ProSyst	iOTOS
ROS	Kynetx
SensorBus	Realtime.io
SensorML	
SensorWare	
Ubiware	

➤ 2-2-1　智慧製造 (smart manufacturing)

工業 4.0(Smart Factory 1.0) 是在製造技術中使用自動化及數據交換。它包括網路物理系統、IoT 及雲端運算。工業 4.0 創造所謂的 "智慧工廠"。

智慧製造是完全整合的協作製造系統,可即時響應以滿足工廠,供應網路及客戶需求中不斷變化的需求及條件。智慧工業是智慧製造事實上適合的第四次工業革命中的工業 4.0 或工業轉型的代名詞。

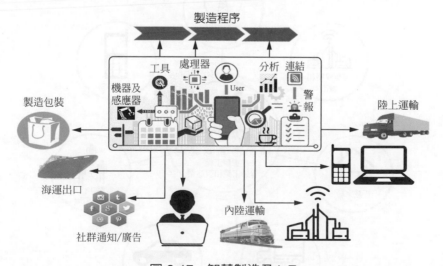

圖 2-17　智慧製造及 IoT

圖 2-17　智慧製造及 IoT（續）

　　智慧製造是一個廣泛的製造類別，其目標是最佳化概念產生、生產及產品交易。雖然製造可以定義為使用原材料建立產品的多階段過程，但智慧製造是使用電腦控制及高水平適應性的子集。智慧製造旨在利用先進的資訊及製造技術，實作物體過程的靈活性，以應對動態的全球市場。這種靈活性及技術的使用增加了勞動力培訓，而不是傳統製造業慣常的特定任務 (Davis, 2012)。

圖 2-18　智慧工業及智慧製造 (smart manufacturing)

➤ 2-2-2 智慧製造三大技術：大數據處理、先進的機器人技術、 工業連接設備及服務

智慧製造是指具有資訊自感知、自決策、自執行等功能的先進位造過程、系統與模式的統稱。智慧製造的各個環節與新與資訊技術的整合，如人工智慧、IoT、大數據等。智慧製造有四大特徵：以智慧工廠為載體，以關鍵製造環節的智慧化為核心，以端到端數據流為基礎，及以網通互聯為支撐。

1. 大數據處理 (big data processing)

巨量資料 (big data)，又稱為大數據，是指傳統資料處理軟體不足以應付其巨大且多型態 (文字、圖片、影片、語音) 的複雜資料集。大數據是來自各種來源 (感測、交易…) 的大量非結構化或結構化資料。大數據並沒有抽樣；它是持續觀察及追蹤發生的事情 (數據)。

作者另有「大數據分析概論」專書，深度介紹大數據處理、平台及技術。

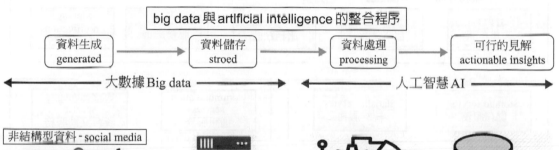

big data 與 artificial intelligence 的整合程序

| 資料生成 generated | → | 資料儲存 stroed | → | 資料處理 processing | → | 可行的見解 actionable insights |

← 大數據 Big data → ← 人工智慧 AI →

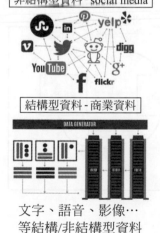

非結構型資料 - social media

結構型資料 - 商業資料

文字、語音、影像… 等結構/非結構型資料

Data is stored in databases and servers

資料儲存至資料庫及伺服器

Process the data using CPU/GPUs and AI algorithms to detect patterns

使用 AI 演算法偵測出樣態 (patterns)

Predictive signals are generated

產生預測性訊號 e.g. 股市是牛市或熊市？

圖 2-19　big data 與 artificial intelligence 的整合程序

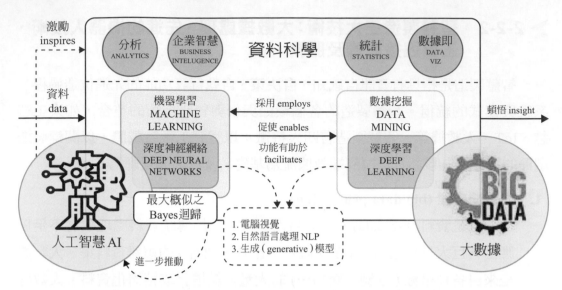

圖 2-19　big data 與 artificial intelligence 的整合程序（續）

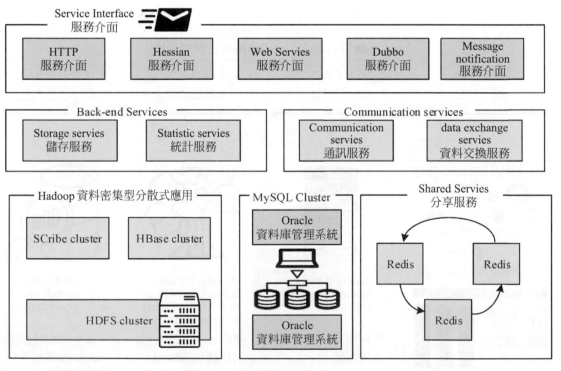

圖 2-20　大數據的平台 (platform)

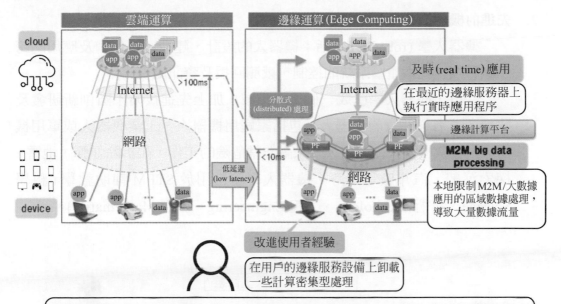

圖 2-20　大數據的平台 (platform)（續）

大數據可解決之典型問題

1. 建模 (modeling)：哪些因素會影響特定的結果 / 行為？

2. 資訊檢索 (information retrieval)：在乾草堆中尋找針，也就是搜索引擎。

3. 協作過濾 (collaborative filtering)：根據具有相似品味的其他使用者選擇的專案推薦專案。

4. 異常值檢測 (outlier detection)：發現未完成的交易。

　　智慧製造利用大數據分析，改進複雜流程及管理供應鏈。大數據分析是指根據所謂的三個 V(速度、多變及巨量) 來收集及理解大數據集的方法。速度通知數據收集的頻率，其可以與先前數據的應用同時進行。Variety 描述了可以處理的不同類型的數據。卷表示數據量。大數據分析允許組織使用智慧製造從反動實踐轉向預測實踐，這種變化旨在提高流程效率及產品性能。

2. 先進的機器人技術 (advanced robotics)

機器人學 (robotics) 包括：機器人的設計、建造、運作、及應用的跨領域科技。就像電腦系統的控制、感測回授及資訊處理。

今日，機器人學已成一個重要學域，加上先進技術不斷創新研發及建造各式各樣新款的機器人，包括家庭用機器人、工業機器人或軍用機器人。多數機器人從事對人類來講非常危險的工作，如拆除炸彈、地雷、探索沉船、汽車廠電銲等。機器人學還常用於 STEM 輔助教學 (科學 Science、技術 Technology、工程 Engineering、數學 Mathematics)。

先進機器人的人工智慧

圖 2-21　先進的機器人技術 (advanced robotics)

來源：FuzeHub(2019). http://fuzehub.com/fuzehub-blog/advanced-robotics-manufacturing-institute/

教學網：https://www.youtube.com/watch?v=425DdcodwYE（達文西機器手臂肝癌切除手術）

　　先進的機器人，也稱為智慧機器，可以自主運行，可以直接與製造系統進行通信。在一些先進的製造環境中，他們可以與人類一起工作以進行共同組裝任務。透過評估感官輸入及區分不同的產品配置，這些機器能夠解決問題並做出獨立於人的決策。這些機器人能夠完成超出最初程式設計工作的工作，並具有人工智慧，使它們能夠從經驗中學習。這些機器具有重新配置及重新定位的靈活性。這使它們能夠快速響應設計變更及創新，這是比傳統製造工藝更具競爭優勢。圍繞先進機器人技術的關注領域是與機器人系統相互作用的人類工作者的安全及福祉。傳統上，已採取措施將機器人與人力勞動力隔離開來，但機器人認知能力的提高為機器人與人們合作開闢了機會，例如 cobot。

　　協作式機器人 cobot 或 co-robot，是設計及人類在共同工作空間中有近距離互動的機器人。到 2010 年為止，大部份的工業機器人是設計自動作業或是在有限的導引下作業，因此不用考慮及人類近距離互動，其動作也不用考慮對於周圍人類的安全保護，而這些都是協作式機器人需要考慮的機能。

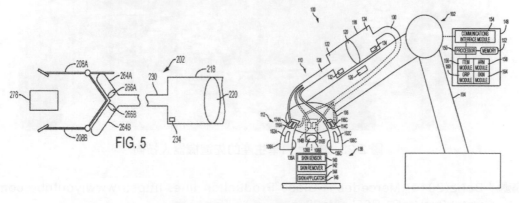

圖 2-22　Cobots 機器人技術

　　Cobots 可以扮演很多角色：能夠在辦公室環境中與人類一起工作的自主機器人可以向你尋求協助，工業機器人可以移除他們的防護裝置。協同工業機器人是非常複雜的機器，能夠與人類攜手合作。機器人在聯合工作流程中支持及減輕操作人員的負擔。

圖 2-23　Benz 汽車生產的先進機器人技術

來源：Benz(2019).Mercedes A-Class Production line. https://www.youtube.com/watch?v=VreG1iC65Lc&t=286s

3. 工業連接設備及服務 (industrial connectivity devices and services)

圖 2-24 工業連接設備及服務 (industrial connectivity devices and services)

如圖 2-24，其中：

(1) 製造執行系統 (MES)

MES 旨在產品從工單發出到成品完工的過程中，製造執行系統起到
傳遞信息以最佳化生產活動的作用。從接獲訂單、進行生產、流程

控制一直到產品完成，主動收集及監控製造過程中所產生的生產資料，以確保產品生產品質的應用軟體。

MES 保證了整個組織內部及供應商間生產活動關鍵任務資訊的雙向流動。

(2) 可程式化邏輯控制器 (programmable logic controller, PLC)

PLC 是內有微處理機功能的電子程式化數位控制設備，可以將控制指令隨時載入記憶體內儲存與執行。PLC 由內部 CPU、指令及資料記憶體、輸入輸出單元、電源模組、數位類比等單元所模組化組合成。

(3) 流量電腦 (flow computer)

它是實現使用類比及從流量計、溫度、壓力及密度的發射機接收的數位信號的演算法，其所在連接成 volumes 的電子電腦 base conditions。它們用於保管或財政轉移。

它還審核對將原始流量計數據轉換為卷所需的任何參數所做的更改。它記錄與流量計相關的事件及警報 (例如，流量損失，測量感測器所需電信號的丟失，或這些電信號在其上限或下限附近的轉換)。它為每個流量計保持一個運行記錄，並按小時，每日，每批或每月建立該卷的記錄。流量數據透過電子介面從外部獲得，以便其他電腦可以下載用於監督，計費及審計的資訊。

➤ 2-2-3 智慧製造之好處及目標

智慧製造旨在成為製造業的理想化實踐。它涉及產品製造過程的所有步驟的整合。目標是更加及諧的開發過程，利用數據開發智慧技術，以加快新的及更高品量的商品。

1. 新興商業實踐

若採用，智慧製造網路將在國內及全球範圍內影響業務。圍繞開發過程的每個步驟的整合，可以更容易地概念化商業模型；發明、製造、運輸及零售。最終目標是參與競爭市場的更靈活，適應性更強，更具反應性的方法。公司可能被迫採取或採用這種做法進行競爭，進一步激起市場 (Mckewen, 2015)。

對前提的期望也取決於技術人員，中介機構及消費者之間的合作。建立一個由多學科專業人士組成的網路，也稱為 IoT，包括科學家、工程師、統計學家、經濟學家等，是 "智慧" 商業組織的基本資源 (Louchez, 2014)。

2. 消除工作場所的低效率及危害

智慧製造也可歸因於調查工作場所的低效率及協助工人的安全。效率最佳化是 "智慧" 系統採用者的一個重點，透過數據研究及智慧學習自動化完成。例如，運營商可以獲得具有內置 Wi-Fi 及藍牙的個人 access 卡，其可以連接到機器及雲端平台以確定哪個運營商正在即時地在哪台機器上工作。可以建立一個智慧，互聯的 "智慧" 系統來設定績效目標，確定目標是否可獲得，並透過失敗或延遲的績效目標辨識低效率 (Jung, 2015)。通常，自動化可以減輕由於人為錯誤導致的低效率。總的來說，不斷發展的 AI 消除了其前輩的低效率。

安全，創新的設計及不斷增加的自動化整合網路可以增強工人的安全。這是因為隨著自動化的成熟，技術人員對危險環境的暴露程度降低。若成功，人工監督及使用者自動化指導將減少對工作場所安全問題的影響 (Louchez, 2014)。

➤ 2-2-4　工業 4.0 的影響

工業 4.0 是德國政府的高科技戰略專案，旨在促進製造業等傳統產業的電腦化。目標是智慧工廠 (智慧工廠)，其特點是適應性，資源效率及人體工程學，及客戶及業務合作夥伴在業務及價值流程中的整合。其技術基礎包括網路物體系統及 IoT。

這種 "智慧製造" 很好地利用了：

1. 無線連接，包括產品裝配及與它們的長距離互動。

2. 上一代感測器，分佈在供應鍊及相同的產品 (IoT)。

3. 詳細說明大量數據，以控製商品的建設，分配及使用的所有階段。

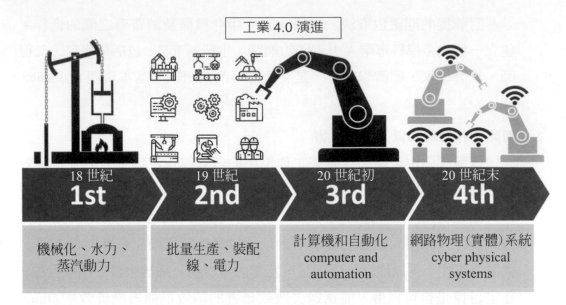

圖 2-25　工業 4.0 演進

教學網

1. https://www.youtube.com/watch?v=K8_iuT1h-dY（中文解說工業 4.0）
2. https://www.youtube.com/watch?v=HPRURtORnis（工業 4.0）
3. https://www.youtube.com/watch?v=JTI8w6yAjds (Volkswagen 汽車集團的工業 4.0)

德國的〝工業 4.0〞的好處，包括：

1. 先進的製造工藝及快速原型設計將使每個客戶能夠訂購獨一無二的產品而不會顯著增加成本。

2. 透過在整個產品生命週期中利用完整的模擬及虛擬測試，協同虛擬工廠 (VF) 平台將大大減少與新產品設計及生產過程工程相關的成本即時間。

3. 先進的人機互動 (HMI) 及擴增實境 (AR) 設備將有助於提高生產工廠的安全性並減少對工人的實際需求 (其年齡有增長趨勢)。

4. 機器學習將是最佳化生產過程的基礎，既可縮短交付週期，又可降低能耗。

5. 網路物體系統及機器對機器 (M2M) 通信將允許從車間收集及共享即時數據，以透過進行極其有效的預測性維護來減少停機及空閒時間。

➤ 2-2-5　開放式製造業

協作解決方案的重要性不僅可以應用於產品及服務的創新 (主要是研發)，還可以應用於公司的製造功能。

因此，創新生態系統中更完整的開放式創新框架需要考慮更多下游創新活動，如製造業 (Chesbrough & Bogers, 2014)。因此，製造業的協作努力是任何協作製造平台的重要組成部分。

智慧工廠需要花費巨大的努力來獲得建立在其上的資源及能力，這在經濟上是不可持續的，並且這種類型的投資最終可能會失敗。決策者可以衡量智慧工廠所需的額外資源與潛在產生的儲蓄之間的響應率。因此，新的方法是在工廠的牆外尋找缺少的技術訣竅及技術，及最有利可圖的方式為了利用它們，技術轉移到外部可以轉化為業務的新的有利可圖的收入創造者 (Liao, 2017)。

在製造業生態系統的背景下，智慧工廠可以透過提供合作夥伴及系統之間的整合及聯盟來提高製造組織的集體及個人能力，以促進增長及競爭力，這些合作夥伴及系統在開放式創新生態系統中進行合作，技術是相互共享的。智慧工廠的組織及管理應基於對這種開放式創新環境中的知識共享及潛在披露的深入技術理解及明確的規則及程序 (Bogers 等人 , 2012)。這可能與無線連接設備的開放網路有關，無需人工直接互動。

建立這樣一個創新社區應該為知識共享創造更多機會，為每個成員提供便利的創新過程 (Iansiti and Levien 2004; Moore 1996)。

這種合作的先決條件是參與公司之間商業模型要一致性 (Chesbrough & Bogers，2014)。

2-3　工業 IoT(industrial internet of things, IIoT)

　　IoT 的基本架構有三層：感測層、網路層及應用層。例如自駕車，使用者搭乘的自駕車就位於感知層，每台自駕車即是感知層中的一個節點，車透過無線通訊 / 行動網路 (手機) 連結到雲端平台 (資料中心)，最後再把平台處理之數據轉化成各種智慧應用的應用層，這些 IoT 應用不全然全由使用者使用，有些是用在輔助廠商做分析管理。

　　工業 IoT 這個術語經常在製造業中遇到，指的是 IoT 的工業子集。工業 IoT 將透過提高生產力，利用分析創新及改變勞動力來創造新的商業模式。

　　工業 IoT(IIoT) 是指互連的感測器、儀器及與電腦的工業應用聯網在一起的其他設備，包括但不限於製造及能源管理。這種「連接 (connectivity)」允許數據收集、交換及分析，是有助於提高生產力及效率及其他經濟效益 (Boyes, 2018)。IIoT 是分散式控制系統 (DCS) 的演變，透過使用雲端運算來最佳化及最佳化過程控制，進而實現更高程度的自動化。

　　工業 IoT 是將具有感測、監控能力的各類收集技術，它融合行動通信、智慧分析等技術到工業生產過程各個環節，進而提高製造效率，產品品質改善，降低產品成本及資源消耗，並將傳統工業提升到智能製造。從應用形式上，工業 IoT 具有即時性、自動化、嵌入式 (軟體) 及資訊互通互聯性等特性。

　　雖然「連接」及數據收集對於 IIoT 來說是必不可少的，但它們並不是最終目標，而是更大目標的基礎及途徑。在所有技術中，預測性維護是一種"更容易"的應用，因為它適用於現有資產及管理系統。智慧維護系統可以減少意外停機時間並提高生產率，預計可以比定期維修節省高達 12%。Daugherty(2018) 研究顯示，IIoT 可減少總體維護成本 30%，且可以消除 70% 的故障。工業大數據分析在製造資產預測性維護方面起著至關重要的作用，儘管這不是工業大數據的唯一功能 (Lee, 2015)。網路物體系統 (cyber-physical systems, CPS) 是工業大數據的核心技術，它們將成為人類與網路世界之間的介面。網路物體系統可以透過遵循 5C(連接 connection、轉換 conversion、網路 cyber、認知 cognition、配置 configuration) 架構，它們將收集的數據轉換為可操作的資訊，並最終與物體資產進行互動以最佳化流程 (Lee & Bagheri, 2015)。

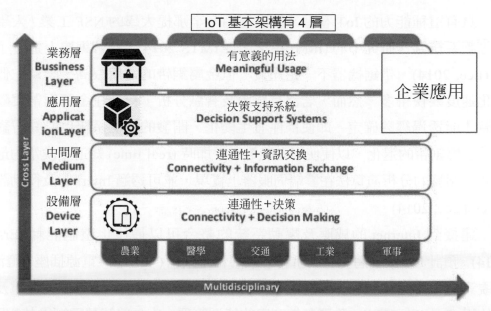

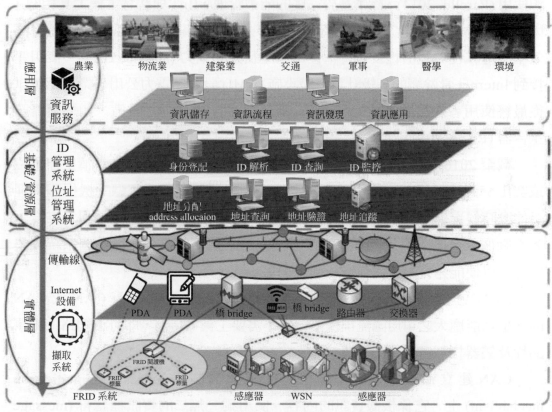

圖 2-26　IoT 的補充 (cloudification for Internet of things)

教學網
1. https://www.youtube.com/watch?v=HPRURtORnis（工業 4.0- 第 4 次工業革命）
2. https://www.youtube.com/watch?v=R5RfSQ3Nxzg（IoT 及製造業）
3. https://www.youtube.com/watch?v=Xvu92XAOeM0（發現工業 IoT 的力量）
4. https://www.youtube.com/watch?v=pj8ApxsymB4（介紹工業 IoT）
5. https://www.youtube.com/watch?v=u3IaXvjDiOE（工業 IoT 的 7 項原則）

　　具有這種能力的 IoT 智慧系統已經由辛辛那提大學的 NSF 工業 / 大學智能維護系統協作研究中心 (IMS) 在芝加哥 IMTS 2014 上的帶鋸機上進行了演示 (Lee, 2014)。帶鋸機器不一定昂貴，但金屬鋸帶的費用很高，因為它們的退化速度要快得多。然而，若沒有感應及智慧分析，只有在金屬鋸帶實際斷裂時才能透過經驗確定。即使條件發生變化，開發的預測系統也能夠辨識及監控金屬鋸帶的退化，以便使用者能夠近乎即時 (real time) 知道更換帶的最佳時間。開發的分析演算法在雲端伺服器上實現，並可透過 Internet 及行動設備 access(Lee, 2014)。

　　連接到 Internet 的感應及驅動系統的整合可以最佳化整體能耗 (Ersue, 2014)。預計 IoT 設備將整合到所有形式的耗能設備 (交換機、電源插座、燈泡、電視等) 中，並能夠與公用事業供應公司進行通信，以便有效地平衡發電及能源使用 (Parello, 2014)。除了基於家庭的能源管理，IIoT 與智慧電網尤其相關，因為它提供以自動化方式收集及處理能源及電力相關資訊的系統，旨在提高效率、可靠性、經濟性及可持續性。生產及分配電力 (Parello, 2014)。使用連接到 Internet 骨幹網的高級計量基礎設施 (AMI) 設備，電力公用事業不僅可以從最終使用者連接收集數據，還可以管理其他配電自動化設備，如變壓器及重合器 (Ersue, 2014)。

　　截至 2016 年，其他實際應用包括結合智慧 LED，指導購物者清空停車位或突出交通流量模式，使用淨水器上的感測器透過電腦或智慧手機提醒管理員什麼時候更換零件，將 RFID 標籤貼在安全裝置上追蹤人員並確保其安全，將電腦嵌入電動工具以記錄及追蹤單個擰緊的扭矩水平，並從多個系統收集數據，以便能夠模擬新過程 (Zurier, 2019)。

　　圖 2-27 中，控制器區域網路 (Controller Area Network，CAN 或 CAN bus) 是功能龐大之車用匯流排標準。它不需要主機 (Host)，即可讓網路上的單晶片及儀器相互通訊。

　　CAN 建立在資訊導向傳輸協定的廣播機制 (broadcast communication mechanism) 上。它係根據資訊的內容，使用獨一無二的資訊標誌符 (message identifier) 來定義內容及訊息的優先順序來進行傳遞；CAN 並非指派特定站點位址 (station address) 的方式。

　　故 CAN 擁有很好的彈性調整能力，可在現有網路任意增加節點而不須調整軟、硬體。此外，訊息的傳遞亦不基於特殊種類的節點，因而增加了網路更新的方便性。

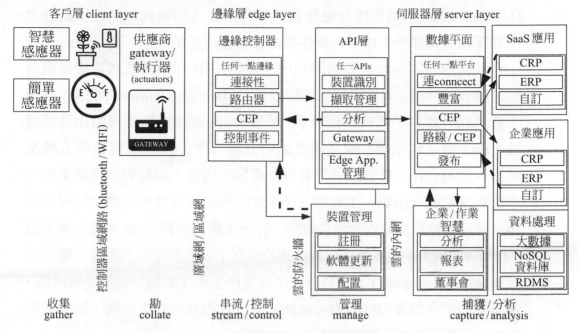

圖 2-27　IoT - 擴展連接性(expanding connectivity)

一、汽車行業

　　互聯的汽車 (connected car) 是汽車配備有 Internet 接入,通常還帶有無線局域網。這允許汽車與車輛內外的其他設備共享 Internetaccess,進而共享數據。通常,該車還配備了可以接入 Internet 或無線局域網的特殊技術,並為駕駛員提供額外的好處。對於安全關鍵型應用,預計汽車也將使用專用短程通信 (DSRC) 無線電連接,在 FCC 授權的 5.9 GHz 頻段運行,延遲極低。

定義

DSRC(Dedicated Short Range Communications, 專用短程通信技術)

　　DSRC 是專門用於車輛的通信技術,採無線通信,旨在車路以及車間建立資訊的雙向傳輸,支持公共安全及私有操作。可惜,DSRC 迄今仍沒有統一國際標準。

教學網:https://www.youtube.com/watch?v=0urqaPioLwk (Dedicated Short Range Communications)

　　在汽車製造中使用 IIoT 意味著所有生產要素的數位化。軟體、機器及人類相互聯繫,使供應商及製造商能夠快速響應不斷變化的標準

(Masters, 2019)。透過將數據從客戶移動到公司的系統,然後移動到生產過程的各個部分,IIoT 可實作高效且經濟高效的生產。借助 IIoT,新工具及功能可以包含在製造過程中。例如,3D 列印機透過直接從鋼顆粒印刷形狀來簡化成型壓制工具的方式 (Volkswagen Group, 2015)。這些工具為設計提供了新的可能性 (高精度)。由於該技術的模組化及連接性,IIoT 還定制車輛。雖然過去他們分開工作,但 IIoT 現在使人類及機器人能夠合作。機器人承擔繁重及重複的活動,因此製造週期更快,車輛更快地進入市場。工廠可以在導致停機之前快速辨識潛在的維護問題,並且由於更高的安全性及效率,許多工廠正在轉向 24 小時生產工廠 (Masters, 2019)。大多數汽車製造商公司在不同的國家都有生產工廠,在那裡建造同一車輛的不同部件。IIoT 使這些生產工廠相互連接成為可能,進而創造了在設施內移動的可能性。可以直觀地監控大數據,使公司能夠更快地響應生產及需求的波動。

互聯車 (connected car)】

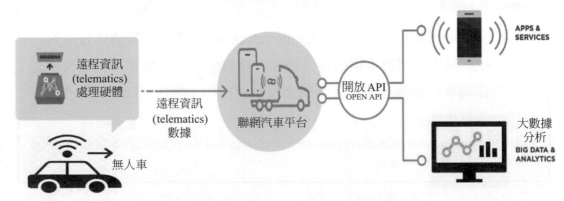

圖 2-28 IoT 互聯車 (connected car)

教學網:https://www.youtube.com/watch?v=5eFqXpw145o (Comarch Connected Car Solution)

圖 2-28 所示，想像一下這樣一個世界，你的汽車不僅會駕駛自己，還會說出這樣的智慧事物：

1. 酒店就在附近，您開車已經八個小時了。您想預訂房間並休息幾個小時嗎？

2. 你最後在 12 個月前為剎車服務，你在這段時間內駕駛你的汽車大約 40 公里。您是否希望我找到經銷商並預約？

二、石油及天然氣工業

為什麼石油公司將他們的油井、鑽井平台及勘探設備連接到 Internet？這要看 IoT 實現對公司的潛在價值。

美國的石油產量飆升，主要是由於水力壓裂（壓裂）及利用水平井造成的。然而，全球石油供應遠遠超過需求。結果，石油價格大幅下跌，石油公司面臨巨大的收入損失。

為了解決這個問題，石油公司正在利用 IoT 技術，透過提高運營效率來降低生產成本。

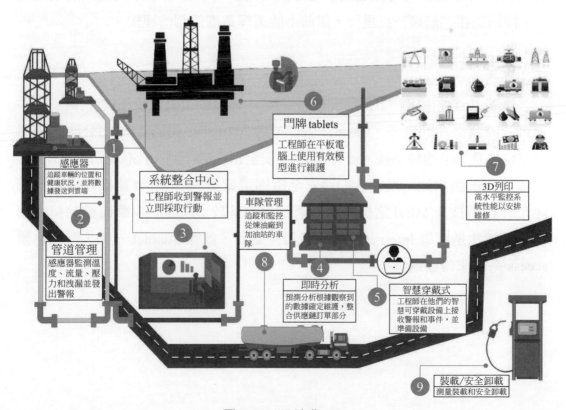

圖 2-29　石油業 IoT

　　透過 IIoT 支持，鑽井設備及研究站可以儲存及發送大量原始數據，用於雲端儲存及分析 (Gilchrist, 2016)。借助 IIoT 技術，石油及天然氣行業能夠透過互連連接機器、設備、感測器及人員，這有助於公司更好地應對需求及定價波動，解決網路安全問題，並最大限度地減少對環境的影響。

　　在整個供應鏈中，IIoT 可以改善維護過程，整體安全性及連接性。無人機可用於在早期階段及難以到達的位置 (例如海上) 檢測可能的石油及天然氣洩漏。它們還可用於辨識具有內置熱成像系統的複雜管道網路中的薄弱點。增強的連接性 (數據整合及通信) 可以協助公司根據庫存、儲存、分配速度及預測需求的即時數據調整生產水平。例如，德勤報告指出，透過實施整合來自多個內部及外部來源 (例如工作管理系統、控制中心、管道屬性、風險評分、內聯檢查結果、計劃評估及洩漏歷史) 的數據的 IIoT 解決方案，可以即時監控數英里的管道。這樣可以監控管道威脅，改善風險管理，並提供態勢感知 (Tech Trends, 2018)。

　　現在，由於 IoT，分析數據變得越來越容易獲取。連接技術正在改進，感測器更便宜，低功耗技術可用，電池可以使用更長時間。所有這些發展意味著石油及天然氣公司可以在更多地方使用更多的感測器來監控機械及環境條件 - 特別是在 "最後一英里"，以前不能選擇負擔得起的連接。

三、安全

　　隨著 IIoT 的擴展，出現新的安全問題。連接到 IIoT 的每個新設備或組件都可能成為潛在的責任。Gartner 估計，到 2020 年，超過 25% 的公認的組織攻擊將涉及 IoT 連接系統，儘管它佔 IT 安全預算的不到 10%(Gartner, 2019)。與傳統的電腦相比，現有的網路安全措施遠遠低於 Internet 連接設備，這可能允許它們被像 Mirai 這樣的殭屍網路用於基於 DDoS 的攻擊而被劫持。另一種可能性是感染 Internet 連接的工業控制器，就像 Stuxnet 一樣，無需物體 access 系統來傳播蠕蟲。

2-4　工業 IoT 的應用：迎接工業 4.0

一、建置工業 IoT，迎接工業 4.0 時代來臨

工業 IoT(IIoT) 就是透過高功能設備、低成本感測網、網際網路、大據收集及分析等技術合，進而提升現有產業的效率或創造新產業。工業 IoT 的興起，帶動工業 4.0 的問世。工業 IoT 所架構的環境中，透過機器製機器 (M2M) 的通訊，機器可以與其他機器、物件及基礎設施等進行互動及通訊，進而產生龐大數據，這些數據再經過處理 (篩選、轉碼) 及分析後即能運用於工廠管理及控制的最佳化。

工業 4.0 的工廠將更具智慧化、無人化、資訊化等特徵，這類自動化智慧工廠能連結至全世界，工廠即能快速處理各地需求，進而節省中間環節及時間成本。易言之，工業 IoT 將含蓋多個應用領域，包括：智慧工廠、汽車工業、自動化工業、醫療產業等。

圖 2-30　工業 IoT 能更佳地診斷機器故障

教學網：https://www.youtube.com/watch?v=m1K0o5OqvHQ（【90 秒看懂】為什麼你要認識「工業 4.0」？）

二、IoT 製造業

定義

工業乙太網（Industrial Ethernet, IE）

　　是在工業環境中使用 Ethernet 網，其協定提供確定性及即時控制。工業 Ethernet 網協定包括 EtherCAT、EtherNet / IP、PROFINET、POWERLINK、SERCOS III、CC-Link IE 及 Modbus TCP。許多工業 Ethernet 網協定使用經過修改的 媒體 access 控制 (MAC) 層來提供低延遲及確定性。一些微控制器，如 Sitara，提供工業 Ethernet 網支持。

　　工業 Ethernet 網還可以指在工業環境中使用標準 Ethernet 網協定，堅固的連接器及擴展的溫度開關，用於自動化或過程控制。工廠過程區域中使用的組件必須設計成在極端溫度，濕度及振動的惡劣環境中工作，這些環境超出了在受控環境中安裝的信息技術設備的範圍。使用的光纖 Ethernet 網變體減少電噪聲的問題，並提供電隔離。

　　一些工業網路強調傳輸數據的確定性傳遞，而 Ethernet 網使用衝突檢測，這使得單個數據分組的傳輸時間難以隨著網路流量的增加而估計。通常，Ethernet 網的工業用途採用全雙工標準及其他方法，使得衝突不會不可接受地影響傳輸時間。

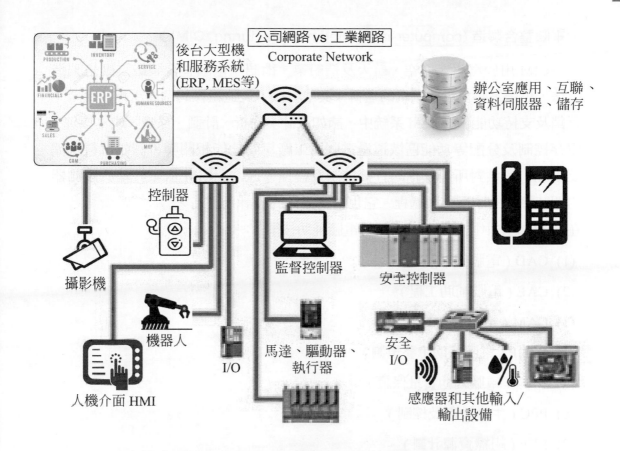

圖 2-31　工業網路

教學網
1. https://www.youtube.com/watch?v=6K2Y_sp5f4o（工業網路基礎）
2. https://www.youtube.com/watch?v=r73IC1-ZZJ4（工業 EtherNetIP）
3. https://www.youtube.com/watch?v=a8kC9xmPcdk（Fieldbus 系統）
4. https://www.youtube.com/watch?v=_d0UZro2Ajo（PLC 網路及 SCADA）

電腦整合製造 (computer-integrated manufacturing, CIM)

CIM 用於汽車、航空、航天及造船業。術語"電腦整合製造"既是製造方法，也是電腦自動化系統的名稱，其中組織了製造組織的個體工程、生產、行銷及支持功能。在 CIM 系統中，諸如設計、分析、計劃、採購、成本核算、庫存控制及分配等功能區域透過電腦與工廠車間功能相關聯，例如材料處理及管理，提供對所有操作的直接控制及監控。通常，CIM 依賴於基於感測器的即時輸入的閉環控製過程。它也稱為靈活的設計及製造。

在 CIM 操作中找到以下子系統 (電腦輔助技術)：

(1) CAD (電腦輔助設計)

(2) CAE (電腦輔助工程)

(3) CAM (電腦輔助製造)

(4) CAPP (電腦輔助工藝規劃)

(5) CAQ (電腦輔助質量保證)

(6) PPC (生產計劃及控制)

(7) ERP (組織資源計劃)

(8) 由公共資料庫集成的業務系統。

分散式控制系統

圖 2-32　電腦整合控制系統 (computer integrated control system)

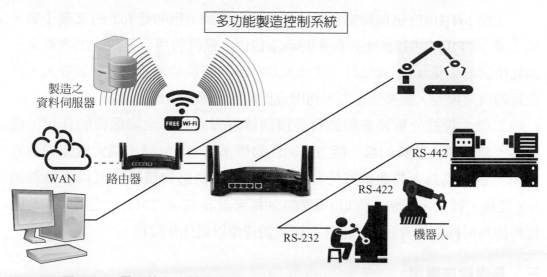

圖 2-32 電腦整合控制系統（computer integrated control system）（續）

教學網
1. https://www.youtube.com/watch?v=iZWgQRqMEaU（分散式控制系統）
2. https://www.youtube.com/watch?v=T8IUa1oISUo（電腦整合製造）
3. https://www.youtube.com/watch?v=uf-GncTk04c（NISSAN JUKE- 整合控制系統）

　　IoT 可以實作各種製造設備的無縫整合，這些設備配備有感應、辨識、處理、通信、驅動及網路功能。基於這樣一個高度整合的智慧網路物體空間，它為製造業創造了全新的商業及市場機會打開了大門 (Severi, 2014)。製造設備，資產及狀況管理或製造過程控制的網路控制及管理也將 IoT 帶入工業應用及智慧製造領域 (Gubbi, 2013)。IoT 智慧系統透過網路機械，感測器及控制系統，實作新產品的快速製造，對產品需求的動態響應，及製造生產及供應鍊網路的即時最佳化 (Ersue, 2014)。

　　用於自動化過程控制，操作員工具及服務資訊系統以最佳化工廠安全性的數位控制系統屬於 IoT 的範圍 (Tan, 2010)。但它也透過預測性維護，統計評估及測量擴展到資產管理，以最大限度地提高可靠性 (Daugherty, 2019)。智慧工業管理系統還可以與智慧電網整合，進而實作即時能源最佳化。大量網路感測器提供測量、自動控制、工廠最佳化、健康及安全管理及其他功能 (Ersue, 2014)。

　　工業 IoT(IIoT) 這個術語在製造業中經常遇到，指的是 IoT 的工業子集。製造業中的 IIoT 可以產生如此多的商業價值，最終將導致第四次工業革命，因此所謂的工業 4.0。據估計，未來成功的公司將能夠透過 IoT 增加收入，創造新的商業模型，提高生產力，利用分析創新，轉變勞動力 (Lee, 2015)。

　　工業大數據分析將在製造資產預測維護方面發揮至關重要的作用，儘管這不是工業大數據的唯一能力。網路物體系統 (CPS) 是工業大數據的核心技術，它將成為人類與網路世界之間的介面。網路物體系統可以透過遵循 5C(連接、轉換、網路、認知、配置) 架構來設計 (Lee, 2015)，它將收集的數據轉換為可操作的資訊，並最終干擾物體資產以最佳化流程。

三、基礎設施應用

　　監測及控制可持續城鄉基礎設施 (如橋樑、鐵路軌道及陸上及海上風電場) 的運行是 IoT 的一個關鍵應用 (Tan, 2010)。IoT 基礎設施可用於監控可能危及安全性及增加風險的任何事件或結構條件的變化。IoT 可以透過節省成本，減少時間，提高工作效率，無紙化工作流程及提高生產率來使建築行業受益。透過即時數據分析，它可以協助您更快地做出決策並節省資金。它還可以透過協調不同服務供應商及這些設施的使用者之間的任務，以有效的方式安排維修及維護活動 (Ersue, 2014)。IoT 設備還可用於控制橋樑等關鍵基礎設施，以提供對船舶的 access。使用 IoT 設備監測及運行基礎設施可能會改善事故管理及應急響應協調，服務品量，正常運行時間並降低所有基礎設施相關領域的運營成本。即使是廢物管理等領域也可以從 IoT 可能帶來的自動化及最佳化中受益。

四、工業 IoT 的應用

1. 工業自動化

　　工業自動化是 IoT 最重要及最常見的應用之一。機器及工具的自動化使公司能夠以高效的方式運行，使用先進的軟體工具來監控及改進下一個流程迭代。

　　使用機器自動化可以將過程階段的準確性提高到更高的水平。PLC(可程式設計邏輯控制) 及 PAC(可程式設計自動化控制) 等自動化工具與連接到中央雲端系統的智慧感測器網路一起使用，該系統收集大量數據。專門設計的軟體及應用程序用於分析數據及其改進行為。

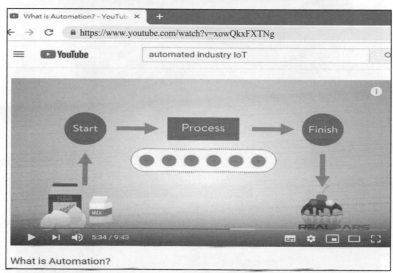

圖 2-33　工業自動化

教學網

1. https://www.youtube.com/watch?v=xowQkxFXTNg（什麼是自動化？）
2. https://www.youtube.com/watch?v=u3IaXvJDIOE（工業 IoT 的 7 項原則）
3. https://www.youtube.com/watch?v=MNAeOLwVAR0（IOT 工 業 自 動 化 - 使 用 Raspberry PI）
4. https://www.youtube.com/watch?v=Yx3DjWCHMwY（基於 IoT 的工業自動化）

　　工業自動化提高了準確性及效率 透過應用程序減少錯誤，易於控制及遠程 access。機器可以在比人類更惡劣的環境中運行；機器及工具的自動化降低了特定任務的人力需求。

連接工廠

　　Connected Factory 概念是改善所有操作領域的有效解決方案。機器、工具及感測器等主要組件將連接到網路，以便於管理及 access。可以使用工業 IoT 解決方案來：遠程完成工藝流程、監控停機時間、庫存狀態檢查、裝運、進度維護以及停止 / 暫停特定過程以進行進一步分析等概述。

2. 智慧機器人

　　許多公司正在為支持 IoT 的工廠開發智慧機器人系統。智慧機器人可確保生產線中工具及材料的平穩處理，並具有精確的準確性及效率。可以使用智慧機械臂設置預定義的規格，以獲得最大精度 (某些應用可達幾納米 10^{-9})。

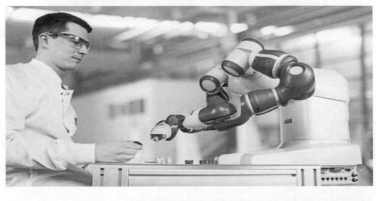

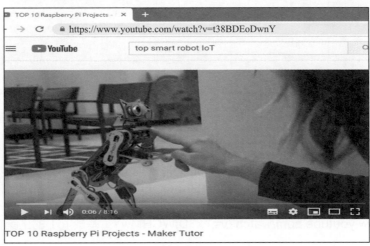

圖 2-34　智慧機器人 (smart robot)

教學網
1. https://www.youtube.com/watch?v=t38BDEoDwnY (十大 Raspberry Pi 機器人)
2. https://www.youtube.com/watch?v=QL-6PdiDTeo (十大 IoT 專案)
3. https://www.youtube.com/watch?v=yUYuNqm_jbg (五大 IoT 開發板)
4. https://www.youtube.com/watch?v=AtrFRWNJuNY (基於 IoT 的智慧農業監控系統)

3. 預測性維護

　　配備智慧感測器的現代工業機器可持續監控每個主要部件的狀態，並可在系統完全停機之前檢測任何關鍵問題。智慧感測器將觸發對集中式系統的維護警告，並將警報消息傳遞給負責人 / 組。

　　維護工程師可以有效地分析數據及計劃進度，而不會影響日常任務。

2-5　IoT 商業、醫學、運輸的應用

　　IoT 是人類生活中各種設備的互聯，將無數的數據傳輸於設備與伺服器之間，並透過數據分析來獲得大眾行為，讓人類生活更具可預測性。

　　例如 Amazon 用 Kiva Systems 的 IoT 機器人降低 20% 組織運作成本。醫療業中，IoT 也可降低 25% 供應鏈成本。(DigiTmies,2019)。

　　迄今，IoT 隨著雲端普及，也廣及於生活，人已習慣在手機或 PC 互聯共享訊息，這已影響了組織處理任務模式的創新 (遠端辦公出現)。

　　此外，IoT 亦可 24 小時監測公司內網，若有事務發生變化即可通知團隊管理人。

一、中小組織的 IoT 應用程式有 5 個

　　以下是可以立即開始使用的五個 IoT 應用程序，以提高業務績效：

1.　智慧鎖 (smart locks)

　　　智慧鎖可用於增加便利性及安全性。例如，零售商可以從商店的中央位置遠程操作它們，讓顧客可以進入商店的限制區域 .Baruch 學院行銷副教授 Robb Hecht 說，這種應用越來越受歡迎。物業經理可以使用它們來讓服務人員及送貨人員進入建築物，而無需親自到那裡解鎖門。"中小型組織所有者可以專注於建立自己的業務，而不必開車穿越城鎮，"他說。

　　　智慧鎖提高了安全性，因為數位密鑰不像物理密鑰那樣容易被盜竊及丟失。智慧鎖使 SMB 所有者可以隨時為員工及其他用戶建立及撤銷密鑰。這對於員工流動率高的中小型組織來說是一個福音。大多數智慧鎖定應用程序還會建立詳細的日誌，說明誰可以解鎖它們以及何時解鎖，為所有者提供一種簡便的方法，以確保員工在正確的時間打開及關閉。

2.　智慧照明 (smart lighting) 及 HVAC

　　　智慧恆溫器已經成為消費市場中的 IoT 固定裝置，但中小組織可以從智慧照明及暖通空調 (加熱 / 通風 / 空調) 產品及控制的商業應用中獲得更大的收益。智慧照明以記錄在案的節能形式為中小組織提供即時且可量化的投資回報。IoT 連接控制與 LED 照明系統相結合，可節省高達 90% 的能源。

同樣，支持 IoT 的 HVAC 系統可以顯著節省能源成本。使用感測器確定房間何時空或被佔用，他們可以適當調整加熱及冷卻設置。一些系統使用機器學習 (ML) 隨著時間的推移變得更聰明，進而導致更大的節省。

3. 語音助手

若你能聘 (voice assistant) 請一位從不抱怨、生病、或要求加薪的極其高效的助理，會有多棒？您可能已經透過智慧手機、電腦或智慧揚聲器啟用 IoT。

語音助理還可以控制大多數其他智慧 IoT 設備，進而騰出時間讓中小組織主專注於更具戰略性的業務問題。Brown 認為語音助手提供的效率提升及準確性使其成為目前中小組織可用的最佳 IoT 應用之一。

4. 供應鏈數據記錄器 (supply chain data loggers)

這是 IoT 為各種規模的組織提供巨大商機的一個領域。例如，IoT 物流應用程序可以標記脆弱或溫度敏感的產品，如雞蛋、牛奶或鮮花，並持續監控其溫度、儲存區域的溫度及濕度，以及運輸過程中的衝擊及振動水平。

"這可以透過允許托運人證明貨物在運輸過程中保持在正確的溫度來降低供應鏈成本。" 克雷布斯說。"它降低了購買者的成本，因為他們可以在到達目的地之前消除不正確維護的貨物或損壞的貨物。"

支持 IoT 的數據記錄感測器還可用於追蹤從供應商到生產設施的交付，追蹤材料及成品的移動，以便在設施內進行組裝或運輸，並準確追蹤車輛以實現更高效的車隊管理。

5. 條形碼閱讀器及 RFID 標籤 (barcode readers & RFID tags)

大型零售組織多年來一直使用條形碼閱讀器及 RFID(射頻辨識) 掃描儀，通常作為昂貴的銷售點系統的組成部分。這些設備支持可用於多種目的的數據收集，包括庫存追蹤及更新，商品重新排序以及透過追蹤商店內商品的位置來防止損失。

二、醫療及保健 (medical and healthcare)

醫療 IoT(也稱為健康 Internet) 是 IoT 用於醫療及健康相關目的，數據收集及研究分析及監測的應用 (Kricka, 2018)。這種「智慧醫療保健」也可以稱之為「數位化醫療保健系統」(Dey, 2018)，將可用的醫療資源及醫療服務聯繫起來 (Joyia, 2017)。

IoT 設備可用於啟用遠程健康監控及緊急通知系統。這些健康監測設備的範圍從血壓及心率監測器到能夠監測專用植入物的先進設備，例如心臟起搏器，Fitbit 電子腕帶或高級助聽器 (Ersue, 2014)。一些醫院已經開始實施 "智慧病床"，可以檢測病人何時被佔用及病人何時起床。它還可以自行調整，以確保在沒有護士人工干預的情況下對患者施加適當的壓力及支持 (da Costa, 2018)。

使用行動設備支持醫療 follow-up 導致了 'm-health' 的建立，用於「分析、捕獲、傳輸及儲存來自多種資源的健康統計數據，包括感測器及其他生物醫學收集系統」。

生活空間內還可配備專門的感測器，以監測老年人的健康及一般福祉，同時確保正在進行適當的治療，並協助人們透過治療恢復失去的流動性 (Istepanian, 2011)。這些感測器建立了一個智慧感測器網路，能夠收集、處理、傳輸及分析不同環境中的有價值資訊，例如將家庭監控設備連接到基於醫院的系統 (Dey, 2018)。其他用於鼓勵健康生活的消費設備，例如連接秤或可穿戴心臟監測器，也是 IoT 的可能性 (Swan, 2012)。端到端健康監測 IoT 平台也可用於產前及慢性病患者，協助人們管理健康生命體徵及經常性藥物需求 (IJSMI, 2018)。

塑料及織物電子製造方法的進步使得超低成本，使用及拋出的 IoMT 感測器成為可能。這些感測器及所需的 RFID 電子設備可以在紙張或電子紡織品上製造，用於無線供電的一次性感應設備 (Grell, 2018)。已建立用於即時醫療診斷的應用程序，其中便攜性及低系統複雜性至關重要 (Dincer, 2017)。

截至 2018 年，IoMT 不僅應用於臨床實驗室行業 (Kricka, 2018)，還應用於醫療保健及健康保險行業。醫療行業的 IoMT 現在允許醫生，患者及其他相關人員 (即患者、護士、家屬等的監護人) 成為系統的一部分，患者記錄保存在資料庫中，允許醫生及其他人醫務人員可以 access 患者的資訊 (Joyia, 2017)。此外，基於 IoT 的系統以患者為中心，涉及對患者的醫療條件

保持靈活性 (Joyia, 2017)。保險業中的 IoMT 提供了對更好及新型動態資訊的 access。這包括基於感測器的解決方案，如生物感測器、可穿戴設備、連接的健康設備及移動應用程序，以追蹤客戶行為。這可以帶來更準確的承保及新的定價模型 (Amiot, 2018)。

　　IoT 在醫療保健中的應用在管理慢性病及疾病預防及控制方面發揮著重要作用。透過連接功能強大的無線解決方案，系統可實作遠程監控。透過連接，醫療從業人員可以捕獲患者的數據，並在健康數據分析中應用複雜的演算法 (Vermesan, 2013)。

三、運輸 (transportation)

　　IoT 可以協助跨各種運輸系統整合通信，控制及資訊處理。IoT 的應用擴展到運輸系統的所有方面 (即車輛、基礎設施、及駕駛員或使用者)。運輸系統的這些組件之間的動態互動實作了車內及車內通信 (Xie, 2017)、智慧交通控制、智慧停車、電子收費系統、後勤及車隊管理、車輛控制及安全及道路援助 (Ersue, 2014)。例如，在物流及車隊管理中，IoT 平台可以透過無線感測器持續監控貨物及資產的位置及狀況，並在發生管理異常 (延誤、損壞、盜竊等) 時發送特定警報。這只能透過 IoT 及其設備之間的無縫連接實作。GPS、濕度、溫度等感測器將數據發送到 IoT 平台，然後分析數據並進一步發送給使用者。這樣，使用者可以追蹤車輛的即時狀態並做出適當的決定。若與機器學習相結合，那麼它還可以透過向駕駛員引入睡意警報，並提供自駕車來協助減少交通事故。

四、建築及家庭自動化 (building and home automation)

　　IoT 設備可用於監視及控製家庭自動化及樓宇自動化系統中各種類型的建築物 (例如，公共及私人、工業、機構或住宅) 中使用的機械、電氣及電子系統 (Ersue, 2014)。在這方面，涵蓋了三個主要領域 (Jussi, 2008)：

1. 將 Internet 與建築能源管理系統相結合，以建立節能及 IoT 驅動的 "智慧建築"。
2. 可能的即時監測手段，以減少能源消耗及監測乘員行為。
3. 智慧設備在構建環境中的整合及他們如何知道在未來的應用程序中使用誰。

Chapter 3

IoT + 大數據分析 + AI = 5G 時代已到來

　　當機器人可被訓練比人類做事還要更好，再加上硬體功耗的增加及成本下降、AI 與 IoT 的整合，創造的大數據及智慧裝置對 AI 理解的能力，嶄新時代必將來臨。易言之，大數據、AI、IoT 將對各行各業產生重大影響。

　　物聯網的出現標誌著技術進步的一個重要里程碑，因為它為技術領域開闢了一個全新的可能性世界。它將 Internet 的全部功能帶入了大量的設備、基礎設施、設備，甚至是植入或連接到某些電子設備的人及動物。由於 IoT 發展，我們現在看到：(1) 家庭的門、照明、供暖及製冷系統透過智慧手機控制，並隨著居民的日常生活自動調整。(2) 智慧手錶及健身帶，可以全天自動監控生命統計數據，並在檢測到異常情況時提醒您。(3) 智慧車輛，當組件需要維修或特別注意時，什麼可以提醒駕駛員……。

什麼是 5G ？

　　第五代行動通訊系統 (5th generation mobile networks 或 5th generation wireless systems)，簡稱 5G，是指第五代行動通訊技術。

　　迄今日本政府正大力推動 5G 在「IoT、工業 4.0、AI、大數據、機器人等」的整合應用，一炮而紅。其中，工業 4.0 旨在描述資訊及通信技術在工業製造中的廣泛整合，不可避免地它將導致新型工作及工作方式，並將要求公司改變其組織及文化。

圖 3-1　什麼是 5G？

教學網

1. https://www.youtube.com/watch?v=VdSFah46d7Y&t=2s（5G 到底是什麼？它能成為創造未 的新科技嗎？）
2. https://www.youtube.com/watch?v=MEQM_Xx6XPw
3. https://www.youtube.com/watch?v=2DG3pMcNNlw
4. https://www.youtube.com/watch?v=GEx_d0SjvS0

圖 3-2　日本政府正大力推動 5G

教學網

1. https://m.youtube.com/watch?feature=youtu.be&v=ushSdmYtzmU（日本 5G）

3-1　大數據，物聯網及人工智慧 (AI)

1. 大數據 (big data) 是指傳統數據處理應用軟體過於龐大或過於復雜而無法充分處理的數據集。具有許多 cases(row) 的數據提供更大的統計功效，而具有更高複雜度 (更多屬性或 column) 的數據可能導致更高的錯誤發現率。大數據挑戰包括捕獲數據，數據儲存、數據分析、搜索、共享、傳輸、可視化、查詢、更新、資訊隱私及數據源。大數據最初三個概念：資料量體、多變性及速度。

2. IoT 技術 (Internet of Things，IoT) 是 Internet、傳統電信網等資訊承載體，讓所有能行使獨立功能的普通物體實作互聯互通的網路。

3. 人工智慧 (Artificial Intelligence，AI) 亦稱機器智慧，指由人製造出來的機器所表現出來的智慧。通常人工智慧是指透過普通電腦程式的手段實作的人類智慧技術。

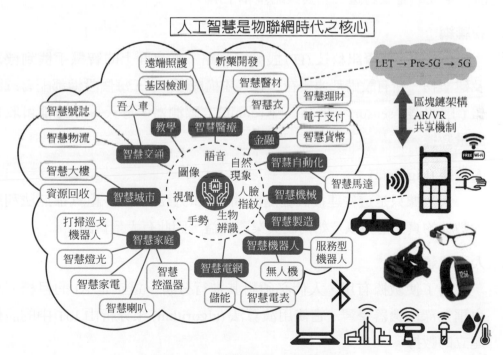

圖 3-3　人工智慧是 IoT 時代之核心

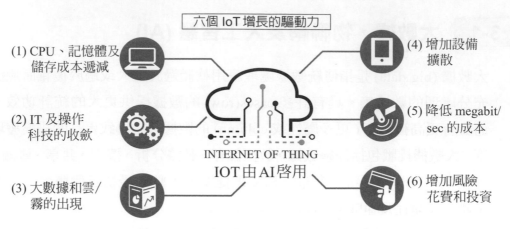

圖 3-3　人工智慧是 IoT 時代之核心（續）

➤ 3-1-1　大數據、物聯網、人工智慧 (AI) 之關係

一、什麼是 IoT，大數據及人工智慧？

在深入研究這種技術三位一體如何在當前及可預見的未來使您的業務受益之前，重要的是要對這三個要素的基本了解。

1.　物聯網

IoT 是一個資訊科技 (IT) 設備之網路，從桌面上的智慧手機到機器及建築物，所有設備都連接在一起，才構成了 IoT。每個設備都配有感測器 (感測器 , sensor)，稱為「啞 (dumb)」感測器，每天每分鐘都可收集大量數據。

2.　大數據 (big data)

大數據只是這些連接設備隨時間收集的資訊。許多組織都無法利用大數據的真正潛力以及如何使其業務受益，因此有大量資訊。

3.　人工智慧 (AI)

為了使數據有用，人們必須對其進行分析，這正是 AI 的目標。AI 也稱為深度機器學習，它使用演算法 (algorithm) 來分析由 IoT 中的設備建立的數據。

二、大數據及 AI 提供 IoT 完美的協同作用

IoT 不僅協助技術的新發展，在 AI 及大數據的幫助下，它還使我們能夠即時擷取數據。這些即時數據有助於改善業務中的關鍵流程，邁向 "智慧" 及更高效的社會。

事實上，這些技術的融合將大大受益的領域，有助於推進諸如自駕車之類的想法及概念，這比以前想像的更進一步。

例如，IoT 已經是人工智慧應用即時數據的關鍵來源之一，可以實作人工智慧的決策。人工智慧技術也是 IoT 預測分析及維護的核心。透過將這些技術結合在一起，降低了成本，並且以自駕車為例，採用新技術將以更快的速度完成。

1. 人工智慧需要大數據才能獲得有意義的結果

許多人工智慧技術已經存在了幾十年，現在能夠利用足夠大小的數據集來提供有意義的結果。

2. 人工智慧解決了大數據分析問題

近年來人工智慧的進步使開發人員能夠發現數據之間的隱藏關係，從而大大促進數據分析過程，並解決大數據問題性能問題

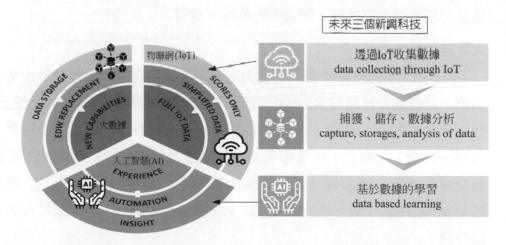

圖 3-4　物聯網 (IoT)、人工智慧 (AI)、大數據之關係

教學網
1. https://www.youtube.com/watch?v=Cx5aNwnZYDc（AI 及 IoT 將如何改變世界）
2. https://www.youtube.com/watch?v=avxpkFUXIfA（機器學習模型 +IoT 數據 = 更智慧的世界）

隨著物聯網的普及，無論是概念還是實施，人們可能會因其範圍以及它如何影響傳統技術而感到困惑。我試圖澄清 IoT 底層的幾個不同層次，與 AI、大數據及雲端相關。

1. **裝置 (device)**

IoT 是設備智慧化，擁有智慧，充當人類的觸發器。這些設備從可穿戴設備，家庭設備、汽車、城市到工業，因為 IoT，愚蠢的設備可以與他們自己的語言「說話及交流」。因此，機器數據不斷生成，給接收器及後端儲存庫帶來巨大的挑戰。隨著啞設備／機器的更換及升級，IoT 的進展將會有更少的障礙。智慧設備將推動 IoT 上層的發展。

2. **網路**

IoT 帶來網路的革命性。我的觀點是 IoT 需要網路具有出色的頻寬 (帶寬 , bandwidth)、高可用性及性價比。雖然 NB-IoT 及 Lora 似乎可以觸摸，但請繼續關注 5G 或 6G。背後的理念是：兩個人耳語很少見，但是互相交談似乎很常見。這就是網路應該升級的原因重用傳統網路資產。

3. **雲端 (cloud)**

隨著 IoT 設備的增加，到未來二年將達 210 億台設備，IoT 雲端服務是其可擴展性，高性能，開箱即用的唯一選擇。

4. **大數據 (BigData)**

IoT 是大數據技術堆棧的驅動力。在 IoT 時代之前，大數據是由電子商務，運營商及移動設備生成的數據，所有數據都與人有關，現在機器／設備流數據加入。設備、人及組織構成了大數據的三角形。數據採集、儲存、分析、可視化，所有都需要重新考慮及增強機器數據，例如流媒體及事件處理、時間線分析、預測性維護等。IoT 與大數據的混合將導致 Gartner Hype Cycle 中提到的 IoT PaaS(平台即服務) 已有相當長的一段時間。

5. **IoT 應用**

資產績效管理 (APM)、預測性維護 (PM)、資產最佳化服務、監控、事件警報，從復雜到簡單，無論是節省成本還是賺取現金，都是重要的 IoT 應用。它還帶來了一些創新的商機，彌合了人類世界與機器世界之間的差距。

6. **人工智慧 (AI)**

　　是設備控制與 AI 大腦武裝，它將取代大量的勞動與重複的日常工作。智慧 AI 設備隨後成為工作及生活的入口及控制點。

7. **IABC(IoT + AI + BigData + Cloud)**

　　IABC 正在改變整個世界，物理 (physical) 世界及數位世界之間將沒有邊界，人類或機器生成的數據之間也沒有區別。

　　例如，大多數保險公司感興趣或至少遠程監控的三種新興技術是：大數據、IoT 及人工智慧。由於這三種新興技術都緊密相連。人工智慧及機器學習 (高級分析及決策的下一階段)，將允許以前無法實作的新見解。但是，公司如何收集足夠的數據，以便為尋找新見解所需的知識背景提供機器學習算法？這些數據來自 IoT。沒有 IoT，系統及組織可以學習的內容是有限的。

　　任何專注於這些技術之一的公司都會發現它對技術的使用及其為未來提供的價值有限。

三、IoT，大數據及組織 AI 的融合

　　有關這三個流行語的大量新聞不容忽視，因為 IoT、大數據及人工智慧的結合可能對未來的組織意義重大。這三個流程為業務所有者 / 經理提供了做出關鍵決策所需的數據，致力於提高業務流程的效率。提高組織效率將降低成本，為組織節省大量可用於其他活動的資金。

　　IoT、大數據及人工智慧協同工作，有一個很好的例子就是：機械 / 製造業，它從 IoT 感測器收集的大數據，再使用 AI 根據所需要機器修復的潛在問題或維護工作做出決策，因此機器所有者可提前了解可能需要解決的任何技術問題。因此，相關工作人員可以在不影響工作流程效率的情況下安排維護、減少停機時間、並且不會在重要的生產時間上丟失業務。

四、大事還有待發展

　　由於我們仍然處於大數據、IoT 及人工智慧之間關係的早期階段，因此這些技術三位一體還有很多東西要出現。三者整合不但有利於組織，也有利於我們的日常生活。

3-1-2　如何設計 IoT 基礎設施：4 階段架構

有很多方法可開發組織或工業 IoT。重要的是不要讓 IoT 的感到複雜性，而掩蓋了實施 IoT 是非常有益的專案。本文旨在為您的 IoT 系統奠定堅實的框架。

您需要投資支持當今許多 IoT 系統的四部分架構，如圖 3-5 所示。將這四個部分描述為 IoT 建構過程的 4 個階段。所有這 4 個階段都要整合的，彼此互相加強的，並將來自各種網路「事物 (things)」有價值數據傳輸到生產及傳統 IT 系統，以提供可操作的業務洞察。

端到端 (end to end) 解決方案可以分為四個不同的階段。在開發 IIoT 解決方案時，如圖 3-5 所示之架構為我們提供了很好的服務。

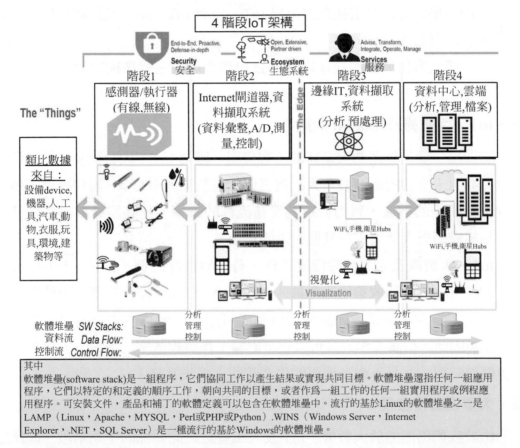

其中
軟體堆疊(software stack)是一組程序，它們協同工作以產生結果或實現共同目標。軟體堆疊還指任何一組應用程序，它們以特定的和定義的順序工作，朝向共同的目標，或者作為一組工作的任何一組實用程序或例程應用程序。可安裝文件，產品和補丁的軟體定義可以包含在軟體堆疊中。流行的基於Linux的軟體堆疊之一是 LAMP（Linux，Apache，MYSQL，Perl或PHP或Python）.WINS（Windows Server，Internet Explorer，.NET，SQL Server）是一種流行的基於Windows的軟體堆疊。

圖 3-5　如何設計 IoT 就緒基礎設施 (IoT-ready infrastructure)：4 階段架構

IoT 架構的階段 1 包括聯網事物，通常是無線感測器及執行器。

階段 2 包括感測器數據聚合系統 (sensor data aggregation systems)、類比訊號轉成數位訊號 (analog-to-digital data conversion)。

階段 3 中，邊緣 IT 系統在數據移動到數據中心或雲端之前執行數據的預處理。最後。

階段 4，數據被分析、管理並儲存在傳統的後端數據中心系統上。顯然，感測器 / 執行器狀態是操作技術 (OT) 專業人員的省。階段 2 也是如此。階段 3 及階段 4 通常由 IT 控制，儘管邊緣 IT 處理的位置可能位於遠程站點或更靠近數據中心。標有 "邊緣" 的虛線垂直線是 OT 及 IT 職責之間的傳統劃分，儘管這是模糊的。以下是每個細節的詳細介紹。

1. **感測器 / 執行器 (sensors/actuators)**

感測器從測量的環境或對象 (物件 ,objects) 來收集數據並將其轉換為有用的數據。想想手機中的專用結構，它可以檢測重力的方向性 (橫看 vs. 直看)，與地球的 "物體" 的相對位置，並將其轉換為手機可用於定位設備的數據。執行器也可以進行干預 (intervention)，以改變產生數據的物理條件。例如，執行器可以在組裝過程中關閉電源、調節氣流閥或移動機器人夾具。

執行器又稱致動器 (actuators) 是一台機器，它負責透過打開閥移動及控制的機構或系統中。執行器接收到控制信號時，它將信號的能量轉換成機械運動來回應。例如房屋失火時，偵煙感測器本身就會啟動警報器 / 灑水器這二個執行器。簡單來說，執行器是一個「推動者」。

執行器也是控制系統作用於環境的機構。其中，控制系統可以是簡單的 (固定的機械或電子系統)，基於軟體的 (例如列印機驅動器、機器人控制系統)。

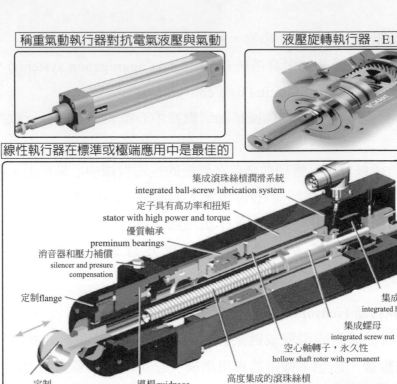

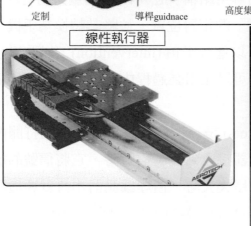

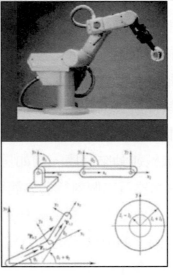

圖 3-6　執行器附帶有：齒輪、皮帶、螺桿 (screws)、槓桿 (levels)
(commexusa.com, 2019)

2. 類比數位轉換器 (Analog-to-digital converter, ADC, A/D or A to D)

類比數位轉換器將類比訊號轉換為表示一定比例電壓值的數位訊號。然而，有一些類比數位轉換器並非純的電子設備。例如旋轉編碼器，也可以被視為類比數位轉換器。

　　數位訊號輸出可用不同的編碼結構。通常會使用二進位二補數進行表示，但也有的設備則使用格雷碼 (一種循環碼)。

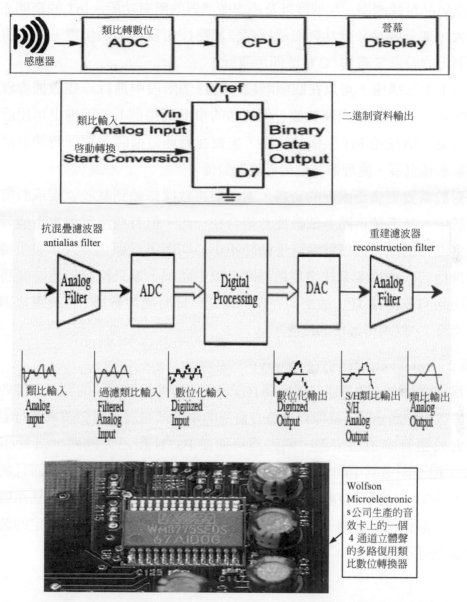

圖 3-7　類比訊號轉成數位訊號 (analog-to-digital data conversion)

階段 1　感測器 / 執行器

　　感測器從測量環境或對象 (object) 收集數據並將其轉換為有用的數據。想想手機中的專用結構，它可以檢測重力的方向性 (橫幕或直幕)，我們稱之為地球的 "物體" 的相對位置 - 並將其轉換為手機可用於定位設備的數據。執行器也可以進行干預 (intervene)，來改變產生數據的物理條件。例如，致動器可以在組裝過程中關閉電源，調節氣流閥或移動機器人夾具。

　　感應／執行階段涵蓋了，從傳統工業設備到機器人攝影系統、水位探測器、空氣品量感測器、加速度計及心率監測器的所有功能。IoT 的範圍正在迅速擴大，部分歸功於低功耗無線感測器網路技術及乙太網供電，這使得有線局域網上的設備無需 A／C 電源即可運行。

　　在 IoT 架構中，可以在四個階段中的每個階段中進行一些數據處理。但是，雖然可在感測器處理數據，但可做的事受到每個 IoT 設備上可用處理能力的限制。數據是 IoT 架構的核心，需要在處理數據時選擇即時性及深度。資料需求越直接，處理需要越接近終端設備。

　　對於需要更廣泛處理的資料，還需要將數據傳輸到基於雲端或數據中心的系統中，該系統再將多個數據源組合在一起。但有些決定根本不能等待深遠端處理，例如，機械臂執行手術時不小心切斷了動脈？無人車發生撞車？自動飛機若威脅檢測系統發現敵機時？以上狀況，都是沒有足夠時間將該數據發送到 IT 核心系統。故必須在感測器端就即時處理數據 (位於邊緣網路的邊緣運算)，以求得最快的反應。

階段 2　Internetgateway(gateway)

　　電腦網路中，閘道器又稱網關 (Gateway) 是接兩個網路的裝置，接收從用戶端傳送來的請求時，就像自己擁有資源的來源伺服器一樣對請求進行處理。

　　對於語音閘道器來說，閘道器可連接 PSTN 和乙太網路，這就相當於 VOIP，把不同電話中的類比訊號通過閘道器而轉換成數位訊號，而且加入協定再去傳輸。在到了接收端的時候再通過閘道器還原成類比的電話訊號，最後才能在電話機上聽到。閘道器也可指把一種協定轉成另一種協定的裝置，例如語音閘道器。

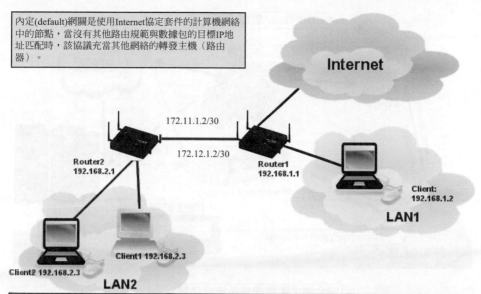

內定(default)網關是使用Internet協定套件的計算機網絡中的節點，當沒有其他路由規範與數據包的目標IP地址匹配時，該協議充當其他網絡的轉發主機（路由器）。

172.11.1.2/30

172.12.1.2/30

Router2
192.168.2.1

Router1
192.168.1.1

Internet

Client:
192.168.1.2

LAN1

Client1 192.168.2.3

Client2 192.168.2.3

LAN2

其中，區域網路(Local Area Network,LAN)是一個可連接住宅，學校，實驗室，大學校園或辦公大樓等有限區域內電腦的電腦網路。相比之下，廣域網路（WAN）不僅覆蓋較大的地理距離，而且還通常涉及固接專線和對於網際網路的連結。相比來說網際網路則更爲廣闊，是連接全球商業和個人電腦的系統。區域網可分成三大類：
1.平時常說的區域網LAN。
2.另一類是採用電路交換技術的區域網，稱電腦交換機CBX(computer branch eXchange)或PBX(private branch eXchange)。
3.還有一類是新發展的高速區域網HSLN(high speed local network)。

圖 3-8　閘道器（網關，gateway）

　　來自感測器的數據以類比 (analog) 形式開始。該數據需要聚合併轉換為數位流，以便進一步下游處理。此時，數據採集系統 (date acquisition system, DAS) 就能執行這些數據聚合及轉換功能。DAS 連接到感測器網路，聚合輸出，並執行類比訊號轉換數數。Internetgateway 接收聚合及數位化數據，並透過 Wi-Fi，有線 LAN 或 Internet 將其路由到階段 3 系統以進行進一步處理。

　　如圖 3-9 所示，銥 (iridium) 衛星是由圍繞地球一共 66 個運作中的通信衛星組成。這個系統原先規劃 77 個通信衛星，所以用原子序為 77 的銥來命名。

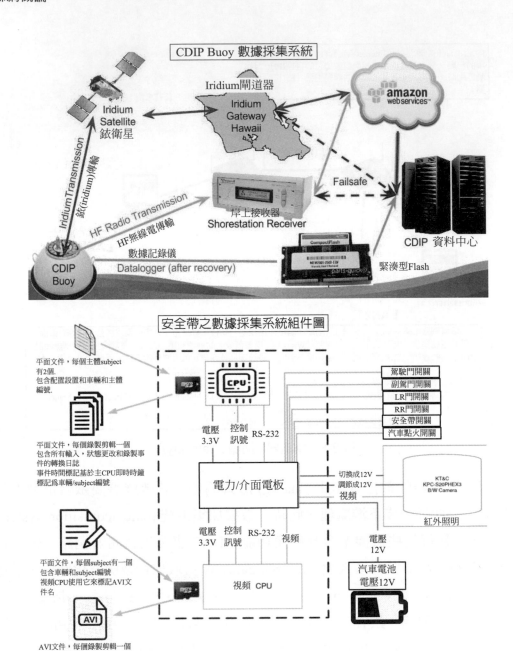

圖 3-9　數據採集系統 (date acquisition system, DAS) 組件圖

　　第 2 階段系統通常靠近感測器及執行器。例如，泵可能包含六個感測器及執行器，這些感測器及執行器將數據饋送到數據聚合設備中，該數據聚合設備也將數據數位化。該設備可能物理連接到泵上。然後，相鄰的 gateway 設備或伺服器將處理數據並將其轉發到階段 3 或階段 4 系統。

　　為什麼要預處理數據？來自感測器的類比數據流可以快速建立大量數據。您的業務可能感興趣的物理世界的可測量品質 (運動、電壓、振動等)，它可建立大量不斷變化的數據。想想像飛機引擎這樣的複雜機器可能在一天內產生多少感測器數據，並且對可能將數據輸入 IoT 系統的感測器數量沒有理論上的限制。更重要的是，IoT 系統始終處於開啟狀態，提供持續的連接及數據饋送。IoT 數據流量可能是巨大的 - 在一個案例中我已經看到多達 40 TB / 秒。這是傳輸到數據中心的大量數據。最好預處理它。

　　不以這種形式將數據傳遞到數據中心的另一個原因是類比數據具有需要專門軟體處理的特定時序及結構特徵。最好先將數據轉換為數位形式，這就是第 2 階段的情況。

　　智慧 gateway 可在其他基本 gateway 功能的基礎上，透過分析、惡意軟體防護及數據管理服務等附加功能，來即時分析數據流。雖然從 gateway 提供業務見解在 gateway 上的直接性比直接從感測器 / 執行器區域發送的要少，但 gateway 具有以業務利益相關者更容易理解的形式呈現資料的計算能力。

　　gateway 仍然是邊緣設備 - 它們是數據中心的外部 - 因此地理及位置很重要。在泵示例中，若您有 100 個泵單元並且想要在本地處理數據，則可能在泵級具有即時數據，聚合資料以建立工廠的工廠範圍視圖，並將數據傳遞給數據全公司視野中心。DAS 及 gateway 設備可能會在從工廠車間到移動現場工作站的各種環境中結束，因此這些系統通常設計為便攜式，易於部署，並且堅固耐用，可承受溫度、濕度、灰塵等變化及振動。

階段 3　邊緣資訊科技 (edge IT)

　　「邊緣 (edge)」是指網路中計算節點作為 IoT 設備的地理分佈，它們位於組織，城市或其他網路的「邊緣」。其動機是提供伺服器資源，數據分析及人工智慧 (環境智慧)，更接近數據採集源及網路物體系統，如智慧感測器及執行器。邊緣運算被視為實作物體計算、智慧城市、普適計算 (ubiquitous computing)、多媒體應用 (如增強實作及雲端遊戲) 以及 IoT 的重要因素。

　　一旦 IoT 數據被數位化及匯總，它就可以進入 IT 領域。但是，數據在進入數據中心之前可能需要進一步處理。這就是執行更多分析的邊緣 IT 系統發揮作用的地方。邊緣 IT 處理系統可以位於遠程辦公室或其他邊緣位置，但是通常這些位於感測器更靠近感測器的設施或位置，例如佈線室中。

　　由於 IoT 數據很容易消耗網路頻寬並淹沒數據中心資源，因此最好讓邊緣系統能夠執行分析，以減輕核心 IT 基礎架構的負擔。若只有一個大型數據管道進入數據中心，那麼需要巨大的容量。還將面臨安全問題、儲存問題及處理數據的延遲。使用分階段方法，可以預處理數據，產生有意義的結果，並僅傳遞那些數據。例如，可以匯總及轉換數據、分析數據，並僅發送關於每個設備何時發生故障或需要服務的預測，而不是傳遞泵的原始振動數據。

　　這是另一個例子：可以在邊緣使用機器學習來掃描異常情況，以辨識需要立即關注的即將發生的維護問題。然後，可以使用可視化技術使用易於理解的儀表板、地圖或圖表來呈現該資料。高度整合的計算系統 (如超融合基礎架構) 非常適合這些任務，因為它們相對較快，並且易於遠程部署及管理。

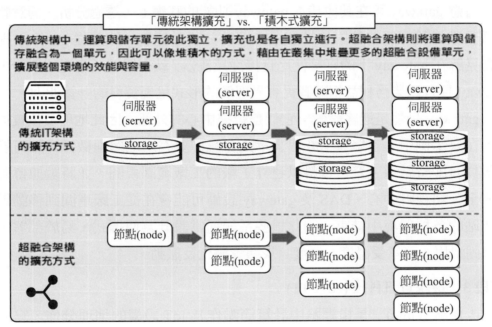

圖 3-10　超融合架構 (hyper-converged infrastructure) 解構傳統 IT 機房

階段 4　數據中心及雲端

　　需要更深入處理且無需立即回饋的數據會轉發到物理數據中心或基於雲端的系統，在這些系統中，更強大的 IT 系統可以分析、管理及安全地儲存數據。當等到數據到達階段 4 時，獲得結果需要更長的時間，但可以執行更深入的分析，並將感測器數據與來自其他來源的數據相結合，以獲得更深入的見解。階段 4 處理可在本地、在雲端中或在混合雲系統中進行，但是在該階段中執行的處理類型保持相同，而不管平台如何。

3-2　當 IoT 遇到大數據 (IoT meet big data)：標準化考慮因素 (standardization considerations)

在物聯網時代，大量的感應設備隨著時間的推移收集及 / 或產生各種感應數據，用於廣泛的領域及應用。根據應用程序的性質，這些設備將產生大的或快速 / 即時的數據流。分析應用於此類數據流以發現新資訊、預測未來洞察並製定控制決策是一個極重要的過程，進而促使 IoT 成為組織的一個有價值策略。

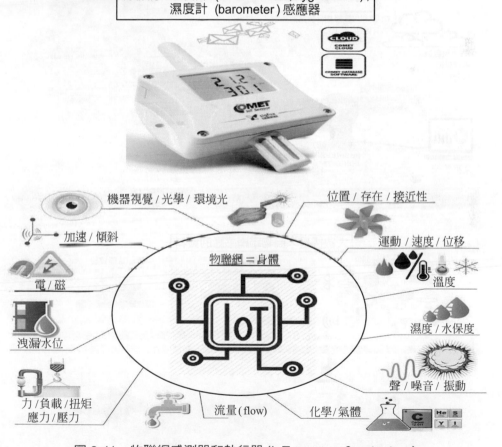

圖 3-11　物聯網感測器和執行器 (IoT sensors & actuators)

IoT 正在產生大量數據，這些數據目前保留在垂直孤島中。然而，真正的 IoT 依賴於來自多個系統，組織及垂直行業的龐大數據集的可用性及融合，這將引入下一代 IoT 解決方案。

　　例如，物聯網就是車輛及家用電器等設備的網路，其中包含電子產品、軟體、執行器及連接，允許這些東西連接、互動及交換數據。

　　IoT 涉及將超出標准設備 (如桌上型電腦、筆記型電腦、智慧手機及平板電腦) 的 Internet 連接擴展到任何傳統的啞巴或非 Internet 物體 (physical) 設備及日常物品。這些設備嵌入技術，可以透過 Internet 進行通信及互動，並且可以遠程監控及控制它們。

一、大數據 (big data) 與物聯網之間有三大差異

　　如圖 3-12 所示為大數據與物聯網之間的差異。

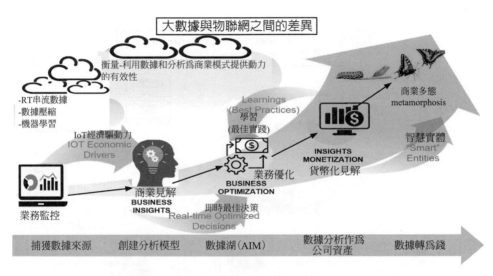

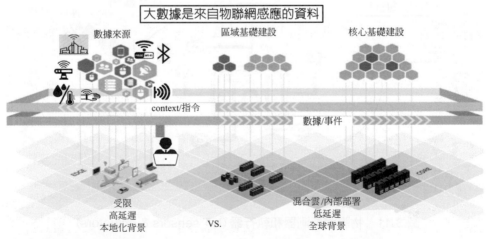

圖 3-12　大數據 (big data) 與物聯網 (IoT) 之間差異

　　大數據及 IoT 都是熱門學科，在資訊技術界，很難單單談論一個系統。儘管它們關係密切，但它們是兩種不同的技術趨勢：

1. **兩個非常不同的概念**

　　正如其名稱所示，大數據代表大量數據。但是，這還不是全部。除了數量之外，IBM 數據科學家還認識到大數據可以顯示多樣性、速度及準確性。

　　大數據源於各種來源：社交媒體、交易、組織內容、感測器及移動設備等。速度是指收集大數據的速度。每 60 秒，有 80 小時的視頻上傳到 YouTube，220,000 個 Instagram 帖子及 3 億封電子郵件。在準確性方面，所收集的數據必須具有良好的品量，並且不斷即時更新。分析大數據可以為使用它的公司及個人提供卓越的價值。

　　相對地，物聯網將日常 "事物" 變成智慧物體。冰箱、點滴、手錶、(雞舍) 恆溫器、汽車、土壤、配備有連接到 Internet 及相互收集及傳輸數據的感測器。當該資訊與來自其他來源的資訊組合併滿足上面定義的其他維度時，該資訊可以成為大數據。

2. **不同時間排序**

　　大數據集中在長時間觀察 / 收集，但它不利用這些資訊來做出即時決策。因為，收集數據及分析數據之間通常存在滯後。

　　對於 IoT 來說，時間至關重要。它即時收集及使用數據，以最佳化操作、檢測安全漏洞、糾正故障等。IoT 數據分析必須包括管理即時流數據，並在網路邊緣進行即時分析及即時決策。

　　流數據管理必須能夠攝取，聚合 (平均值、中值、模型) 並壓縮來自邊緣的感測器設備的即時數據。邊緣分析將自動分析即時感測器數據並呈現最佳化操作性能 (刀片角度或偏航) 的即時決策 (操作)，或者標記異常性能或行為以進行即時調查 (安全漏洞、欺詐檢測)

3. **不同的分析目標**

　　大數據主要分析人類產生的數據，以尋找人類行為及活動中的模型。為了確保任何與人類相關的模型的確定性，需要在更長的時間段內從多個來源獲得大量數據。這解釋大數據所需的較長提前期。正是出於這個原因，大數據被用於長期項目，如預測性維護、容量規劃、客戶 360 及收入保護。

　　在相反的範圍內，IoT 匯集並壓縮來自各種感測器的機器產生數據，這些感測器包括 RFID、健身追蹤器、虛擬現實設備、智慧空氣淨化器及其他所有智慧設備。透過有效的 IoT 設備管理收集這些數據的目標是追蹤及監控資產，並能夠即時糾正問題。例如，智慧垃圾容器中的感測器將指示何時接近容量。然後使用該知識來安排垃圾收集器清空垃圾箱。

　　大數據及 IoT 是不同的，但它們是錯綜複雜的聯繫。IoT 提供了大數據分析可以從中獲取資訊以建立所需見解的資訊 (幫助組織不僅可以對問題做出反應)，而且可以預測並預先修復問題。

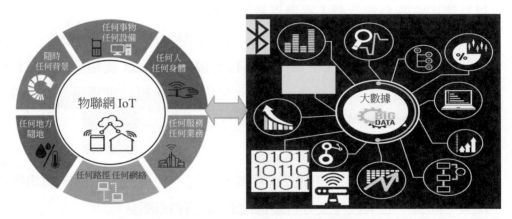

圖 3-13　　當物聯網遇到大數據 (IoT meet big data)

二、數據是 IoT 的整體 (data is integral to IoT)

　　數十億 IoT 設備的網路收集了大量數據，這些設備需要數據整合引擎來支持異構子系統中的決策制定。數據整合是各種 IoT 生態系統的必需品，例如智慧城市及其子系統。

　　在有效利用數據之前，需要解決數據整合問題。設備以極高的速率發送數據是不夠的；必須收集數據並將其傳輸到某個數據儲存系統或應用程序，在那裡可以在業務流程的上下文中進行評估，或者用於決策支持。因此，數據整合引擎才能真正實作 IoT，而那些負責實施 IoT 計劃的人對此知之甚少。

　　當然，IoT 規劃應該從業務需求開始，但要快速處理數據。我們需要弄清楚應該收集哪些核心數據，哪些可以收集，以及有效利用這些數據的方法。考慮到移動及處理數據的能力確實是要解決的主要問題，數據整合是我開發的大多數 IoT 策略的前沿及中心。

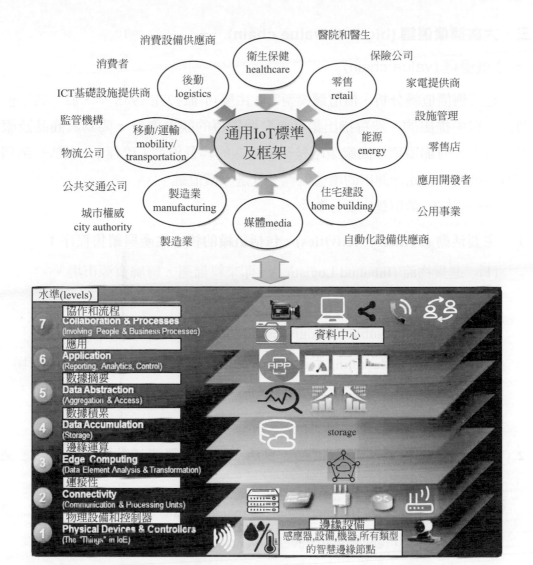

圖 3-14　數據是 IoT 的整體（data is integral to IoT）

　　無論是使用來自可穿戴設備的數據還是來自噴氣發動機的數據，都要將數據整合作為 IoT 戰略的重要組成部分。數據有價值。IoT 感測器可以觸發與分鐘及秒相關的數據，這對於如何利用這些數據來說是一個巨大的改變者。

　　IoT，雲端運算甚至大數據等新興技術通常將數據整合納入事後的類別。考慮可以透過正確使用數據建立的業務價值量，重新考慮數據整合策略。

三、大數據價值鏈 (big data value chain)

(一) 價值鏈 (value chain)

它又稱價值鏈分析、價值鏈模型等。由麥可·波特在 1985 年，於《競爭優勢》一書中提出的。波特指出組織要發展獨特的競爭優勢，要為其商品及服務創造更高附加價值，商業策略是結構組織的經營模型 (流程)，成為一系列的增值過程，而此一連串的增值流程，就是「價值鏈」。

一般組織的價值鏈主要分為：

1. **主要活動 (Primary Activities)，包括組織的核心生產與銷售程序：**

   (1) 進貨物流 (Inbound Logistics)，即來料儲運，締屬資源市場。

   (2) 製造營運 (Operations)，即加工生產，締屬製造商市場。

   (3) 出貨物流 (Outbound Logistics)，即成品儲運，締屬中間商市場。

   (4) 市場行銷 (Marketing and Sales)，即市場行銷 (4P)，締屬消費者市場。

   (5) 售後服務 (After sales service)。
   以上為產生價值的環節。

2. **支援活動 (Support Activities)，包括支援核心營運活動的其他活動，又稱共同運作環節：**

   (1) 人力資源管理 (Human resources management)。

   (2) 技術發展 (Technology development)，即技術研發 (R&D)

   (3) 採購 (Procurement)，即採購管理。
   以上活動利於資產評估，為輔助性增值環節。

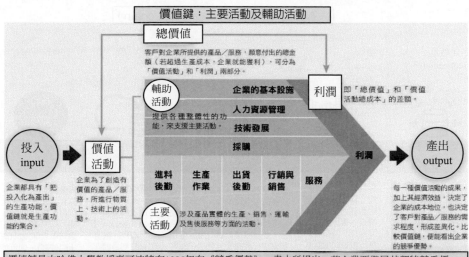

價值鏈是由哈佛大學教授麥可波特在1985年在《競爭優勢》一書中所提出。若企業要發展其獨特競爭優勢，或是爲股東創造更高附加價值，策略即是將企業的經營模式化爲一系列的價值創造過程，而此價值流程的連結即是價值鏈。價值鏈是指公司的各種活動，能增加企業銷售給客戶的產品或服務的價值。客戶因此願意爲之付錢。也就是指每一個轉變步驟中，會增加產品價值的一系列組織作業，例如：研發、生產、行銷、售後服務。因此我們可以說企業價值鏈就是：投入(input)、轉換(transfer)、產出(output)。

圖 3-15　組織價值鏈

教學網：https://www.youtube.com/watch?v=g8p2H7EvoGM（價值鏈是什麼？）

（二）大數據之價值鏈

　　引入大數據價值鏈是為了描述大數據系統中的資訊流，作為從數據中產生價值及有用見解所需的一系列步驟。價值鏈可以為鏈中的每個步驟分析大數據技術。

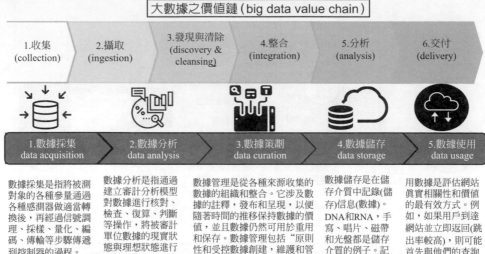

大數據之價值鏈（big data value chain）

| 1.收集 (collection) | 2.攝取 (ingestion) | 3.發現與清除 (discovery & cleansing) | 4.整合 (integration) | 5.分析 (analysis) | 6.交付 (delivery) |

| 1.數據採集 data acquisition | 2.數據分析 data analysis | 3.數據策劃 data curation | 4.數據儲存 data storage | 5.數據使用 data usage |

數據採集是指將被測對象的各種參量通過各種感測器做適當轉換後，再經過信號調理、採樣、量化、編碼、傳輸等步驟傳遞到控制器的過程。

數據分析是指通過建立審計分析模型對數據進行核對、檢查、復算、判斷等操作，將被審計單位數據的現實狀態與理想狀態進行比較，從而發現審計線索，搜集審計證據的過程。

數據管理是從各種來源收集的數據的組織和整合。它涉及數據的註釋，發布和呈現，以便隨著時間的推移保持數據的價值，並且數據仍然可用於重用和保存。數據管理包括「原則性和受控數據創建，維護和管理所需的所有過程，以及為數據增值的能力」。在科學中，數據管理可以指示從科學文本中提取重要信息的過程，例如專家的研究文章，以轉換成電子格式，例如生物數據庫的輸入。

數據儲存是在儲存介質中記錄(儲存)信息(數據)。DNA和RNA，手寫、唱片、磁帶和光盤都是儲存介質的例子。記錄幾乎可以通過任何形式的能量來完成。電子數據儲存需要電力來儲存和檢索數據。

用數據是評估網站真實相關性和價值的最有效方式。例如，如果用戶到達網站並立即返回(跳出率較高)，則可能首先與他們的查詢無關。但是，如果用戶反覆擷取某個網站並在網站上花費很長時間，那麼它很可能非常相關。當涉及到搜索引擎時，相關的有價值的網站會被提升，而不相關的網站會被降級。

圖 3-16　大數據價值鏈（big data value chain）

　　資料策劃 / 資料庋用 (data curation) 最初是為科學數據制定的。問世後，科學數據應永遠保持可用狀態，以便其他科學家和研究者可以重現結果並使用這些數據進行進一步的實驗。傳統上，研究者並未保存或記錄所有內容以進行長期擷取，因為這既不經濟也不可行。但是，現在可以儲存來自大多數實驗的所有數據，並且可以通過 Internet 進行儲存和擷取。但是記錄和整理數據並不是免費的。

步驟 1 採集 (collection)：來自多個來源 (multiple sources) 的結構化、非結構化及半結構化數據。

步驟 2 攝取 (ingestion)：將大量數據載到單個數據儲存中。

步驟 3 發現與清除 (discovery & cleansing)：理解格式及內容；清理及格式化。

步驟 4 整合 (integration)：鏈接、物體提取 (entity extraction)、物體解析 (entity resolution)，索引及數據融合 (indexing and data fusion)。

步驟 5 分析 (analysis)：智慧 (intelligence)、統計、預測及文本分析、機器學習。

步驟 6 交付 (delivery)：查詢、可視化、即時交付 (real time delivery) 組織級可用性。

以上六步驟，都需要標準化方法。

（三）大數據生態系統

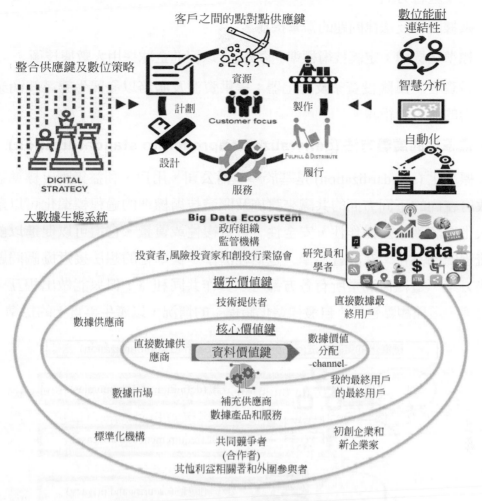

圖 3-17　大數據生態系統的微觀和宏觀層面

1. 數據供應商：從公共及私人來源建立、收集、匯總及轉換數據的個人或組織 (大中小型組織)。

2. 技術提供商：通常是組織 (大型及中小型組織)，作為數據管理的工具，平台，服務及專有技術的提供者。

3. 數據最終用戶：來自不同工業領域 (私人及公共) 的個人或組織，他們利用大數據技術及服務來發揮其優勢。

4. 數據市場：託管來自發布者的數據並將其提供給消費者 / 最終用戶的個人或組織。

5. 初創組織及組織家：開發創新的數據驅動技術、產品及服務。

6. 研究者及學者：研究推進大數據所需的新演算法、技術、方法、商業模式及社會方面。

7. 數據隱私及法律問題的監管機構。

8. 標準化機構：定義技術標準 (官方)，以促進全球採用大數據技術。

9. 投資者、風險投資家及孵化器：提供資源及服務以發展生態系統商業潛力的個人或組織。

四、標準化的廣義方法 (generalized approach to standardization)

標準化 (standardization) 是基於，包括公司、用戶、利益集團、標準組織及政府在內的不同方面的共識來實施及開發技術標準的過程標準化可以幫助最大化兼容性，互操作性，安全性，可重複性或質量。它還可以促進以前定制流程的商品化。在社會科學，包括經濟學，標準化的想法接近協調問題的解決方案，這種情況是所有各方都可以實作共同利益，但只能做出相互一致的決策。這種觀點包括「自發標準化過程」的情況，以產生事實上的標準。

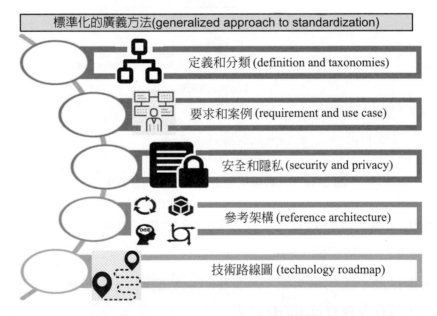

圖 3-18　標準化的廣義方法 (generalized approach to standardization)

（一）大數據標準化的考慮因素：

1. 採用案例的多樣性 (variety of use cases)

2. 流動性 (mobility)

3.　安全及隱私 (security & privacy)

4.　生命週期管理及數據品量

5.　系統管理及其他問題

6.　數據特徵

　　(1)　分散式 / 集中式 (distributed / centralized)

　　(2)　大數據 4 V：資料量體、速度、多樣性、準確性 (volume, velocity, variety, veracity)

　　　　其中：

　　　　資料量體：處理數據處理中的大規模數據 (例如全球供應鏈、全球財務分析、大型強子對撞機)。

　　　　速度 (數據速度)：處理高頻率的傳入即時數據流 (例如感測器、普適環境、電子交易、IoT)。

　　　　多樣性 (數據類型 / 來源的範圍)：使用不同句法格式的數據處理 (例如電子表格、XML、DBMS)，模型及含義 (例如組織數據整合)。

7.　數據採集 (data collection)

8.　數據可視化 (data visualization)

9.　數據品質 (data quality)

10.　數據分析與行動 (data analytics & action)

數據來源 (data sources)

來源 (Source)：

1.　感測器 / 感測器 (sendors)

2.　應用

3.　軟體代理商

4.　個人

5.　組織

6.　硬體資源

Any*

隨時 (anytime)

任何事 (anything)

任何設備 (any device)

任何上下文 (any context)

任何地方 any place ()

隨地 (anywhere)

任何人 (any one)

(二) 大數據標準化之挑戰 (big data standardization challenges)

1. 大數據案例 (cases)、定義、詞彙及參考架構 (例如系統、數據、平台、在線 / 離線)。

2. Metadata 的規範及標準化，包括數據來源。

3. 應用模型：例如批次、流式 (streaming) 傳輸。

4. 查詢語言，包括非關係查詢，以支持各種數據類型 (XML、RDF、JSON、多媒體) 及大數據操作 (例如矩陣運算)。

5. 特定領域的語言 (domain-specific languages)。

6. 最終一致性的語義 (semantics of eventual consistency)。

7. 用於高效數據傳輸的高級網路協定 (protocols)。

8. 用於描述數據語義的一般及領域特定本體論 (ontologies) 及分類法，包括本體論之間的互動操作。其中，本體論是研究或關注什麼樣的事物存在 - 宇宙中有哪些物體或 "事物"。本體論的電腦科學觀點稍微狹窄，其中本體論是物體及相互作用的工作模型。

9. 大數據安全及隱私擷取控制。

10. 遠程 (remote)、分散式及 federated 分析 (將分析納入數據)，包括數據及處理資源發現及資料挖掘。

11. 數據共享及交換。

12. 數據儲存，例如，內存儲存系統、分散式文件系統、資料倉庫等。

13. 人類消費大數據分析的結果 (例如可視化)。

14. 結構查詢關係 (SQL) 及非結構查詢 (NoSQL) 之間的界面 (interface)。

15. 大數據品量及準確性描述及管理。

3-3　IoT 分析 (邊緣運算為 IoT 即時分析的關鍵)

　　隨著處理資料的方式與 (汽車) 位置的不斷變化，邊緣運算可以看做是無處不在的雲端運算和 IoT 的延伸概念。

　　Tesla 將汽車視為邊緣運算裝置。無人車必須能自行 AI 機器學習思考行動，而且不能仰賴雲端運算，它須即時處理感測器傳來的數據。Tesla 的效用若想發揮至極，就須徹底整合 IoT 軟硬體。例如，工具機大廠 Sandvik Coromant 將 AI 機器學習放到靠近資料源頭的 IoT 設備前端來分析，省下資料兩地往返的等待時間，讓異常事件預警可以更接近即時反應，甚至不必怕網路連線不穩或過慢。邊緣運算可用的架構有很多種，其中，Intel OpenVINO Toolkit 是 Intel 開發的電腦視覺與深度學習應用的開發套件 (https://docs.openvinotoolkit.org/2021.1/ie_python_api/annotated.html)，具有模型最佳化器和推理引擎，可支援 Windows、Linux(Ubuntu、CentOS) 等作業系統，以及常見的深度學習框架 Caffe(快速特徵嵌入的卷積結構，Convolutional Architecture for Fast Feature Embedding)、TensorFlow(Google 開發)、Mxnet (免費深度學習軟體框架，用於訓練與部署深度神經網路，支援靈活的程設模型與搭配多種程式語言，包括：C++、Python、Java、Julia、Matlab、JavaScript、Go、R、Scala、Perl 和 Wolfram 語言)、ONNX 等所訓練好的模型與參數，結合自家硬體加速晶片，讓 User 可開發高效能 OpenCV 的視覺分析應用，讓開發者可以更簡單將邊緣、物聯網裝置搜集的影像資料，轉換成有商業價值的資訊。

➤ 3-3-1 IoT 分析模型 (analytics models) 有五種

一、為何大數據很有價值？

　　根據調查，大數據在美國醫療保健，歐洲公共部門管理，全球個人位置數據，美國零售及全球製造業的潛在價值每年超過 1 兆 ($1 Trillion) 美元。在英國，大數據在客戶情報、供應鏈情報、績效改進、欺詐檢測，以及品量及風險管理等領域的價值每年就達到 410 億 ($41 Billion) 美元。

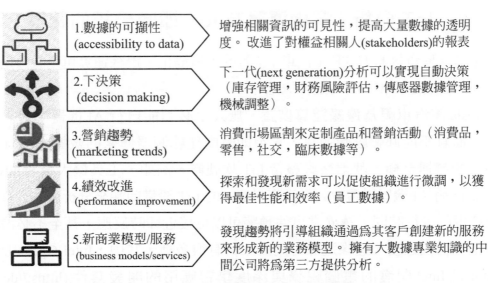

圖 3-19　大數據具有獨特價值的 5 個關鍵領域

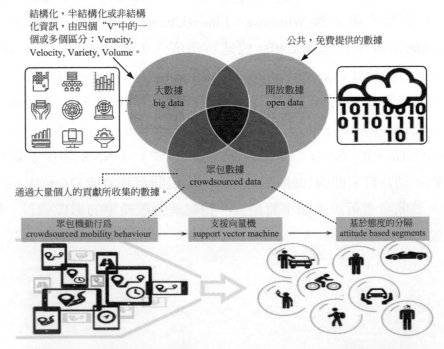

圖 3-20　大數據、開放數據、眾包 (crowdsourced) 三者的關係

二、IoT 中的五種分析

如圖 3-21 所示為分析模型的種類。

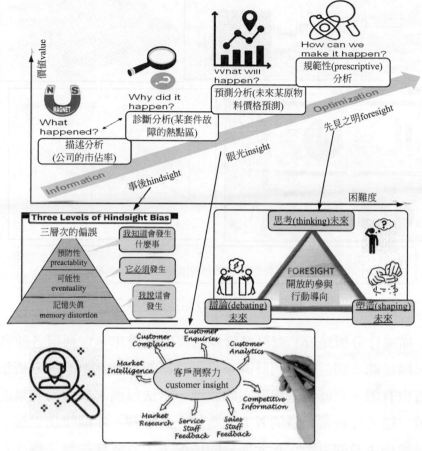

圖 3-21　分析模型的種類 (analytics models)

IoT 的發展帶來的龐大且複雜的資料，透過資料分析技術即能產生有價值的應用，包括診斷、預測、分析、偵測、自動化等。深入分析是未來發展重點，現今不只是停留在描述性分析 (descriptive analytics)，還要移向：預測 (predictive) 分析及建議 (prescriptive) 分析。

IoT(internet of things, IoT) 產生資料伴隨著新型態分析，叫作 Analytics of Things(AOT)，其應用有下列五種類型：

1. 描述性 (descriptive analytics)

例如，報告 / Online Transactional Processing(OLAP)，儀表板及數據可視化，已經被廣泛使用了一段時間。描述性分析是傳統 BI 的核心。

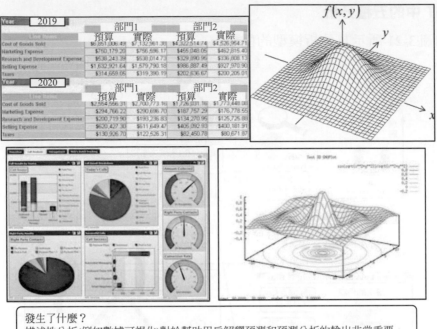

圖 3-22　描述性分析之示意圖

　　描述性分析是 IoT 資料最常見的資料視覺化。它利用各種各樣的圖表、線性圖、圓餅圖等統計圖來呈現資料的趨勢。但描述分析很基礎，價值也有限。它僅能呈現過去的狀況，無法預測未來趨勢來幫助人們做決策。描述分析常大量的外力去監控、去解釋，才能找出對策。可惜，資料像串流般的更新，在大部分的情況下，資料往往無法轉成有意義的轉換率。

　　描述分析的價值在於警報 (alerts)，當數值高於或低於某些門檻值會發出通知。例如，地震發生時，引發海浪高於平常的數值時，發出通知。

2. 診斷性分析 (diagnostic analytics)：Why did it happen?

　　診斷性分析是描述分析的自然延續，回答"為什麼"問題發生了。一般只要求能解釋問題的發生就行了。而事後診斷分析 (post-event diagnostic analysis)，旨在找出系統變化的因果。

　　診斷性分析是基於統計模型來發現資料間變數的關係，一般來說，會基於某種迴歸模型 (regression model)。但在 IoT 中，診斷模型會用於描述分析中的警示是否有效。若只是一用一個常數視為門檻值去監控資料，容易造成錯誤或誤判。因此，透過診斷分析的方法對資料進行分類 (classification)，提升對於門檻值的有效性。

3. 預測分析 (predictive analytics)

預測分析術 (predictive analytics) 旨在利用過去的資料來預測未來。例如迴歸分析、機器學習及神經網路，已經存在一段時間。坊間已有各種不同類型的迴歸分析 (regression analysis)。

預測是資料分析重要的應用，在 IoT 中也是如此。預測一般可以使用在 IoT 本身的感測器上，或是收集到的資料中。舉例而言，能夠預測哪些感測器即將故障，或是根據病人的資料預測其發作的狀況。預測的應用是廣泛且有價值的。

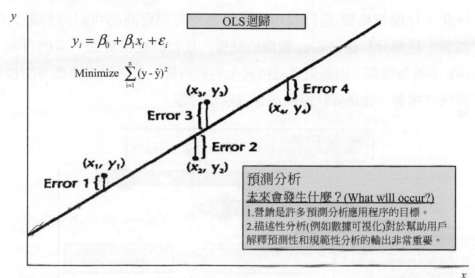

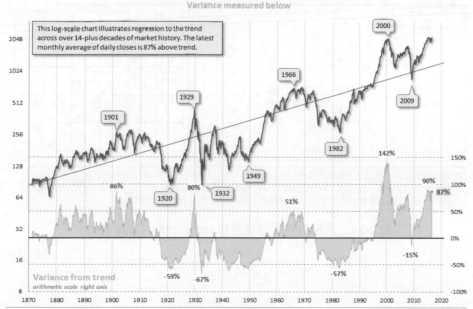

圖 3-23　預測分析

4. 規範分析／建議分析 (prescriptive analytics)

　　Prescriptive analytics 包括描述性及預測性分析，也稱為「分析能力的最終前沿」，規範性分析需要應用數學及計算科學，並建議決策選項以利用描述性及預測性分析的結果。業務分析的第一階段是描述性分析，它仍佔當今所有業務分析的大部分。描述性分析透過挖掘歷史數據來查找過去成功或失敗的原因，從而了解過去的績效並了解績效。大多數管理報告，例如銷售、行銷、運營及財務，都使用這種類型的事後分析。

　　它可視為是一種推薦模型，根據資料去建議策略。牽涉到模型的最佳化：什麼價格要 進行股市交易、怎麼時間賣商品可以獲得最大的收益等。建議分析提供 user 選擇的機會。比預測提供更進一步的行動，在IoT 中更為需要，因為更多更快產生的資料量，也必然需要更多的技術在背後支撐著，像是資料探勘或是機器學習等。

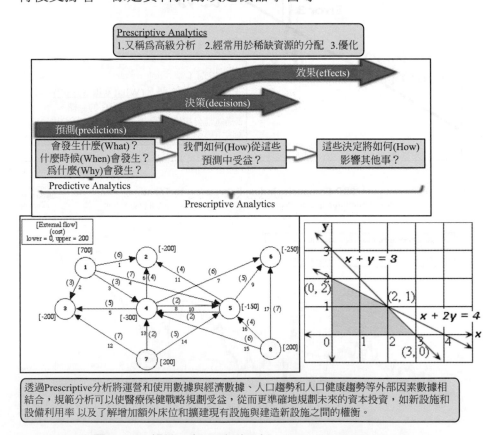

圖 3-24　規範分析／建議分析 (prescriptive analytics)

5. **自動化分析 (automating analytics)**

　　　　這也是工業化 4.0 的最終奧義。根據資料分析，自動化定義製造流程。無論是在金融市場，或是工業製造正在往這個方向前進。然而，這一塊的發展正在持續發展中，值得繼續看下去。

小結

　　IoT 勢必將帶來更多樣且更有趣的分析應用，也伴隨必須要更深的分析技術。然而，這不是要讓你卻步，而是要告訴你可以往哪裡前進。若你已經開始用統計方法或視覺化的方式檢視資料，可以嘗試進一步的去預測。不然，就從開始收集資料開始。

五、高級分析的知識要求

(knowledge requirements for advanced analytics)

1. 選擇要包含在模型中的正確數據非常重要。

2. 重要的是要考慮哪些變數可能相關。

3. 領域知識 (domain knowledge) 對於理解如何使用它們是必要的。業務分析師的角色至關重要。

4. 考慮便利店中，年輕男性市場購物籃內啤酒及尿布之間關係的故事。仍然需要決定 (或嘗試發現) 將它們放在一起或將它們分散到商店中是否更好 (希望在走島時可以買到其他東西)。

啤酒及尿布之間關係

　　　　調查結果顯示，年齡在 30-40 歲之間的男性，週五下午 5 點到晚上 7 點之間購物，購買尿布的人最有可能在他們的推車上裝啤酒。這促使雜貨店將啤酒島移動到尿布島附近，並且瞬間增加了 35% 的銷售額！

➤ 3-3-2　AWS IoT 分析 (analytics)

　　亞馬遜雲端運算服務 (Amazon Web Services, AWS)，由亞馬遜公司所建立的雲端運算平台，提供許多遠端 Web 服務。Amazon EC2 與 Amazon S3 都架構在這個平台上。在 2002 年首次公開運作，提供其他網站及用戶端 (client-side) 的服務。

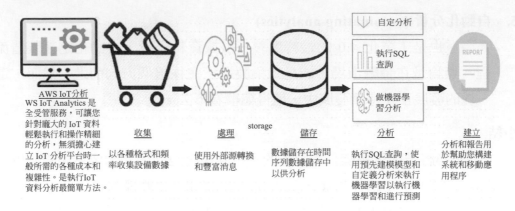

圖 3-25　AWS IoT 分析

　　AWS IoT Analytics 是全受管服務，可讓您針對龐大的 IoT 資料輕鬆執行及操作精細的分析，無須擔心建立 IoT 分析平台時一般所需的各種成本及複雜性。它會自動進行分析 IoT 裝置之資料的所需步驟。它會先篩選、轉換和增加 IoT 資料，再將其存放於時間序列資料存放區中進行分析 (AWS,2019)。

　　AWS IoT Analytics 可以直接與 Amazon QuickSight 整合。Amazon QuickSight 是一項快速的商業分析服務，可用來建置視覺化效果、執行臨機操作分析，及快速從資料獲取商業見解。

3-4　IoT+ 雲瑞運算

一、雲端運算基本知識

　　只要 user 能透過網路、由用戶端登入遠端伺服器進行操作，就可以稱為雲端運算。它又好比「要使用電力，只要插上插頭就行」的概念。

　　利用雲端運算，可大幅節省硬體投資資金，然後將時間及精力放在這些硬體管理。藉助雲端運算可即時存取無限資源，且只需付小額的使用量。

二、雲端運算如何運作？

　　雲端運算有三種層次：IaaS、PaaS 與 SaaS。雲端運算提供簡單的方式，透過 Internet 來存取伺服器、儲存、資料庫或各種應用程式服務。例如，Amazon Web Services 雲端服務平台，即負責維護這些應用程式服務所需的網路連線硬體，只需要透過 Web 應用程式就可佈建及使用所需的資源。

三、雲端運算 (cloud computing,CC) 的六大優勢及好處

1. 將大筆開銷轉化成變動費用

　　不明究裡地投資重金建立資料中心及伺服器，倒不如改用雲端服務，只在改用時些少許運算資源費用。

2. 具規模經濟的優勢

　　改用 CC 降低變動費用，比自己建伺服器更省錢。因為雲端會聚整合千上萬的客戶，例如 Amazon Web Services 提供商即可利用規模經濟的優勢，將這一特色轉化成更低的按改用量付費的價格，回饋給 user。

3. 無須預測未來的資料容量

4. 增加速度及靈活性

　　在 CC 環境中，新的 IT 資源只要點點滑鼠就能配置到位，即能顯著節省時間，又為開發人員調配資源之耗費時間從數週縮短到幾分鐘。進而增加組織的靈活性、降低試驗及開發的成本。

5. 別再為資料中心的執行及維護投入資金

　　CC 讓您可以專注於自己的客戶，卸下安裝及維護伺服器的繁重工作。

6. 在幾分鐘內將業務擴展到全世界

　　藉助 CC，您可以在世界各地的多個區域輕鬆部署應用程式，簡單到只要點幾下滑鼠即可。意即，您可用最少成本來協助您客戶獲得更低的延遲與更佳的體驗。

四、使用雲端服務的好處

　　使用雲端服務的利益是公司不需投入大量的固定資產來購買軟硬體，也不需增加資訊管理人員，只要透過雲端服務供應商所提供的服務，在極短時間內就可迅速獲得服務。

　　有雲端虛擬化的技術，組織放在雲端的資料備份，也會得到保障。若組織願意將資料及應用程式放在雲端，各分公司透過網路就能即時取得服務，達到隨選服務的要求 (service on demand)，提升公司的整體營運效率。

　　舉例來說：A 公司的業務主管時常在外面拜訪客戶，因為只有 NB 及無線網路聯機，有時無法即時掌握公司傳進來的重要 e-mail，錯失商機。B 公司的

業務人員使用雲端服務將公司的 e-mail 主動 push 到自己的智慧型手機，當 A
公司的業務還在為如何連網傷神時，B 公司的業務已經取得客戶最新的 e-mail
資訊迅速做出反應。

　　所以使用雲端服務的好處是讓中小組織不必投入固定資產，也能快速擁
有優異的營運系統，組織只要專注自己的核心價值，其他麻煩的系統建置及
維護工作就交給服務供應商就好了。

➤ 3-4-1　雲、霧及邊緣運算，有什麼區別？

　　如圖 3-26 所示，雲、霧及邊緣運算可能看起來相似，但它們是 IIoT 的不
同層。IIoT 的邊緣計算允許在多個決策點本地執行處理，以減少網路流量。
WINSYSTEMS 在工業嵌入式電腦系統方面的專業知識可以利用 IIoT 的強大
功能來成功設計高性能工業應用。

1.　雲端運算 (cloud computing)

　　大多數組織都熟悉雲端運算，因為它現在已成為許多行業的事實標
準。霧及邊緣運算都是雲端網路的擴展，雲端網路是包含分散式網路的
伺服器的集合。這樣的網路可以允許組織大大超過原本可用的資源，從
而使組織免於將基礎設施保留在現場的要求。基於雲端的系統的主要優
點是它們允許從多個站點及設備收集數據，這些站點及設備可在世界任
何地方 access。

　　嵌入式硬體從現場 IIoT 設備獲取數據並將其傳遞到霧層。然後將相
關數據傳遞到雲層，該雲層通常位於不同的地理位置。因此，雲層能夠
透過其他層接收其數據而受益於 IIoT 設備。透過將雲端平台與現場霧網
路或邊緣設備整合，組織通常可以獲得更好的結果。大多數組織現在正
在向霧或邊緣基礎設施遷移，以提高其最終用戶及 IIoT 設備的利用率。

2.　霧運算 (fog computing)

　　霧運算及邊緣運算看似相似，因為它們都涉及使智慧及處理更接近
數據的建立。然而，兩者之間的關鍵區別在於智慧及運算能力的位置。
霧環境將智慧置於局域網 (LAN)。該架構將數據從端點傳輸到 gateway，
然後將其傳輸到源以進行處理及返回傳輸。邊緣運算將智慧及處理能力
置於嵌入式自動化控制器等設備中。例如，噴氣發動機測試可以非常快
速地產生大量關於發動機性能及狀況的數據。在此應用中經常使用工業

　　gateway 從邊緣設備收集數據，然後將其發送到 LAN 進行處理。

　　霧運算使用邊緣設備及 gateway，LAN 提供處理能力。這些設備需要高效，這意味著它們需要的功率很小並且產生的熱量很少。

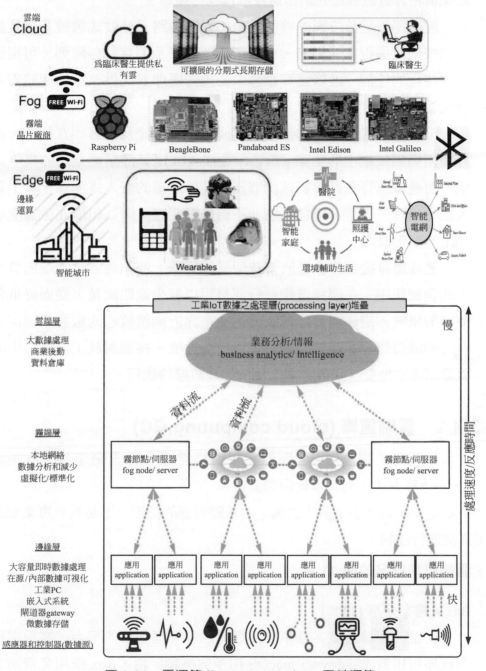

圖 3-26　霧運算 (fog computing) vs. 雲端運算

3. **邊緣運算 (edge computing)**

IoT 已經為商業網路引入幾乎無限數量的端點。這種趨勢使得在單個數據中心中整合數據及處理變得更具挑戰性，從而引起邊緣運算的使用。該架構在靠近數據源的網路邊緣附近執行運算。

邊緣運算是舊技術的擴展，例如對等網路、分散式數據、自我修復網路技術及遠程雲端服務。它採用小型硬體及閃存儲存陣列，可提供高度最佳化的性能。邊緣運算設備中使用的處理器提供改進的硬體安全性及低功率要求。

IIoT 由邊緣、霧及雲建築層組成，使得邊緣及霧層相互補充。霧運算使用與局域網上的工業 gateway 及嵌入式運算機系統互動的集中式系統，而邊緣運算在直接與感測器及控制器連接的嵌入式運算平台上執行大部分處理。但是，這種區別並不總是很明確，因為組織在數據處理方法上的變化很大。

邊緣運算提供許多優於傳統架構的優勢，例如最佳化雲端運算系統中的資源使用。在網路邊緣執行運算可以減少網路流量，從而降低數據瓶頸的風險。邊緣運算還可以透過加密靠近網路核心的數據來提高安全性，同時最佳化遠離核心的數據以提高性能。控制對於工業環境中的邊緣運算非常重要，因為它需要雙向處理數據的過程。

➤ 3-4-2　雲端運算 (cloud computing,CC)

自大型電腦「用戶端 - 伺服器」架構轉變至今的雲端運算，旨在透過 Internet 的運算方式，來共享軟硬體資源。

優點是使用者勿需了解「雲端」中基礎設施的細節，不必具有專業知識，即可直接進行控制。

一、雲端服務排名的前 11 名

1. **Box：檔案分享 (23%)**

它是一個線上檔案分享以及雲端內容管理服務的平台，客戶端和應用程序可用於 Windows、macOS 和多個移動平台。Box 採用免費商業模型，提供 50GB 的雲端儲存空間給一般用戶。

2. **Dropbox：線上儲存 (11%)**

可在 Dropbox 建立、儲存並分享 Google 文件、試算表、簡報、Microsoft Office 檔案和 Dropbox Paper 等雲端內容，並和傳統檔案一起存放。

3. **Youtube：影音分享 (9%)**

它是影片分享的著名網站，可上傳、觀看及分享影片或是錄像。現有很多組織運用利用免費雲端儲存資源，將公司簡介、產品發表或是客戶回饋等影片上傳至 Youtube，作為商業行銷宣傳的管道。

4. **Microsoft Office 365：雲端辦公室 (7%)**

它是微軟 (Microsoft) 最新的雲端辦公室服務，用 AI Office、大硬碟、Teams 協作工具，治好企業經營的各種痛。它結合雲端大信箱 (exchange online)、雲端文件庫、雲端會議室以及辦公室軟體 (office)。Office 365 能安裝在電腦、Mac、平板電腦與智慧手機。

5. **Jive：取代電子郵件的組織協同平台 (5%)**

提供組織員工一個社交協同平台。利用此平台，可分享彼此的 blog、建立群組，並且共同討論工作的內容。

6. **Facebook：雲端社群網路 (5%)**

它是雲端社群交麗網路。除了文字資訊之外，user 還可傳送相片、影音等資訊給其他用戶，透過地圖功能也可以分享用戶的所在位置。也有大量的組織運用 Facebook 作為商業宣傳的工具之一。

7. **Salesforce：客戶關系管理 (4%)**

Salesforce 是著名的客戶關系管理軟體供應商。它不僅提供行銷自動化的解決方案，還有客戶支援、組織社群網路以及建立客制化的應用程序：Force.com。

8. **Gmail：組織電子郵件 (4%)**

有很多公司使用 Gmail 作為組織電子郵件的解決方案。若電子郵箱因容量限制，無法寄出巨大的電子郵件 (如：超過 10MB 就無法寄出)，這時就可改用 Gmail 信箱來寄大檔案。

9. **Apple iCloud：自動備援機制 (4%)**

通常組織都會將蘋果電腦與裝置上的檔案備份至 iCloud。

10. **Google Drive：我們最愛的雲端辦公室 (3%)**

Google 雲端硬碟 (Google Drive) 可以儲存各式文件 (.doc)、Excel 試算表及 ppt 簡報檔，組織可使用它來上傳、分享以同步檔案。組織用戶也可以在線上即時協同作業。

11. **最佳付費服務：pCloud**

安全又易於使用的雲端儲存空間。

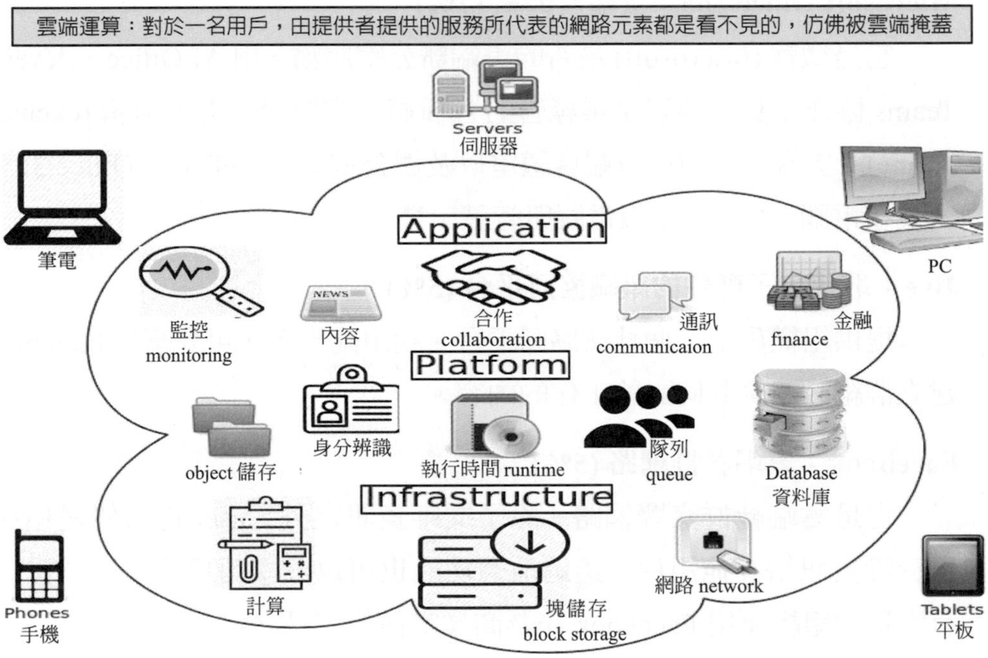

圖 3-27　雲端運算

3-4-3　雲端運算的系統比較 (cloud-computing comparison)

一、IaaS (infrastructure as a service, 基礎設施即服務)

（一）IaaS 供應商 (providers)

供應商	排名	推出	Block storage	可分配的 IP	IOPS
Google Cloud Platform	1	2013	Yes	No	Yes
Amazon Web Services	6	2006	Yes	Yes	Yes
Microsoft Azure	40	2010	Yes	Yes	Yes
vexxhost	237,344		No		No
vCloud	1,763	2008	Yes		No
SoftLayer	9,174	2005	Yes		Yes
Scaleway[13]	48,347	2016	No		Yes
Rackspace	1,819	1998	Yes	No	No
OVH	4,603	2010	Yes		Yes
Oracle Cloud Infrastructure	420	2014	Yes		Yes
internap	233,359		Yes		No
Hetzner Cloud	26,909		Yes		
GoDaddy	187	2016	No		No
CloudSigma[15]	96,654	2009	Yes		Yes[17]
Auro[18][19]	2,817,792		Yes		Yes[21]
Atlantic.Net	33,490	2010	No		No

其中，IOPS (Input/Output Operations Per Second) 是用於電腦儲存裝置 (如硬碟 (HDD)、固態硬碟 (SSD) 或儲存區域網路 (SAN) 效能測試的量測方式，可以視為是每秒的讀寫次數。

（二）IaaS 軟體

軟體（software）	發行日	許可證	寫在	作為一項服務	本地安裝
fluid Operations eCloudManager	2009-03-01	Proprietary	Java, Groovy	No	Yes
AppScale[29]	2009-03-07	Apache License	Python, Ruby, Go	Yes	Yes
Cloud Foundry	2011-04-12	Apache License	Ruby, C, Java, Go	Yes	Yes
Cloud.com / CloudStack[30]	2010-05-04	Apache license	Java, C	Yes	Yes
Eucalyptus[31]	2008-05-29	Proprietary, GPL v3	Java, C	Yes	Yes
Flexiant Limited[32]	2007-01-15	Proprietary software	Java, C	Yes	Yes
Nimbus	2009-01-09	Apache License	Java, Python	Yes	Yes
OpenNebula[33]	2008-03-	Apache License	C++, C, Ruby, Java, Shell script, lex, yacc	Yes	Yes
OpenQRM[34]	2008-03-	GPL License	C++, PHP, Shell script	Yes	Yes
OpenShift[35]	2011-05-04	Apache License	Go	Yes	Yes
OpenStack[36]	2010-10-21	Apache License	Python	Yes	Yes
OnApp	2010-07-01	Proprietary	Java, Ruby, C++	Yes	Yes
oVirt	2012-08-09	Apache License	Java, Python	?	Yes
Jelastic	2011-01-27	GPL License, Apache License, BSD License	Java, JavaScript, Perl, Shell script	Yes	Yes

1.　**IaaS 支援的主機 (supported hosts)**

軟體	Linux 作業系統	FreeBSD	Windows	Bare Metal
AppScale	?	?	?	
Cloud Foundry	Yes	No	Yes	Yes
Cloud.com / CloudStack	Yes	No	Yes	Yes
Eucalyptus	Yes	No	No	Yes[37]
Flexiant Limited	No	Yes	No	Yes
Nimbus	Yes	?	No	No
OpenNebula	Yes	No	?	No
OpenQRM	Yes	No	No	No
OpenShift	Yes	No	No	Yes
OpenStack	Yes	No	Yes	Yes
OnApp	Yes	No	No	Yes
oVirt	Yes	No	No	Yes

註：「?」表不確定。

其中，FreeBSD 下載網站：https://www.freebsd.org/where.html

(1)　FreeBSD 是一個類 Unix 的作業系統，也是 FreeBSD 專案的發展成果。FreeBSD 是第一個開放原始碼的系統。FreeBSD 是自由軟體，這意味著其原始碼開放，人人都可以使用 FreeBSD。

(2)　Bare Metal 是一個電腦伺服器是一個 "單租戶物體伺服器'。現在使用該術語將其與現代形式的虛擬化及雲託管區分開來。

Bare Metal 伺服器只有一個 "租戶"。它們不在客戶之間共享。每個伺服器可以為客戶運行任何數量的工作，或者可以具有多個同時用戶，但是它們完全專用於租用它們的客戶。與數據中心中的許多伺服器不同，它們不在多個客戶之間共享。

Bare Metal 伺服器是 "object" 伺服器。提供租賃的每個邏輯伺服器都是一個獨特的物體硬體，它本身就是一個功能伺服器。它們不是在共享硬體上以多個方式運行的虛擬伺服器。用戶可以無限制地擷取其電腦，並且可以辨識組件級別的確切硬體，而虛擬機只能透過虛擬機管理程序擷取物體伺服器。

2. IaaS 支援的客人 (supported guests)

軟體	Linux	Windows	VMware	Xen	KVM	VirtualBox	Docker
fluid Operations	Yes	Yes	Yes	Yes	Yes	No	?
AppScale	?	?	Yes	Yes	Yes	Yes	?
Cloud Foundry	Yes	Yes	Yes	Yes	Yes	Yes	Yes
Cloud.com / CloudStack	Yes	Yes[38]	Yes	Yes	Yes	Yes	?
Eucalyptus	Yes	Yes	Yes	Yes	Yes	?	?
Flexiant Limited	Yes	Yes	Yes	Yes	Yes	Yes	?
Nimbus	Yes	?	?	Yes	Yes	?	?
OpenNebula	Yes	Yes	Yes	Yes	Yes	Yes	?
OpenQRM	Yes	Yes	Yes	Yes	Yes	Yes	?
OpenShift	Yes	No	Yes	Yes	Yes	Yes	?
OpenStack	Yes	Yes	Yes	Yes	Yes	No	Yes
OnApp	Yes	Yes	Yes	Yes	Yes	No	?
oVirt	Yes	Yes	No	No	Yes	No	?
Jelastic	?	?	?	?	?	?	Yes
Software	Linux	Windows	VMware	Xen	KVM	VirtualBox	Docker
fluid Operations	Yes	Yes	Yes	Yes	Yes	No	?

註：「?」表不確定。

其中

(1) VMware

威睿 (VMware, Inc.) 是 Dell 科技旗下一家軟體公司，它提供雲端運算及硬體虛擬化的軟體及服務，並號稱是第一個商業化的成功的虛擬化的 x86 架構。

(2) Xen

Xen 是一個開放原始碼虛擬機監視器，由 XenProject 開發。它打算在單個電腦上運行多達 128 個有完全功能的作業系統。

(3) 基於內核的虛擬機 (Kernel-based Virtual Machine，KVM)

它是用於 Linux 內核中的虛擬化基礎設施，可將 Linux 內核轉化為一個虛擬機監視器。KVM 也被移植至 FreeBSD 與 illumos 上以載入內核模組。

二、PaaS (Platform as a service, 平台即服務)

(一) 供應商 (providers)

供應商	Alexa	發行日	SaaS
Cloud Foundry	79,327	2011	
CloudBees	75,404	2010	Java, JRails and Grails, Jenkins
Computer Sciences Corporation	21,045		
Engine Yard	46,958	2006	
Heroku	7,464	2008	Ruby, Java, Node.js, Scala, Clojure, Python, PHP, and Go.
Oracle Cloud Platform	351	2014	
Salesforce App Cloud	150		

(二) PaaS 供應商

供應商	Amazon EC2	Rackspace	GoGrid	Mail.Ru (MCS)	Other
AppScale	Yes	?	?	?	
Cloud Foundry	Yes	Yes	?	?	
Cloudify	Yes	Yes	?	?	?
Cloud.com	?	?	?	?	itself
Eucalyptus	?	?	?	?	itself
Flexiant Limited	?	?	?	?	Itself
fluid Operations	?	?	?	?	
Nimbus	?	?	?	?	itself
OnApp	?	?	?	?	itself
OpenNebula	?	?	?	?	itself
OpenQRM	?	?	?	?	itself
OpenShift	Yes	?	?	?	
OpenStack	Yes	Yes	Yes	Yes	

註：「?」表不確定。

(1)　Amazon EC2

Amazon 彈性雲端運算 (Amazon elastic compute cloud, Amazon EC2)
是 Web 服務，旨在讓 user 可租用雲端電腦運行所需應用的系統。
EC2 提供 Web 服務的方式讓 user 可以彈性地運作自己的 Amazon 機
器影像檔。由於 EC2 系統是「彈性」使用的，故可隨時建立、執行、
終止自己的虛擬伺服器，使用多少時間算多少錢。

圖 3-28　Amazon EC2 下載網站

下載網址：https://aws.amazon.com/tw/ec2/?sc_channel=PS&sc_
campaign=acquisition_TW&sc_publisher=google&sc_medium=ACQ-
P%7CPS-GO%7CBrand%7CDesktop%7CSU%7CCompute%7CEC
2%7CTW%7CEN%7CText&sc_content=ec2_p&sc_detail=ec2&sc_
category=Compute&sc_segment=293640787660&sc_matchtype=p&sc_
country=TW&s_kwcid=AL!4422!3!293640787660!p!!g!!ec2&ef_id=Cj0KCQi
AnNXiBRCoARIsAJe_1cpEueZw-19jG2rcAmcOKuAH9Q6q-ORHVlCoOR8
DsAJCGcNZqQtYaIgaAplwEALw_wcB:G:s

(2)　Rackspace

Rackspace(NYSE：RAX) 全球三大雲端運算中心之一，是一家全球
領先的主機託管及雲端運算提供商。

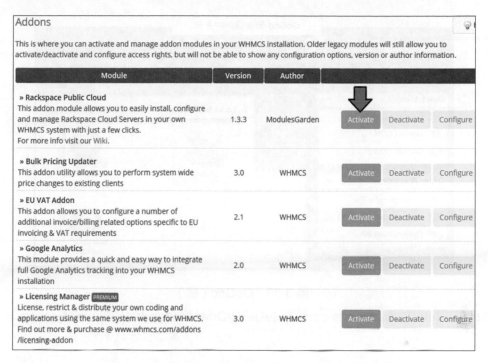

圖 3-29　適用於 WHMCS 的 Rackspace 公共雲

網址：https://www.docs.modulesgarden.com/Rackspace_Public_Cloud_For_
　　WHMCS

下載網址：https://support.rackspace.com/how-to/use-swiftly-to-download-an-
　　　　exported-image/

(3)　GoGrid

　　GoGrid 是一個雲端基礎架構服務，託管由多伺服器控制面板及
　　RESTful API 管理的 Linux 及 Windows 虛擬機。

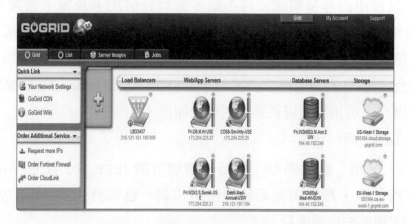

圖 3-30　GoGrid

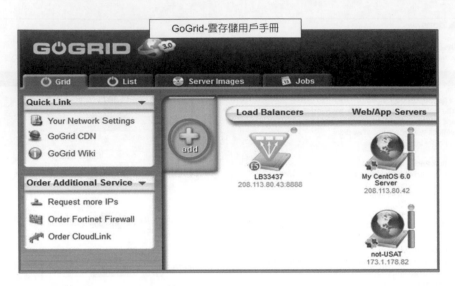

圖 3-30　GoGrid（續）

下載網址：http://www.java2s.com/Code/Jar/g/Downloadgogrid150beta11jar.htm

3-5　AI+ 邊緣運算 (edge computing) 在 5G 時代的重要性

　　邊緣運算 (edge computing) 是一種分散式運算的架構，將應用程式、數據資料與服務的運算，由網路中心節點，移往網路邏輯上的邊緣節點來處理。

➤ 3-5-1　近場通信 (near-field communication, NFC)

　　NFC 是一組通信協定，其使得兩個電子設備 (其中一個通常是諸如智慧手機的便攜式設備) 透過使它們彼此相距 4cm 來建立通信。

　　NFC 設備用於非接觸式支付系統，類似於信用卡及電子票證智慧卡中使用的設備，並允許移動支付來替換或補充這些系統。這有時稱為 NFC /CTLS(非接觸式) 或 CTLS NFC。NFC 用於社交網路，用於共享聯繫人、照片、視頻或文件。NFC 的設備可以充當電子身份證件及密鑰卡。NFC 提供低速連接，設置簡單，可用於引導更強大的無線連接。

　　如圖 3-31 所示，其中：

1.　Wi-Fi，又稱「無線熱點」，是一個建立於 IEEE 802.11 標準的無線區域網路技術。基於兩套系統的密切相關，也常有人把 Wi-Fi 當做 IEEE 802.11 標準的同義術語。

2. 藍牙 (Bluetooth)，是無線通訊技術標準，適合於固定或行動裝置，在短距離間交換資料，進而形成個人區域網路 (PAN)。藍牙使用短波超高頻 (UHF) 無線電波，經由 2.4 至 2.485 GHz 的 ISM 頻段來進行通訊。

3. 紫蜂 (ZigBee)，是一種低速短距離傳輸的無線網路協定，底層是採用 IEEE 802.15.4 標準規範的媒體存取層與物體層。主要特色有低速、低耗電、低成本、支援大量網路節點、快速、安全。

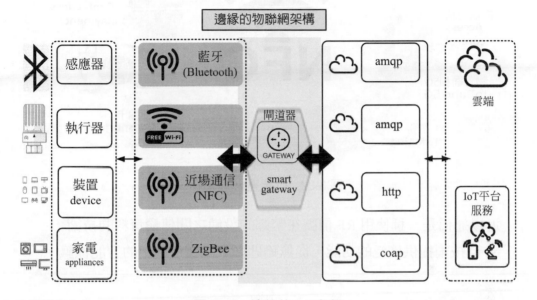

圖 3-31　邊緣的 IoT 架構

近場通信（NFC）的應用

圖 3-32　近場通信的應用

近場通信是一種使用 RF 信號在緊鄰的設備之間傳輸資料的技術。
NFC 技術提供廣泛的功能，從無鑰匙擷取到醫療應用的智能標籤。

一、NFC 技術概述

近場通信由 Sony、諾基亞及飛利浦開發。他們的綜合論壇監控及監管 NFC 標準。近場通信在低功率低頻範圍內工作。

1. 頻率：13.56 MHz

2. 範圍：0 到 10 CM

3. 規格：ISO / IEC 14443(用於儲存資料的智慧卡) 及 ISO / IEC 18000-3(用於智慧設備中的 RFID 標籤)

二、近場通信的應用

1. 智慧卡

與傳統的多步付款流程相比，使用 NFC 整合智慧卡的付款提供更輕鬆的支付。Visa 及 MasterCard 等頂級支付服務為客戶提供 NFC 嵌入式智慧卡。

NFC 整合智慧卡可用於雜貨店的快速付款、停車票、添加購物點，只需輕輕一按即可兌換優惠券。全球所有主要銀行都提供整合 NFC 晶片的智慧卡。

2. 電子錢包 (使用智慧手機付款)

使用移動設備的無現金支付系統在本十年初開始流行，並且更多服務提供無現金支付以方便客戶。使用智能手機應用程序，可以使用簡單的點擊或在附近揮動卡片進行付款。

服務提供商可以使用嵌入在設備內的 NFC 標籤將支付選項整合到智慧手機中。Apple 支付、Google 錢包 (Android 支付) 及三星支付是智慧手機支付系統中最受歡迎的。

3. 智慧票務

整合的智慧晶片可用於替換傳統的票務系統，包括航空公司的智慧票、火車票及公交車票等 NFC 標籤可用於智慧海報、電影票、音樂會門票、廣告、傳單及資料鏈接。只需點擊位於指定位置的 NFC 標籤，客戶就可以擷取保留區域或啟動門票。只需掃描智慧標記即可找到更多資料。

4. 醫藥保健

手機 Google Map 就是用 NFC 來定位置。NFC 整合系統可用於醫療及保健活動。NFC 為處方藥提供更高的準確性及便利性，更容易登記、支付、檢查患者狀態，透過將 NFC 標籤嵌入患者的圖表來追蹤記錄。

NFC 整合設備可以輕鬆配對及配置。醫療專業人員可以輕鬆檢查時間表並擷取醫療設備及設備。

NFC 的未來是醫療保健非常有前景，許多公司已經開始投資。診斷標籤正在開發中，用於監測醫療條件，如溫度變化、血糖水平波動等。

5. 無鑰匙擷取

無鑰匙擷取是當今近場通信的常見應用之一。NFC 的便利性及易於實作的功能使其成為一種流行的選擇。

NFC 及 RFID 標籤可用於透過自動檢測功能擷取門及受限區域。它可用於替換擷取鍵、辨識徽章及更方便地擷取汽車及其他車輛。

6. 製造業

智慧標籤在現代製造業中用於從公司內部的不同過程階段辨識每個產品，在運輸過程中包裝、運輸及追蹤產品。唯一標識號允許製造商在保修期內返回時有效管理產品，以便進行更換、維修及維護。

7. 物流及運輸

NFC 及 RFID 標籤可以方便地用於物流及航運業。使用智慧標籤追蹤及掃描貨物使系統智慧，無錯誤且高效。

8. 智慧庫存管理

零售商店及大型超市可以利用智慧 RFID 標籤更好地管理系統中的庫存。智慧庫存管理軟體可以為客戶，庫存庫存中的物品提供產品詳細資料的即時更新，並且若特定物品的數量較少，則可以觸發自動訂單。

供應商將獲得具有高需求的物品的更新，並且可以提供更好的服務。

9. 盜竊控制

RFID 標籤的另一個有吸引力的用途是盜竊控制。使用智慧標籤可以保護有價值的東西。嵌入智慧標籤的對像若透過 RFID 接近 (安裝 RFID 發射器的活動區域) 將觸發。

三、近場通信的未來應用

1. 智慧家居

使用 NFC 及 RFID 技術，可以使用智慧手機定制及程式設計特定應用程序。透過啟動 NFC 標籤，可以使用智慧手機控制家用設備、應用程序啟動、擷取 / 鎖定門、設置警報功能或任何特定任務。

2. IoT 及 5G

IoT 及 5G 打開新技術湧現的機會之窗。在 IoT 及支持 5G 的網路中將需要支持 NFC 的設備，以便於實施及提高效率。

3. 整合智慧手機應用

智慧 RFID 標籤可用於配置智慧手機應用程序，如接收積分計劃、會員擷取、進入限制區域及更多定制應用程序。

結論

　　NFC 標籤將在未來的智慧設備中發揮不可避免的作用，用於更多整合功能，智慧交通、航空工業、航運、製造業等特定任務的自動化。將 NFC 技術與我們現代化的數據通信及交易流程相結合，可確保方便，節省時間，提高能效，最重要的是提高安全性。

➤ 3-5-2　邊緣運算 (edge computing) 為 IoT 即時分析的關鍵

　　邊緣運算是一種分散式計算，其中計算大部分或完全在稱為智慧設備或邊緣設備的分散式設備節點上執行，而不是主要在集中式雲端環境中進行。邊緣 (edge) 是指網路中計算節點作為 IoT 設備的地理分佈，它們位於組織、城市或其他網路的「邊緣」。其動機是提供伺服器資源，數據分析及人工智慧 (環境智慧)，更接近數據採集源及網路物體系統，如智慧感測器及執行器。邊緣運算被視為實作物體計算、智慧城市、普適計算 (ubiquitous computing)、多媒體應用 (如增強實作及雲瑞遊戲) 及 IoT 的重要因素。

　　邊緣運算涉及無線感測器網路，智慧及上下文感知網路 (context-aware networks) 以及人機互動環境中的智慧對象 (objects) 的概念。IoT 及邊緣運算是另一子學科，但邊緣運算更關注在網路及系統邊緣執行的計算，而 IoT 標籤則意味著更強調數據收集及通信網路。這兩個學科都有助於新興的第四次工業革命及工業 4.0，預計將透過為製造商提供遙測及使用資訊來改善產品設計及行業回饋，從而有助於推動預測分析及用戶行為分析，從而允許未來的產品及產品更新將基於客戶見解。透過降低網路電力消耗及冷卻成本，已經提出邊緣運算及相關的霧運算作為數據中心中雲端運算普及的環境友好替代方案。

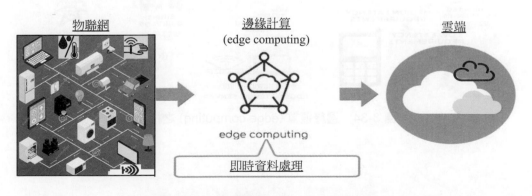

圖 3-33　邊緣運算 (edge computing)

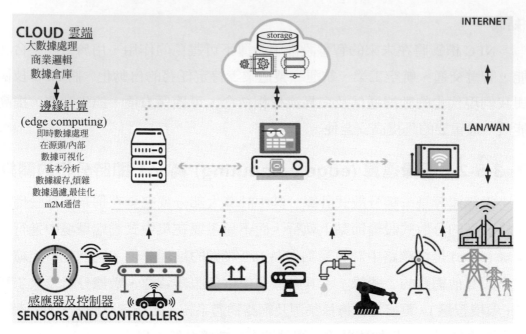

圖 3-33　邊緣運算（edge computing）（續）

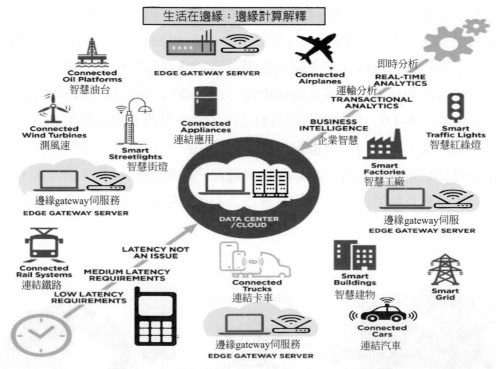

圖 3-34　邊緣運算（edge computing）之技術

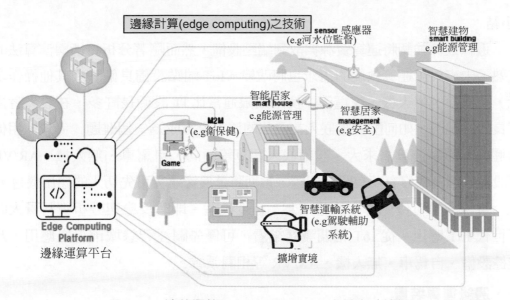

圖 3-34　邊緣運算 (edge computing) 之技術（續）

　　邊緣運算將應用程序、數據及計算能力 (服務) 從集中點推向網路的邏輯極端。邊緣運算利用微服務架構，允許部分應用程序移動到網路邊緣。雖然內容交付網路已經在伺服器及數據儲存的分散式網路上移動資訊片段，而這些分散式網路可能分佈在廣闊的區域，但 Edge Computing 將應用程序邏輯的片段移到邊緣。作為一種技術範例，邊緣運算可以在架構上被組織為對等計算、自主 (自我修復) 計算、網格計算及暗示非集中可用性的其他名稱。

　　為了確保廣泛分散的分散式服務的可接受性能，大型組織通常透過部署具有集群及大規模儲存網路的伺服器場來實作邊緣運算。以前只有大型組織及政府組織可用，邊緣運算已經傳播技術的進步及大規模實施的成本降低，並使技術可用於中小型組織。

　　邊緣運算的目標是需要更接近分散式系統技術與物體世界互動的動作源的任何應用程序或一般功能。邊緣運算不需要與任何集中式雲接觸，儘管它可能與一個整合雲進行互動。邊緣運算使用與集中式雲類似或相同的分散式系統架構，但更接近或直接位於邊緣。

　　邊緣運算對技術平台，應用程序或服務的選擇施加某些限制，所有這些都需要專門為邊緣運算開發或配置。

小結

　　邊緣運算強調將運算資源擴散到端點設備，然而隨著分析技術與演算法的成熟，未來對於運算效能的需求也將改變。IoT 端點設備具備許多其他操作功能，如汽車、無人機、家電等，使用期限通常比 IT 設備長許多，在設備替換期長的狀況下，如何配置需嵌入在內部的運算資源成為一個難題。考量應用低延遲性、端點運算需求大、設備嵌入運算等面向，自駕車、無人機、AR/VR 等設備，因為較沒有舊有設備問題，預期將是邊緣運算可先切入的應用機會。

　　邊緣運算可優先導入的應用為：需低延遲、即時反應與分析資料量大的下世代 IoT 應用。從 IoT 相關發展來看，可優先關注智慧城市下之應用，及監控設備、自駕車、無人機、AR/VR 等相關領域。

一、邊緣運算裝置

　　Tesla 將汽車變成邊緣運算裝置。自駕車必須能夠自行 AI 機器學習思考行動，而且不能仰賴雲端，必須即時處理感測器 (sensor) 傳來的資訊。若要發揮最大效用，必須徹底整合物聯網軟硬體。

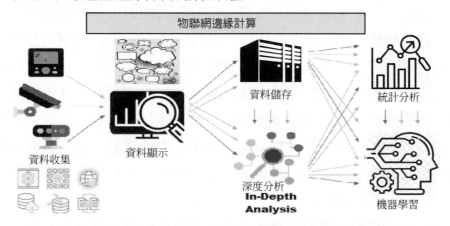

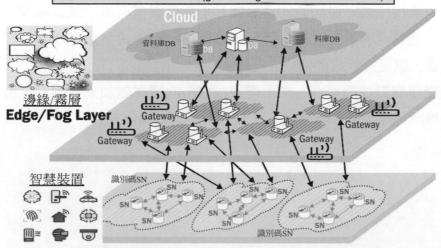

圖 3-35　物聯網邊緣運算技術 (Edge computing technologies for IoT)

二、IoT邊緣運算綜述

現在物聯網已滲透到我們的日常生活中，提供重要的測量及收集工具，以告知我們的每一個決定。數以百萬計的感測器及設備不斷產生數據並交換重要資訊透過複雜網路傳遞資訊，支援機器對機器通信、監控及控制關鍵的智慧世界基礎設施。作為緩解資源擁塞升級的策略，邊緣運算已成為解決IoT及本地化計算需求的新範例。與眾所周知的雲端運算相比，邊緣運算將數據計算或儲存遷移到最終用戶附近的網路"邊緣"。

因此，分佈在網路上的許多計算節點可將計算壓力從集中式數據中心解除安裝，並且可以顯著減少資訊交換中的等待時間。此外，分散式結構可以平衡網路流量並避免IoT網路中的流量峰值，減少邊緣/雲端伺服器與最終用戶之間的傳輸延遲，並與傳統雲端服務相比減少即時IoT應用的回應時間。此外，透過將計算及通信開銷從具有有限電池供應的節點傳送到具有大量電力資源的節點，系統可以延長各個節點的壽命。

如圖3-36所示說明邊緣運算的基本架構。請注意，邊緣運算伺服器比雲伺服器更接近最終用戶。因此，即使邊緣運算伺服器具有比雲端伺服器更少的計算能力，它們仍然為最終用戶提供更好的QoS(服務品量)及更低的延遲。為了研究邊緣運算的優缺點，我們將重點關注兩者的體系結構，並對兩者進行比較。顯然，與雲端運算不同，邊緣運算將邊緣運算節點合併到網路中。在本文中，邊緣運算節點稱為邊緣/雲端伺服器。

一般而言，邊緣運算的結構可以分為前端、近端及遠端三個方面，如圖3-36所示。

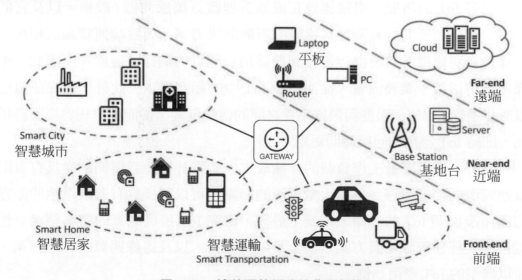

圖3-36　邊緣運算網路的典型架構

下面詳細描述這些區域之間的差異。

三、IoT 及邊緣運算的整合

　　如圖 3-37 所示顯示基於邊緣運算的 IoT 的三層架構。它具有與邊緣運算結構相同的層，並且所有 IoT 設備都是邊緣運算的最終用戶。通常，由於兩種結構的特性 (即，高計算容量及大儲存)，IoT 可以從邊緣運算及雲端運算中受益。儘管如此，邊緣運算還為 IoT 的雲端運算提供進一步的優勢，即使它具有更有限的計算能力及儲存。具體而言，IoT 需要快速回應而不是高計算容量及大儲存。邊緣運算提供可容忍的計算能力，足夠的儲存空間及快速回應時間，以滿足 IoT 應用要求。

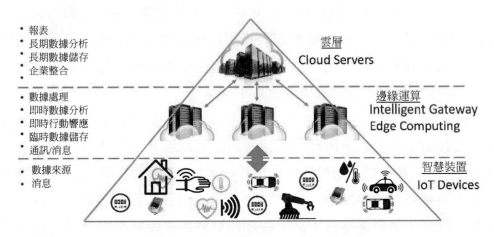

圖 3-37　基於邊緣運算的 IoT 的層架構

小結

　　隨著 IoT 的發展，邊緣運算正成為管理數百萬感測器 / 設備，以及它們所需的相應資源的困難及復雜挑戰的新興解決方案。與雲端運算範式相比，邊緣運算將數據計算及儲存遷移到最終用戶附近的網路 "邊緣"。因此，邊緣運算可以減少業務流量，從而減少 IoT 中的頻寬需求。此外，邊緣運算可以減少邊緣 / 雲端伺服器與最終用戶之間的傳輸延遲，從而與傳統雲端服務相比，即時 IoT 應用的回應時間更短。

　　此外，透過降低工作負載的傳輸成本，並將計算及通信開銷從具有有限電池資源的節點遷移到具有大量電源的節點，可以延長具有有限電池的節點的壽命及整個 IoT 的壽命。系統。最後，研究 IoT 邊緣運算的體系結構、性能目標、任務解除安裝方案、安全及隱私威脅，以及邊緣運算的相應對策，並以典型的 IoT 應用為例。

四、工業 IoT，邊緣 (edge) 是什麼？

在工業現場，很難處理問題，就是各種生產設備所產生的資料格式都不相同，若貿然全都上傳到雲端，易造成後端處理的負擔，但透過邊緣伺服器，則可先將資料格式先行統一後，在雲端空間可「同一規格的協定」直接溝通，提升運作效率。

本文引用了工業 Internet 聯盟的工業 Internet 參考架構，該架構將 IIoT 系統的常見元素概括為三層：邊緣層 (edge tier)、平台層 (platform tier) 及組織層，如圖 3-38 所示。

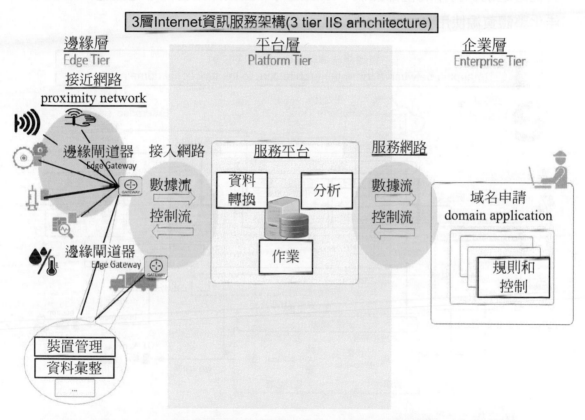

圖 3-38　工業物聯網：邊緣 (edge) 是什麼？

教學網
1. https://www.youtube.com/watch?v=DDvMkgEoHxQ（邊緣運算）
2. https://www.youtube.com/watch?v=4FqO0BH2EvM（安全且建物自動化智慧化）
3. https://www.youtube.com/watch?v=4QTAtFaliyc（雲端運算的 End）
4. https://www.youtube.com/watch?v=T7cmH34u0-c（中文解說 - 邊緣運算）

　　雖然有很多關於平台層及組織級的討論，但 Edge Tier 還沒有在 IoT 大數據圈中獲得那麼多的報導。IoT 從 "Thing" 開始，所有的樂趣 (工業行動) 正在發生，事實上，每個人都應該感到興奮的是 Edge Tier。平台或組織級的所有工作都是破解及改進 Edge Tier 正在進行的操作。

　　在某些情況下，Edge Tier 可能非常簡單，即在現場使用微型感測器或執行器，但在大多數工業 / 工廠環境中，Edge Tier 將遠不止於此。將希望系統更加自主及自我修復的地方，以便可以在不受外部因素影響的情況下 (例如，丟失連接，延遲) 保持 24/7 全天候運行。理想情況下，希望在將數據推送到其他層之前保持所有內部控制，以及進行一些數據聚合，本地過濾，以便最佳化整體資源使用。

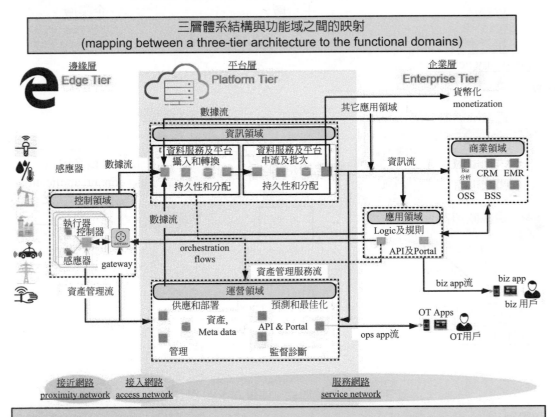

圖 3-39　三層體系結構與功能域之間的映射 (mapping between a three-tier architecture to the functional domains)

　　IIoT 的承諾之一是現場設備的生命週期管理，以便透過雲端輕鬆配置，維護及更新設備。然而，這反過來給 Edge Tier 帶來很多負擔，它需要實作 複雜的生命週期基礎設施來支援功能，例如調試、配置、固件更新、電源管理等。

　　Edge Tier 龐大性的另一個原因是功能的融合，這主要是由半導體製造商向龐大而強大的 SoC 充斥市場。

　　顯然，所有這些龐大性、功能及連接性要求的融合為工業 Edge Tier 的嵌入式軟體開發人員帶來新的挑戰。一方面，開發人員必須提高各種連接及生命週期要求，以支援 Platform Tier 及 Analytics Tier，而另一方面，他們必須改進他們的環境，以便在單個晶片上實作越來越多的功能。

　　剛剛開始解開 Edge Tier，已經開始接近一個複雜的，多方面的場景。總而言之，到目前為止我們已經討論過：

1. 雲端連接 (邊緣層連接到平台層)

2. 生命週期管理 (電源管理、供應、固件升級、應用安全補丁等)

3. 功能的融合 (I / O、工業控制、HMI 等)

4. 安全性 (安全啟動、防火、加密服務等)

5. 安全 (IEC 61508、IEC 62304 等)

　　現在，若仔細觀察，上述每個子彈本身就是一個宇宙，例如，若開始談論雲端連接，則會提供多種選擇，包括各種協定及框架 (例如協定 MQTT、AMQP、XMPP 等，以及框架所有 Joyn、IoTivity、Thread、mbed 等)。在某些情況下，這些框架包含並涉及更廣泛的平台，但在其他情況下，它們正在解決特定問題。類似地，生命週期管理也是一個更廣泛的主題，其中取決於設備特徵及環境，某些功能 (例如電源管理) 可能是複雜的並且可能具有廣泛的含義。

　　嵌入式邊緣設備的功能多樣性具有無限的可能性，從一些核心選擇開始，例如故障安全文件系統、網路 / 安全堆棧、USB、PCI / PCIe 等。專門針對工業 IoT 設備，必須做出選擇來自各種工業協定，例如 EtherCAT、乙太網 / IP、OPC / UA、DDS 等。

　　所以 Edge Tier 確實是發生所有樂趣的地方，在談論 IIoT 時不應該打折。實際上，Edge Tier 的有效及成熟架構應該是定義 IIoT 策略時的核心考慮因素之一。此 Edge Tier 是您首先建立整體雲端、大數據及分析結構的原因。

➤ 3-5-3　霧運算 (fog computing)：一種新的 IoT 架構

（一）就像雲端運算一樣，霧運算有望開啟新的商業模型。但它是什麼？

　　它仍然是 IoT 的早期階段，許多人認為它的結構就像機械花，設備及感測器將數據輸入中央集線器，在後台運行複雜的分析及演算法。而 IoT 可能看起來一點也不像。相反，IoT 可能更有可能受到 "霧運算" 的支援，其中計算、儲存、控制及網路能力可能存在於架構的任何地方，無論是在數據中心，雲，邊緣設備 (如 gateway 或路由器)，邊緣設備本身，如機器或感測器。

　　傳統網路將數據從設備或事務提供給中央儲存集線器 - 舊的 "數據倉庫" 模型－無法跟上 IoT 設備建立的數據量及速度。數據倉庫模型也不能滿足用戶要求的低延遲回應時間。而雲應該是一個答案。但是，將數據發送到雲端進行分析也會帶來數據瓶頸及安全問題的風險。然而，新的商業模型需要在一分鐘或更短的時間內進行數據分析 (有些案例甚至不到一秒鐘)。隨著 IoT 應用及設備的不斷增加，數據擁塞問題只會越來越嚴重。

（二）什麼是霧運算 (fog computing)？

　　霧運算或霧聯網 (fog networking) 是分散式協作架構，能將數據源頭與雲端之間的各種特定應用程序 (或服務) 用在最有效的位置進行管理。這種計算旨在有效地將雲端計算功能和服務擴展到網路的邊際，將其優勢和功能發揮在最貼近數據能被執行與操作之處。

　　霧運算應用與 IoT、機器間聯網 (M2M) 有相關。在 IoT 中，我們將大多數裝置連接起來，其精神旨在縮短處理資料時間，即 TSN(time sensative networking)，多數 IoT 應用在醫療、智慧工廠、智慧車、智慧電網等。相對地，霧運算則可協助後台運算效率：即在靠近 IoT device 端就已具備運算、監測、收集資料功能，接著再將數據傳至資料中心做大據分析或演算法。

　　霧平台的特徵包括低延遲、位置感知及無線接入的使用。優勢包括即時分析及改進的安全性。

　　雖然邊緣運算或邊緣分析可以專門指在網路邊緣或靠近網路邊緣的設備上執行分析，但霧運算架構將對從網路中心到邊緣的任何事物執行分析。

　　霧運算的例子，就是智慧交通燈系統，它可以基於對進入的交通的監視來改變其信號以防止事故或減少擁堵。還可將數據發送到雲端以進行長期分析。其他霧運算的案例包括：鐵路安全、智慧電網恢復供電及網路安全。

PrismTech Vortex 引用連接汽車的案例 (用於車輛到車輛及車輛到雲端的通信)，以及智慧城市應用，如智慧照明及智慧停車計時器。

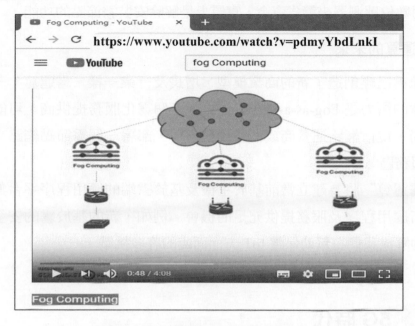

圖 3-40　霧運算 (fog Computing)

教學網
1.　https://www.youtube.com/watch?v=pdmyYbdLnkI（霧運算）
2.　https://www.youtube.com/watch?v=tuo5Pxc4w3c（霧運算簡介）

（三）複雜的網路

　　雖然將霧運算添加到 IoT 網路會增加複雜性，但有時需要復雜性。在某些使用案例中，霧運算解決僅雲端模型的不足之處，這些模型在延遲、網路頻寬、地理焦點、可靠性及安全性方面面臨嚴峻挑戰。

　　任何額外的複雜性「有時都有助於實作基本 IoT 應用的功能」。一項研究發現，40% 的 IoT 流量將透過邊緣運算設備或霧節點。OpenFog 正在採取措施，透過建立通用硬體及軟體平台，以及非常複雜的編排、管理、配置及網路分析功能來管理霧中網路的增量容量增加，從而在很大程度上實作霧網路的自動化操作。

　　IoT 網路增加霧將極大地增加其能力及收入潛力，因此購買及安裝霧網將有很短的投資回收期。

　　如今存在的 OpenFog 及 IoT 配置可能是高度兼容的，並且霧也會發展。「啞巴設備可以保持愚蠢，但可將數據提供給靠近它們的集中或區域化霧應用，因此可以滿足遠程集中式應用無法滿足的要求」。事實上，霧會幫助更多的設備變得愚蠢甚至比現在更笨。在某些情況下，透過聚集在霧水平，你實際上可以透過使用數位感測器來節省資金，實質上是解除安裝霧節點的功能。

（四）霧運算的未來

就像雲已經創造了新的商業模型，增長及行業一樣。霧運算：一個非常令人興奮的潛力是 Fog-as-a-Service(FaaS) 一個霧化服務提供商，可能是一個市政當局，電信網路運營商或網路規模公司，部署一個霧節點網路來覆蓋一個區域服務區。

"霧運算"將為建立當前基於主機及基於雲端的應用程序平台無法輕易支援的新應用程序及服務提供充足的機會。例如，新的基於霧的安全服務將能夠幫助解決我們在幫助保護 IoT 方面面臨的許多挑戰。

3-6　5G 時代

「物聯網 + 5G= 電信級網路」的通訊服務，已可提供：智慧車聯、智慧路燈、智慧停車、智慧醫療、智慧居家、智慧物流 / 配貨中心、智慧行動裝置的偵測、(牛羊) 資產追蹤、智慧醫療與能源管理等物聯整合應用服務。

3-6-1　5G 是什麼？

5G 是第 5 代行動通訊網路 (5th Generation Mobile Networks)，它不外乎就是追求更快的速度以及更低的延遲。5G 能以數十兆比特每秒 (Mbps) 的數據傳輸速率，支援大規模感測器網路的部署；頻譜效率、覆蓋率都比 4G 顯著強大，且延遲率也比 LTE 低。

定義

波段

波段是無線電通訊頻率中的一小段電磁波譜，通常以通道 (channel) 的方式來運用，或將相同類型、屬性的無線應用集中配置在某一處。

各類波段例舉介紹如下：

1. 中波波段 (AM broadcast band)：530kHz ～ 1610kHz。

2. 短波波段 (Shortwave bands)：5.9MHz ～ 26.1MHz。

定義

3. 高頻頻段 (High frequency)：(頻率在 3M ～ 30M，波長 100 米～ 10 米)。高頻 (High frequency) 是指頻帶由 3MHz 到 30MHz 的無線電波。比 HF 頻率略低的是中頻 (MF)，比 HF 頻率略高的是特高頻 (VHF)。由於波長太大，對小物體的檢測性能不好；但是可以超視距工作。

4. 特高頻 (VHF, Very high frequency)： 頻帶 (頻率) 由 30MHz 到 300MHz 的無線電電波。比 VHF 頻率略低的是高頻 (HF)，比 VHF 頻率略高的是超高頻 (UHF)，其波長 1 米～ 10 米，米波雷達的天線較小，安裝在艦船上，作為搜索 / 預警雷達使用；該波段使得飛機難以隱身。

5. 軍用波段

   (1) L 波段是指頻率在 1 ～ 2 GHz 的無線電波波段；而北約的 L 波段則指 40 ～ 60 GHz（波長 7.50 ～ 5.00 mm），均屬於毫米波。L 波段可被用於 DAB、衛星導航系統等。這個波段常用於遠程對空警戒雷達、太空雷達以。

   (2) S 波段 (S band) 是指頻率在 2 ～ 4 GHz 的無線電波波段。NASA 和歐洲太空總署的深空站通用的 S 波段通信頻率範圍為上行 2025 ～ 2120 MHz，下行 2200 ～ 2300 MHz。S 的意思是 Short。比較容易做到窄波束，用於機場終端監視雷達，因此氣象雷達也多工作在這個頻段上。

6. 毫米波 (Millimeter Wave, mmWave) 又稱為「極高頻」(Extremely High Frequency, EHF)，是指波長由 1 mm 到 10 mm 的電磁波，頻率範圍是 110GHz ～ 300GHz。

7. 無線電導航的接續性遞傳 (beacon) 用波段，例如 LORAN 及 GPS。

5G 比 4G 連線容量大，倘若應用在 IoT 的基礎建設上，屆時所有物品 (車輛) 之間的連結均可解決。

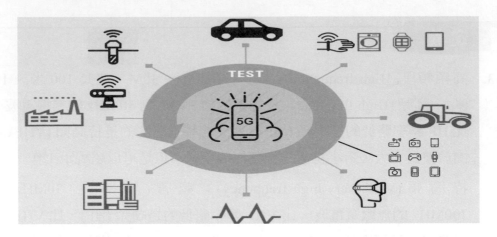

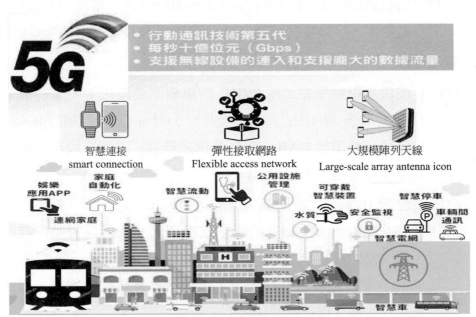

智慧連接
smart connection

彈性接取網路
Flexible access network

大規模陣列天線
Large-scale array antenna icon

圖 3-41　5G 示意圖

教學網
1. https://www.youtube.com/watch?v=IDJC_yJTXIc（日本 5G）
2. https://www.youtube.com/watch?v=aK2WuaxI0Rg（華為 5G 技術為何可怕）
3. https://www.youtube.com/watch?v=PgmqeATEGRU（5G）
4. https://www.youtube.com/watch?v=GEx_d0SjvS0（您需要知道 5G 的一切）
5. https://www.youtube.com/watch?v=ohbpuBO6-9Q（5G 手機面臨的問題）

eMBB/URLLC/mMTC 鼎立，5G 標準制定全面啟動

圖 3-42　5G 時代定義了三大場景：eMBB、URLLC、mMTC

　　國際行動通訊組織 (IMT) 制定未來行動通訊發展的框架及總體目標，其技術稱為 IMT-2020，其相關的應用情境包括 (新通訊, 2019)：

1. 增強型行動寬頻通訊 (Enhanced Mobile Broadband, eMBB)

　　eMBB 增強行動寬頻，顧名思義是針對的是大流量行動寬頻業務。eMBB 寬頻應用情境可涵蓋不同的傳輸範圍，包括廣域覆蓋及熱點傳輸。增強型移動寬頻預期將傳輸速度再提升至下傳 20Gbit/s、上傳 10Gbit/s。

2. 超可靠度及低延遲通訊

(Ultra-reliable and Low Latency Communications, URLLC)

　　例如工業自動化製造或生產過程的無線控制、遠程醫療手術、智慧電網配電自動化、運輸安全、無人駕駛等，需要高可靠度 (錯誤率低於 10 ～ 5) 且低時間延遲 (低於 1 毫秒) 的通訊 (3G 回應為 500ms，4G 為 50ms，5G 要求 0.5ms)。此種通訊應用對於數據傳輸量、時延及可靠性的要求非常嚴格。

3. 大規模機器型通訊 (Massive Machine Type Communications, mMTC)

　　mMTC：大連接 IoT，針對大規模 IoT 業務。適合於連接大量元件設備 / 裝置的機械間通訊需求，其發送數據量較低且對於傳輸資料延遲有較低需求。而且，此元件設備須具有製造成本低、電池壽命長的特性。

如圖 3-43 所示，為 IMT 對未來 5G 通訊的應用情境與範例。

如圖 3-44 所示，IMT-2020 與 IMT-Advanced 比較的 8 項效能指標。IMT-2020 增強型寬頻通訊的速率可達到 10Gbit/s，在某些條件下 IMT-2020 將支援至多 20Gbit/s 的數據速率，它適合於城市或近郊地區，大範圍的覆蓋情況下，數據傳輸率為 100Mbit/s (新通訊 ,2019)。

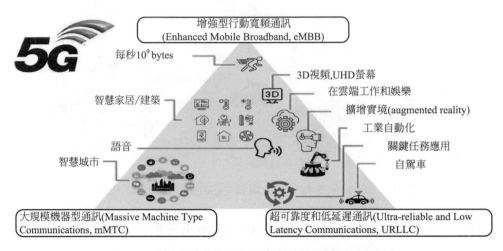

圖 3-43　IMT 對未來 5G 通訊的應用情境與範例

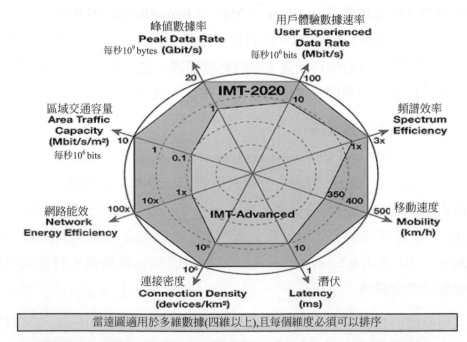

圖 3-44　IMT-2020 的關鍵效能指標與 IMT-Advanced 的數值差異

來源：新通訊 (2019).eMBB/URLLC/mMTC 鼎立 . https://www.2cm.com.tw/2cm/zh-tw/tech/F20D9109E8FC4D34B9CC25B24A786283

　　IMT-2020 將達到 10Mbit/s/m2 的區域傳輸流量，尤其是在熱點的使用環境下 (新通訊 , 2019)。

(一) URLLC 標準技術發展

　　URLLC 應用在低時延 (low latency) 與高可靠度 (high reliability) 的品質要求非常嚴苛，用戶平面的延遲部分需低至 0.5ms 以下，錯誤率 (block error rate, BLER) 在 1ms 的延遲與封包大小為 32bytes 的情況下要達到 10 ～ 5 以下 (TR 38.913) (新通訊 , 2019)。

(二) mMTC 標準技術發展

　　為因應 5G 機器型通訊的各種應用情境，mMTC 的技術設計有以下四種要求 (新通訊 , 2019)：

1.　覆蓋範圍 (coverage)

　　5G 有望在 2025 年覆蓋全球 65％的人口。mMTC 技術對於覆蓋範圍的要求需達到 164dB 的最大耦合損失 (maximum coupling loss, MCL)，意即從傳送端到接收端訊號衰減的大小為 164dB 時也要能使接收端成功解出封包。

2.　電池壽命 (UE battery life)

　　5G 通訊應用 (智慧電表) 都需要有長久電池壽命的裝置應用。因此 mMTC 技術對於電池壽命的要求需要達到 10 年以上的電池壽命。

3.　連接密度 (connection density)

　　網路密度 (network density) 是描述網路中潛在連接中實際連接的部分。由於近年 IoT 應用需求的逐日增加，5G mMTC 技術對於連接密度的要求，是支援 $106/km^2$ 的連接密度。

4.　延遲 (latency)

　　延遲 (latency) 是指做出觸發動作與得到回應之間的時間間隔。5G 對延遲的要求為裝置傳送一大小為 20bytes 的應用層封包，在 164dB MCL 的通道狀況下，延遲時間要在 10 秒以內。

小結

　　5G 帶來的是更快的速率，更低的功耗，更短的延遲，更強的穩定性，能支援更多用戶。

5G 是最新一代蜂窩移動通信。它成功實作了 4G(LTE／WiMax)，3G(UMTS) 及 2G(GSM) 系統。5G 性能的目標是高數據速率、減少延遲、節省能源、降低成本、提高系統容量及大規模設備連接。Release-15 中的第一階段 5G 規範將於 2019 年完成，以適應早期的商業部署。Release-16 的第二階段將於 2020 年完成，作為 IMT-2020 技術的候選者提交給國際電信聯盟 (ITU)。

ITU IMT-2020 規範的要求速度高達 20Gbps 的，具有廣泛的信道頻寬及大規模 MIMO 實作的。第三代合作夥伴計劃 (3GPP) 是要提交 5G NR(新無線電) 作為其 5G 通信標準提案。5G NR 可包括低於 6 GHz 的低頻及高於 15 GHz 的 mmWave。然而，在 4G 硬體 (非獨立) 上使用 5G NR 軟體的早期部署速度僅略高於新 4G 系統，估計速度提高 15% 至 50%。對獨立 eMBB 部署的仿真表明，吞吐量提高 2.5 GHz，低於 6 GHz，毫米波提高近 20 倍。

5G 意味著什麼？意味著更快的上傳下載速度、炫酷的 VR 娛樂體驗、城市物聯、無人駕駛車、遠端醫療。

➤ 3-6-2　5G 的物理原理

一、基礎物理公式

電磁波原理，公式是：**光速＝波長 × 頻率**。當光速固定在每秒 30 萬公里時，波長愈長，每秒震動的次數也就愈少。即電磁波的波長與頻率是成反比。

無線通信是利用電磁波來進行各種資訊交換。就物理特性而言，頻率愈高，波長愈短，「穿透能力」也就愈強，就像是醫院裡 X 射線的頻率極高，波長僅 0.01 ～ 10 奈米，可用來穿透身體的部分組織一樣。然而，高頻信號的指向性也較強，它們遇到障礙物會想直接穿過去，而不是繞過去 (MeetHub, 2019)。

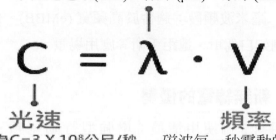

「通訊電磁波頻譜」如圖 3-45 所示，不同頻率的電磁波，又決定了不同的特性及應用。

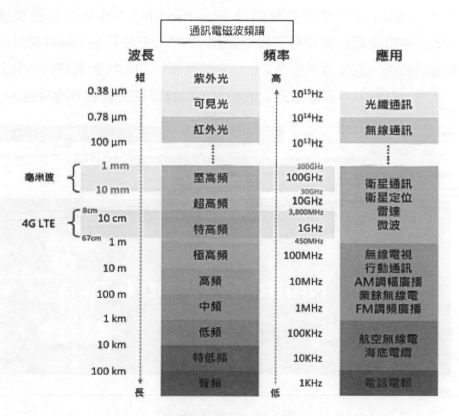

圖 3-45　通訊電磁波頻譜 (MeetHub, 2019)

5G 的標準，可分兩主流頻段：

1. 6GHz 以下，它與 4G LTE 頻段相似：適合於低功耗、大範圍覆蓋及穩定連接等特性 (MMTC) 用場景。

2. 24GHz 以上，毫米波頻段：適合於高頻寬 (eMBB)、低延遲 (URLLC) 等特性場域，例如自駕車、遠距手術等應用場景。

➤ 3-6-3　5G- 新無線電的優勢

未來 5G 應用有 3 個使用情境：增強型行動寬頻、超可靠且低延遲通訊、大規模機器型通訊；並且形塑出 3 種應用類型：行動寬頻 (mobile broadband)、大規模 IoT/ 機器型通訊 (massive MTC) 及任務為主 IoT/ 機器型通訊 (mission-critical MTC)。

一、窄帶 IoT (narrowband IoT, NB-IoT)

什麼是 NB-IoT？窄帶物聯網 (NarrowBand IoT, NB-IoT) 為低數據速率 IoT 設備提供節能通信並擴展了覆蓋範圍。NB-IoT 是為 IoT 裝置設計的窄頻無線電通訊技術，它是通訊標準之一。它以手機使用的行動通訊技術為基礎，讓 IoT 裝置，能夠具有長距離通訊的能力，以及保持長續航力的特色。

圖 3-46　什麼是 NB-IoT

教學網
1. https://www.youtube.com/watch?v=pf7wcl1IZYc（什麼是 NB-IoT?）
2. https://www.youtube.com/watch?v=RIZ9rXbrJqM（LTE-M 與 NB-IoT：決定低頻寬協定之間的差異）

使用頻譜 (spectrum) 受到管制嗎

　　NB-IoT 是功耗廣域網串起物聯網裝置，它不像 LoRa 是非授權頻譜 (unlicensed spectrum)，而是授權頻譜 (licensed spectrum)。如同，一般手機使用通訊頻段，是管制型的授權頻譜，有執照才能使用，不能私自架設基地台；而 Wi-Fi 無線網路則屬於非授權頻譜，不需申請即可自行裝設熱點。

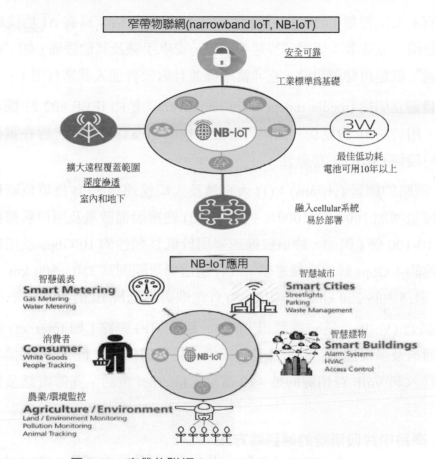

圖 3-47　窄帶物聯網 (narrowband IoT, NB-IoT).vsd

　　窄帶 IoT(NB-IoT) 是由 3GPP 開發的低功率廣域網 (LPWAN) 無線電技術標準，用於實作各種蜂窩設備及服務。該規範於 2016 年在 3GPP Release 13(LTE Advanced Pro) 中凍結。其他 3GPPIoT 技術包括 eMTC(增強型機器類型通信) 及 EC-GSM-IoT。

　　NB-IoT 專注於室內覆蓋、低成本、長電池壽命及高連接密度。NB-IoT 使用 LTE 標準的子集，頻寬限制為 200kHz 的單個窄帶。它使用 OFDM 調製進行下行鏈路通信，使用 SC-FDMA 進行上行鏈路通信。

➤ 3-6-4　5G 推波，IoT 戰場決勝點在應用

5G 技術有五種不同應用：

1. 全球網路 (global networks)：全球網路是跨越整個地球通信網路的任何通信網路地球，其類型包括：衛星全球網路、移動無線網路等。其中，移動無線網路是最被看好的產品。

2. 具有 (人工智慧) 的可穿戴設備，即 AI 能力包括：具有 AI 功能的可穿戴設備，意味著：使用 "智慧手錶"、安卓手錶及其他設備 (如 "Google 眼鏡" 就是可穿戴設備，它非常準確並且對於普通人非常有用)。

3. 媒體獨立切換 (media independent handover)：是由 IEEE 802.21 開發的標準，用於將 IP 會話從一個第二層接入技術切換到另一個，旨在實作終端用戶設備 (MIH) 的移動性。

4. 5G 網路的願景 (visions)：(1) 大容量及大規模連接。(2) 每單位面積移動數據量增加 1000 倍 (1000× 挑戰)。(3) 連接設備數量及用戶數據速率提高 10-100 倍 (例如，峰值數據速率用於低移動性的 10 Gbps 及用於高移動性的 1 Gbps 峰值數據速率)。(4) 通信場景範圍為 350 - 500 km / hr(與 4G 網路中的 250 km / hr 相比)。(5) 電池壽命延長 10 倍。

5. IP 語音 (VoIP)：是一種透過 Internet 協定 (IP) 網路 (如 Internet) 傳送語音通信及多媒體會話的方法及技術組。語音通信多媒體 Internet 協定。其他條款與 VoIP 有相關的是：IP 電話、Internet 電話、寬帶電話及寬帶電話服務。

一、5G 網路中片段隔離的端到端方法
(on end-to-end approach for slice isolation in 5G networks)

如圖 3-48 所示說明 5G 在生活中應用。

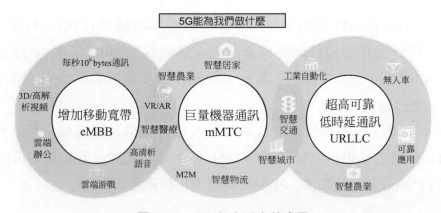

圖 3-48　5G 在生活中的應用

　　網路切片 (network slicing) 是一種特定形式的虛擬化，允許多個邏輯網路在共享物體網路基礎架構之上運行。網路切片概念的主要優點是它提供一個端到端的虛擬網路，不僅包括網路，還包括計算及儲存功能。

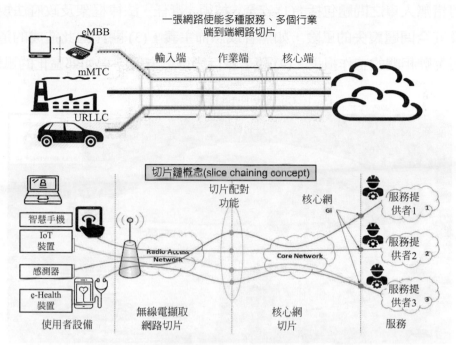

圖 3-49　切片鏈概念 (slice chaining concept)

教學網
1. https://www.youtube.com/watch?v=x5eKXQVBGVo（網路切片支援 5G）
2. https://www.youtube.com/watch?v=pGqqYhgq12c（利用 SDN- 為 5G 網路進行網路切片）
3. https://www.youtube.com/watch?v=tWfPzrvBH20（網路切片與服務功能鏈的重要性）

➤ 3-6-5　基於 5G 的自駕車

　　自駕車 (self-driving car)，也稱機器人汽車 (robot car)，自駕車或無人駕駛汽車 (autonomous car, or driverless car)，是一種能夠感知其環境並且在很少或沒有人類輸入的情況下移動的車輛。

　　自駕車結合各種感測器 (sensor) 來感知周圍環境，如雷達、電腦視覺、雷射雷達、聲納、GPS、測距及慣性測量單元。先進的控制系統解釋感官資訊，以辨識適當的導航路徑，以及障礙物及相關的標誌。

　　自架車的潛在好處包括降低成本、增加安全性、增加流動性、提高客戶滿意度及減少犯罪。安全利益包括減少交通碰撞，造成傷害及相關費用，包括保險費用。預計自駕車好處：(1) 增加交通流量。(2) 為兒童、老年人、身障者及窮人提供更強的機動性。(3) 減輕旅行者的駕駛及航行瑣事。(4) 提高車輛的燃油效率；大大減少對停車位的需求；減少犯罪。(5) 促進交通即服務的商業模型，特別是透過共享經濟。

　　可惜無人車之問題包括：(1) 安全、技術、責任、法律框架及政府法規。(2) 隱私及安全問題喪失的風險，如黑客或恐怖主義。(3) 關注由此造成的道路運輸業與駕駛相關的工作損失。(4) 隨著旅行變得更方便，增加郊區化的風險。

圖 3-50　Chrysler Hybrid 無人車

一、數位技術的本質 (nature of the digital technology)

　　數位技術包括使用數位代碼形式的資訊的所有類型的電子設備及應用程序。此資訊通常是二進制代碼 - 即只能由兩個數位字符串表示的代碼。這些字符通常為 0 及 1。處理及使用數位資訊的設備，包括個人電腦、計算器、汽車、交通燈控制器、光盤播放器、cellular 電話、通信衛星及 4K/8K 電視機。

　　人們感知的大多數資訊本質上是類比的。也就是說，它不斷變化，並且可以為資訊分配無限數量的值。例如，燈泡的亮度從開啟到關閉逐漸變暗可以被認為是類比資訊。可以量化這些無限數量的亮度 (分解成範圍)。若可能的亮度分為兩個範圍，則值 0 及 1 可以保存與燈泡亮度有關的數位資訊。但是，兩個數位中的每一個仍然代表無數個類比值。可以一次又一次地劃分亮度範圍，直到存在數千個值範圍，每個值可以由數值表示。

　　一旦類比資訊被量化為數位資訊，就不可能完全反轉該過程並從相應的數位信號重新建立所有可能的類比信號。這就是大多數類比信號由大量數位資訊級別表示的原因。例如，作為數位資訊儲存在 CD 上的聲音被分解為 65,536 級。CD 播放器將數位資訊轉換為類比資訊，以便揚聲器可將其轉換為 聲波。

　　有些設備使用稱為微處理器的微型電腦處理數位資訊。它執行數位資訊 計算，然後根據結果做出決策。在這樣的設備中，稱為儲存器晶片的電腦晶 片在未被處理的同時儲存數位資訊。軟體由數位資訊形式的指令組成，用於 控制許多使用數位技術的設備的操作順序。

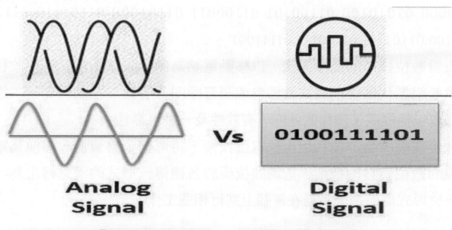

圖 3-51　digital vs. analog 信號之間的差異

數位 (digital)VS. 類比 (analog)

　　數位 (digital) 及類比 (analog) 是二種不同的信號格式，二者通常用於通過 電信號傳輸信息。在這兩種技術中，諸如任何音頻或視頻之類的信息都被轉 換為電信號。類比技術和數位技術之間的區別在於，在類比技術中，信息被 轉換為幅度可變的電脈衝。在數位技術中，信息轉換為二進制格式 (0 或 1)， 其中每個位代表兩個不同的幅度。

　　數位用於數位媒體上，包括電腦檔案、電子信號 (如 *.mp4)，其儲存方 式是以 1 及 0 的格式儲存。

　　類比 (analog) 信號，主要自然界的信號，其格式是以波段 (sine wave) 傳 送的，包括聲音 (如 *.wave) 都是以類比信號傳播。

　　由於類比 signal(如音樂 wave 檔) 無法直接轉為數位 signal(mp3,mp4 檔)， 一般在電腦音樂都以取 sample 的方式，把聲音盡量的轉為數位檔案，因此電 腦音樂會有某程度的失真，只是失真非人耳可識辨出。

（一）什麼是數位技術（digital technology）？

自數位媒體數位技術開始以來，技術的一般概念基本保持不變。數位技術本質上是透過使用稱為二進制代碼的一串資料來破壞建立設備及接收設備之間的消息、信號或通信形式。

普通個體的二進制代碼將顯示為 1 及 0 的範圍，而不是數位資料的形式，但這是在其他機器接收後重新組裝的內容。二進制代碼中的「數位技術」是 '01000100 01101001 01100111 01101001 01110100 01100001 01101100 00100000 01010100 01100101 01100011 01101000 01101110 01101111 01101100 01101111 01100111 01111001'。

查看數位技術的簡單方法，以移動電話為例，該移動電話在接收移動電話上重新組裝代碼之前將文本消息或語音呼叫分解為二進制代碼。二進制代碼的好處包括提高了流程的速度，有效性及一般可靠性。

數位技術，是一種利用現代電腦技術，將傳統資料資源，轉換為電腦能夠辨識的數位資料的技術。透過該技術將各種傳統形式的消息轉化為可辨識的二進位形式從而進一步得在電腦上進行相關工作。

圖 3-52　數位技術（digital technology）

教學網
1. https://www.youtube.com/watch?v=MiowXhyZTtg（未來技術 - 數位世界）
2. https://www.youtube.com/watch?v=ystdF6jN7hc（數位變革）
3. https://www.youtube.com/watch?v=TPbKyD2bAR4（十大戰略技術趨勢）

（二）數位技術的本質

作為數位技術的自主車輛具有某些特徵，使其與其他類型的技術及車輛區別開來。由於這些特性，自動駕駛車輛能夠變得更具變革性並且能夠靈活應對可能的變化。將根據以下主題解釋這些特性：同質化及去耦 (homogenization and decoupling)、連接性 (connectivity)、可重新程式設計及智慧 (eprogrammable and smart)，數位追蹤及模組化 (digital traces and modularity)。

1. **同質化 (homogeneity) 及解耦 (decoupling)**

(1) 同質 (homogeneity) 相反是異質 (heterogeneity)，它係科學與統計學對某種生物組織或物質的均勻性進行描述的概念。若一種材料或圖片具有同質性，則是由同樣的單元堆砌而成的，或者它各部分的特徵 (如顏色、形狀、大小、高度 vs 重量、分布、質地、語言、收入 vs 花費、疾病、溫度 vs 壓力、放射性、架構設計等) 都是相同的。相對的，若一種物質至少一種特徵的分布 (如散布圖) 明顯上下左右不均勻，那麼它就具有異質性 (維基百科 , 2019)。

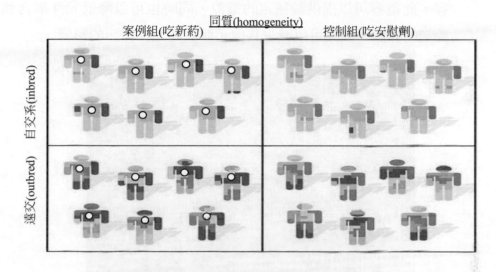

使用同質性做圖像分割和缺陷檢測技術

□ **H value** ：局部(local)同質分析

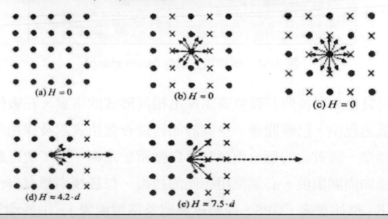

H-index是作家水平度量，試圖同時測量生產力和引文影響力的的出版物一的科學家或學者。該指數基於科學家引用最多的論文集以及他們在其他出版物中所引用的引用次數。該指數還可以應用於學術期刊以及一組科學家（如部門，大學或國家）的生產力和影響力。

圖 3-53　同質 (homogeneity)

(2) 解耦 / 去耦合 (decoupling) 在電子學中是指避免子系統間不期望的耦合。在電子電路中，經常會看到在集成電路的電源引腳附近有一個電解電容器，這個電容器就是去耦合電容器，簡稱去耦電容 (decoupling capacitors)，又稱退耦電容器。例如，將整合的去耦電容連接到積體電路的電源引線附近，旨在抑制經由電源供應的耦合。它們在供電電路的瞬態、高電流需求期間，可向電路提供電流的局部能量小儲存器，旨在防止電源軌上的電壓被瞬時電流負載拉低 (維基百科 ,2019)。又如，去耦電容是電路中裝設在元件的電源端的電容，此電容可以提供較穩定的電源，同時也可以降低元件耦合到電源端的雜訊，間接可以減少其他元件受此元件雜訊的影響。

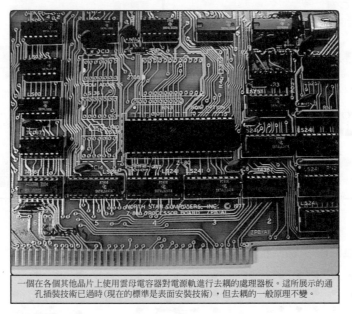

一個在各個其他晶片上使用雲母電容器對電源軌進行去耦的處理器板。這所展示的通孔插裝技術已過時(現在的標準是表面安裝技術)，但去耦的一般原理不變。

圖 3-54　解耦或去耦合 (decoupling)

　　同質化來自於所有數位資訊採用相同形式的事實。在數位時代的不斷發展過程中，已經開發一些關於如何儲存數位資訊及採用何種格式的行業標準。同質化的概念也意味著自動駕駛車輛。為了使自動駕駛車輛能夠感知周圍環境，必須使用不同的技術，每種技術都有自己的伴隨數位資訊 (例如雷達、GPS、運動感測器及電腦視覺)。由於均勻化，來自這些不同技術的數位資訊以同類方式儲存。這意味著所有數位資訊都以相同的形式出現，這意味著它們的差異被解耦，並且數位資訊可以以車輛及其作業系統可以更好地理解及採取行動的方式傳輸、儲存及計算。

同質化也有助於以指數方式提高硬體及軟體的計算能力 (摩爾定律)，這也支持自動駕駛車輛以更具成本效益的方式理解及處理數位資訊，從而降低邊際成本。

2. 連接

連通性意味著某種數位技術的用戶可以輕鬆地與其他用戶，其他應用程序甚至 (其他) 組織連接。在自駕車的情況下，必須與其他 "設備" 連接才能最有效地運行。自主車輛配備有通信系統，其允許它們與其他自動車輛及路邊單元通信，以便為其提供關於道路工程或交通擁堵的資訊。此外，科學家們相信，未來將有電腦程序連接及管理每個單獨的自動駕駛車輛，因為它在交叉路口航行。這種連接必須取代紅綠燈及停車標誌。這些類型的特徵驅動並進一步發展自動車輛理解及與自動車輛市場中的其他產品及服務 (例如交叉路口電腦系統) 協作的能力。這可能導致自動駕駛車輛網路，全部使用該網路上可用的相同網路及資訊。最終，這可以導致使用網路的更多自動駕駛車輛，因為已經透過使用其他自動駕駛車輛來驗證資訊。這種運動將增強網路的價值，稱為網路外部性。

3. 可重程式設計及智慧 (smart)

自駕車的另一個特點是核心產品將更加重視軟體及其可能性，而不是底盤及其引擎。這是因為自動駕駛車輛具有驅動車輛的軟體系統，這意味著透過重新程式設計或編輯軟體的更新可以增強車主的利益 (例如，更新以更好地區分盲人與非盲人，以便車輛將格外小心當接近一個盲人時)。自動駕駛車輛的這種可重新程式設計部分的一個特徵是更新不僅需要來自供應商，還需要透過機器學習 (智慧) 自動駕駛車輛產生某些更新並相應地安裝它們 (例如新的導航地圖或新的交叉路口電腦系統)。這些可重新程式設計的數位技術特性及智慧機器學習的可能性為自駕車製造商提供了在軟體上實作差異化的機會。這也意味著自駕車永遠不會完成，因為產品可以不斷改進。

4. 數位痕跡

自動駕駛車輛配備有不同類型的感測器及雷達。如上所述，這允許它們與來自其他自動駕駛車輛及 / 或路邊單元的電腦連接並互操作。這意味著自動駕駛車輛在連接或互操作時會留下數位軌跡。來自這些數位軌蹟的數據可用於開發新的 (待定) 產品或更新，以增強自動駕駛車輛的駕駛能力或安全性。

5. 模組化

模組 (module) 是指由數個具基礎功能之元件／組件所組成之具特定功能之套件，該套件用以組成具完整功能之系統、裝置或程式；廣用於各軟／硬體領域。

模組常以其功能／用途來命名，例如記憶體模組、散熱模組、VGA 模組、AI 模組等。

模組常具有製程／邏輯，只要變換其組成元件，即可微調其功能／用途之特徵。模組化設計及模組化生產是現今軟硬工業相當重要的手段，使大量生產之產品具客製化、低成本、多樣化之彈性。

傳統車輛及其附帶 (傳統) 技術是作為完整的產品製造的，與自動駕駛車輛不同，它們只有在重新設計或複製時才能得到改進。如上所述，自駕車的生產，但由於其數位特性從未完成。這是因為自動駕駛車輛更加模組化，因為它們由幾個模組組成，這將在下文中透過分層模組化結構進行解釋。分層模組化架構透過將四個鬆散耦合的設備，網路，服務及內容層結合到自動駕駛車輛中，擴展了純物體車輛的架構。這些鬆散耦合的層可以透過互動進行互動

(1) 該架構的第一層由設備層組成。該層由以下兩部分組成：邏輯能力及物體機械。物體機械指的是實際車輛本身 (例如底盤及 carrosserie)。在數位技術方面，物體機械伴隨著作業系統形式的邏輯能力層，有助於引導車輛本身並使其自主。邏輯功能提供對車輛的控制並將其與其他層連接。

(2) 在設備層之上是網路層。該層還包括兩個不同的部分：物體傳輸及邏輯傳輸。物體傳輸層指的是自動車輛的雷達、感測器及電纜，其能夠傳輸數位資訊。除此之外，自動駕駛車輛的網路層還具有邏輯傳輸，其包含通信協定及網路標準，以將數位資訊與其他網路及平台或層之間進行通信。這增加了自動駕駛車輛的可擷取性，並且使得能夠實作網路或平台的計算能力。

(3) 服務層包含為自駕車 (及其所有者) 提供服務的應用程序及其功能，因為它們提取、建立、儲存及消費關於他們自己的駕駛歷史、交通擁堵、道路或停車能力的內容。

(4) 模型的最後一層是內容層。該層包含自動駕駛車輛儲存、提取及使用的聲音、圖像及視頻，以便對其進行操作並改善其對環境的駕駛及理解。內容層還提供有關內容的來源、所有權、版權、編碼方法、內容標籤、地理時間戳等的元數據及目錄資訊 (Yoo 等，2010)。

　　自駕車 (及其他數位技術) 的分層模塊化架構的結果是，它使得產品及 / 或該產品的某些模塊周圍的平台及生態系統的出現及發展成為可能。傳統上，汽車是由傳統製造商開發，製造及維護的。如今，應用程序開發人員及內容建立者可以幫助為消費者開發更全面的產品體驗，從而建立圍繞自駕車產品的平台。

二、自駕車有 5G 才起作用

　　第 5 代無線數據的發展，是迄今最重要的數據網路進步。5G 能將周圍的一切連接到一個網路，該網路提供速度，回應能力及覆蓋範圍，以釋放虛擬現實，人工智慧及 IoT 等技術的全部功能。除了為自駕車提供拼圖的最後一塊之外，5G 還可以即時參與現場音樂會及遊戲。您的手機將成為具有本能，高頻寬連接的超級電腦。

　　在自駕車方面，類比人類反應時間所需的速度及數據處理能力令人難以置信。未來的自駕車將產生大約兩個數據，相當於兩百萬千兆位。為了正確看待這一點，"透過先進的 Wi-Fi 連接，從自駕車轉移數週的數據需要 230 天，這就是為什麼我們需要更快的 ASIC 處理技術及產品。ASIC 是特殊應用積體電路 (application-specific integrated circuit)，是一種特殊用途的 IC。

　　英特爾及高通等主要半導體公司在 ASIC 已有突破，將 5G 頻率的大型可用頻寬與創新的數位無線電及天線架構相結合。更簡單地說，他們正在製造晶片，將汽車變成輪子上的數據中心，從而使自駕車能夠進行現場、複雜、即時的決策。

三、5G 將如何推動自駕車的採用

聯網汽車是配備 Internet 接入的汽車，通常是無線局域網。它不應該與無人駕駛 (也稱為自動駕駛或自動駕駛) 汽車相混淆。雖然無人駕駛汽車必須連接到 Internet 才能運行，並且距離商業現實還有幾年的時間，但聯網汽車不需要自動駕駛並且已經在市場上銷售。本指南將探討近年來互聯汽車的發展方式，它們的功能及未來 5G 成為現即時的儲存內容。

自 70 年代以來，電子系統已經取代了汽車中的機械系統，並且近年來速度迅速提升。車載電子產品大致分為兩類：透過 ABS 或動力轉向等功能輔助駕駛員控制；並控制車內的設備 - 包括從燈、擋風玻璃刮水器及門到娛樂及通訊設備的任何設備。最近我們看到了先進的駕駛員輔助系統 (ADAS)，如自適應巡航控製或停車輔助系統，它們通常是基於攝影頭的，以及用於導航、車輛監控及免提通話等內容的嵌入式遠程資訊處理系統。

車載通信

圖 3-55　車載通信

系統需要能夠彼此即時通信。例如，車輛的速度可以由發動機控制器或車輪旋轉感測器估計，並且需要以適應轉向力，控制懸架或甚至選擇最佳的擋風玻璃刮水器速度。目前的高端汽車可以透過大約 70 個電子控制單元 (ECU) 交換數千個信號。

各種功能在性能、可靠性及可預測性方面可以有不同的需求。很明顯，自動安全氣囊展開是一個比氣候控制更重要的系統，因此必須能夠依靠準確及即時的數據傳輸。因此，今天的車輛具有多個具有不同數據傳輸速度的嵌入式網路，這些網路透過 gateway 互連。

所有這些設備及系統建立的數據已經被用於提供廣泛的服務，例如預測性車輛維護，車隊管理及追蹤道路砂礫。汽車製造商正在使用這些數據來改進他們的產品並降低保修成本。在消費者方面，黑匣子保險可以透過基於從車內設備收集的個人駕駛風格及模型而不是統計數據來降低保費。從道路基礎設施收集的數據被用於監控交通流量或警告潛在問題，例如道路上的車輛緩慢或碎片，以改善交通管理。

小結

隨著移動網路運營商開始在其網路中引入 5G 技術，人們專注於城市地區。5G 技術有望大大提高移動無線網路的容量及數據速度，使網路提供商能夠為設備提供更強大的 Internet 連接。

這將使這些網路提供商能夠滿足城市地區對數據密集型服務 (如流媒體視頻) 不斷增長的需求。5G 更強大的網路功能也有望在自駕車的激增中發揮核心作用，自駕車本身將產生大量數據，並將成為消費數位視頻及其他流媒體服務的平台。隨著 5G 網路在城市中佔據一席之地，它們將有助於實作自動城市乘車服務，包括 Waymo、GM 及 Uber 在內的大多數自駕車運營商都在關注他們的商業化努力。

3-7　IoT 通訊協定 (protocol) 有六種

一、通訊協定 (communications protocol) 是什麼？

網路傳輸協定 (Internet communication protocol) 是 Internet 工程任務組 (IETF) 所制定的。通訊協定 (communications protocol) 即傳輸協定，是指在任何物體媒介中允許 2 個以上終端之間做傳播資訊的系統標準，即電腦通訊或網路裝置之共同語言，旨在定義了通訊中之語法、語意及同步規則、錯誤檢測校正。通訊協定在硬體、軟體或兩者之間皆可實作。

為了大量資訊交換，通訊會使用通用格式 (協定)。讓每條資訊有明確之意義使得預定位置給予回應，並獨立實作回應指定之行為，通訊協定須參與物體都同意才能生效。故為了達成一致，協定須有技術標準 (Wiki, 2019)。

由於最終端連接的「物, things」有很多種，因此很難制定一種統一的規格來適合所有場景的使用，這也是 IoT 系統的難題之一．目前 MQTT、CoAP、AMQP 這類 IoT 標準都努力將終端應用抽象化，整合進入一個固定通訊格式之內。

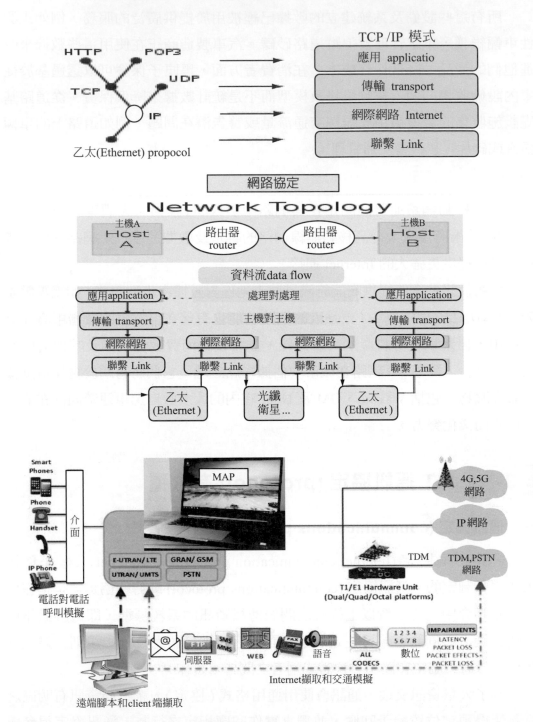

圖 3-56　通訊協定 (communications protocol)

教學網

1. https://www.youtube.com/watch?v=VlKks__Zhl0（電腦網路教程）

2. https://www.youtube.com/watch?v=Al-deBn0ywU（工業自動化通信協定）

3. https://www.youtube.com/watch?v=ISrJ5ojvOgA（協定的基本）

4. https://www.youtube.com/watch?v=JBGaInI-TG4 (Modbus 通信協定如何工作？)

二、IoT 的通訊協定 (communications protocol)

6 種流行且有用的 IoT 協定 (protocols)- 您應該使用哪種 IoT 協定？

IoT 是指日常物品的網路互連，它們具有無處不在的智慧。

IEEE(電氣及電子工程師協會) 及 ETSI(歐洲電信標準協會) 已經定義一些最重要的 IoT 協定，如圖 3-57 所示。

圖 3-57　6 種流行且有用的物聯網協定 - 您應該使用哪種 IoT 協定

IoT 協定

使用現有的 Web 技術是可以建立 IoT 系統，即使它沒有新協定那麼高效。超文本傳輸協定 / 安全 (HTTP / S) 及 WebSockets 是有效載荷中的通用標準，以及可擴展標記語言 (XML) 或 JavaScript 對象表示法 (JSON)。使用標準 Web 瀏覽器 (HTTP 用戶端) 時，JSON 為 Web 開發人員提供一個抽象層，透過保持打開兩個 HTTP 連接，建立一個具有到 Web 伺服器 (HTTP 伺服器) 的持久雙工連接的有狀態 Web 應用程序。

表 3-1　四種 IoT 通訊協定之比較

協定 protocol	CoAP	XMPP	RESTful HTTP	MQTT
傳輸 transport	UDP	TCP	TCP	TCP
資訊傳遞 messaging	Resuest/ Response	publish/ subscribe Resuest/ Response	Resuest/ Response	publish/ subscribe Resuest/ Response
4G,5G 適應性 (1000 nodes)	優	優	優	優
Louvain-la-Neuve 適用性 (1000 nodes)	優	普通	普通	普通
電腦記憶體	10Ks RAM/ Flash	10Ks RAM/ Flash	10Ks RAM/ Flash	10Ks RAM/ Flash
成功故事	公用事業領域 局域網	消費者白色家 電的遠程管理	智慧能源配置 文件 (前提能 源管理，家庭 服務)	將組織消息傳 遞擴展到 IoT 應用程序

1. **超文本傳輸協定 (HyperText Transfer Protocol, HTTP)**

　　HTTP 起初是為了提供發布及接收 HTML 頁面之方法。透過 HTTP 協定請求的資源由 URI (Uniform Resource Identifiers) 來標識，它是一個用於標識某一網際網路資源名稱的字串。URI 的最常見的形式是統一資源定位符 (URL)，經常指定為非正式的網址。

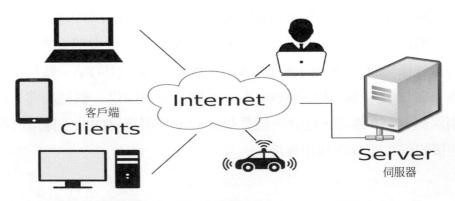

圖 3-58　用戶端 - 伺服器 (client-server) 模型

HTTP 是用於分散式、協同式、超媒體資訊系統的應用層協定。它也是 WWW 資料通訊的基礎。

HTTP 常用於 Web 的用戶端 - 伺服器 (client-server) 模型的基礎。在 IoT 設備中實施 HTTP 的最安全方法是僅包括用戶端，而不是伺服器。換句話說，當 IoT 設備可以啟動與 Web 伺服器的連接，但是無法接收連接請求時更安全，不希望外部電腦擷取安裝 IoT 設備的本地網路。

2. WebSocket

是在單個 TCP 連接上進行全雙工通訊的協定，它使得用戶端及伺服器之間的資料交換變得更加簡單，允許伺服器端主動向用戶端推播資料。瀏覽器及伺服器只需要完成一次交握，兩者之間就直接建立永續性的聯接，進行雙向資料傳輸。

3. 可延伸資訊與存在協定
(extensible messaging and presence protocol, XMPP)

XMPP 是以 XML 為基礎的開放式即時通訊協定，是 Internet 標準。XMPP 因為受 Google Talk 採用而被網友所接納。它源自即時消息及狀態資訊，如今已擴展到語音及視頻調用、協作、內容聯合與 XML 數據的通用路由。常用於消費者家電 (如洗衣機、烘乾機、冰箱等) 上。

XMPP 優勢在於其尋址、安全性及可擴展性。這使它成為消費者導向 IoT 應用的好選擇。

4. Wannabe 通用協定

許多 IoT 專家將 IoT 設備稱為受限制系統，因為他們認為 IoT 設備應盡可能便宜，並使用可用的最小 MCU，同時仍然運行通信堆疊。目前，為 IoT 調整 Internet 是許多全球標準化機構的主要優先事項之一。

若系統不需要 TCP 的功能並且可以使用更有限的 UDP 功能，則刪除 TCP 模塊顯著有助於減小產品總代碼佔用空間的大小。這就是用於無線感測器網路 (WSN) 及約束應用協定 (CoAP) 輕型 Internet 協定的低功耗無線個域網 (6LoWPAN) 的 IP 版本 6(IPv6) 為 IoT 領域帶來的。

5. **CoAP 協定**

受限制的應用協定 (constrained application protocol, CoAP) 是一種專用的 Web 傳輸協定，用於 IoT 中的受限制節點及受限制的網路。該協定專為機器對機器 (M2M) 應用而設計，如智慧能源及大樓自動化。

CoAP 利用 UDP 協定來實作，使用 RESTful 架構，這與 HTTP 協定非常相似，專為基於 HTTP 協定的 IoT 系統而設計。它常用在移動設備及基於社交網路的應用程式。除了傳達 IoT 數據外，還與 DTLS 一起開發了 CoAP，用於安全地交換消息。

6. **消息隊列遙測傳輸 (message queuing telemetry transport, MQTT)**

MQTT 具有頻寬效率，數據無關，並且具有連續的會話感知，因為它使用 TCP。使用 MQTT 的應用程序通常很慢。MQTT 是開放程式協定，針對受限設備及低頻寬、高延遲或不可靠網路而開發及最佳化。它是一種發布 / 訂閱消息傳輸，非常適合在小頻寬又要將小型設備連接到網路上。

Chapter 4

雲端物聯網前三大平台
(cloud IoT platform)

物聯網 (IoT) 正在將當前的技術推向極限，使個人及系統的對象 (object) 能夠連接到 Internet 並與其他對象進行通信。這些對象共同促進了系統的完全自動化，這些系統可透過分析及處理收集的 user 數據來改進自身。

為了更快地開展物聯網開發，能夠建立更好的物聯網設備，並最大限度地減少花在物聯網開發人員工資上的金額，一些物聯網平台已經浮出水面。在本章中，將介紹物聯網開發所需的內容，及物聯網開發人員及產品所有者可用的各種物聯網平台。

4-1 為何需要物聯網雲端平台 (IoT cloud platform)？

物聯網雲端平台 (IoT cloud platform) 將物聯網設備及雲端運算 (cloud computing) 的功能整合到端到端平台上作為服務提供。它們也被其他術語引用，例如 Cloud Service IoT Platform。在這個數十億設備連接到 Internet 的時代，可以看到從這些設備獲取大數據，並透過各種應用有效處理它們的潛力越來越大。

物聯網設備是具有多個感測器的設備，通常透過 gateway 連接到雲端。目前市場上有幾個物聯網雲端平台由不同的服務供應商提供，這些服務供應商擁有廣泛的應用程序。這些還可擴展到使用高級機器學習算法進行預測分析的服務，尤其是在防災及使用邊緣設備數據恢復規劃方面。

一、物聯網平台市場起飛

IoT 雲端平台可建構在通用雲之上，例如來自 Microsoft、Amazon、Google 或 IBM 的通用雲 (generic clouds)。AT & T、Vodafone 及 Verizon 等網路運營商可能會提供自己的物聯網平台，更加註重網路連接。平台可垂直整合，用於特定行業，如石油及天然氣、物流及運輸等。

圖 4-1　物聯網平台市場起飛

教學網

1. https://www.youtube.com/watch?v=BdKL5ah2xrE（前十大 IoT 平台）
2. https://www.youtube.com/watch?v=7kpE44tXQak（雲 IoT 核心 -Google I/O）
3. https://www.youtube.com/watch?v=Wvflr3c6a48（IBM Watson IoT 平台演示）
4. https://www.youtube.com/watch?v=WAp6FHbhYCk（什麼是 AWS IoT ？）
5. https://www.youtube.com/watch?v=vZNwkPe3gyQ（五大 IoT 硬體平台）
6. https://www.youtube.com/watch?v=b6PDEfRyGbs（用 IBM Watson IoT Platform 做什麼）

　　此外，諸如自動駕駛、火災預測、駕駛員 / 老人姿勢 (及因此意識及 / 或健康狀況) 辨識的應用需要快速處理輸入數據及快速動作以實現其目標。一些人提出了利用雲端基礎設施及服務功能的快速流數據分析方法及框架。然而，對於上述物聯網應用，需要在較小規模的平台 (即系統邊緣) 或甚至物聯網設備本身進行快速分析。例如，自動駕駛汽車需要快速決定駕駛行為，例如車道或速度變化。實際上，這種決策應得到對來自多個來源的可能的多模態數據流的快速分析的支持，包括車輛多個感測器 (例如，攝像機、雷達、雷射雷達、速度計、左 / 右信號等)，來自其他車輛及交通物體 (例如交通燈、交通標誌)。在這種情況下，將數據傳輸到雲端伺服器 (cloud server) 進行分析。例如，中華電信 IoT 大平台中有關智慧交通服務方面，交通流量大數據其一搜集方式是，每天搜集手機 user 的位置資料，並排除行人行動的數據 (因行人行動速度慢，故可被認定為非行駛中的交通工具)，以此計算出車流量，得知那個路段容易塞車。並且嚴格即時進行準確辨識，以防止發生致命事故。這些場景意味著物聯網的快速數據分析必須靠近數據源或在數據源處，以消除不必要的及過高的通信延遲。

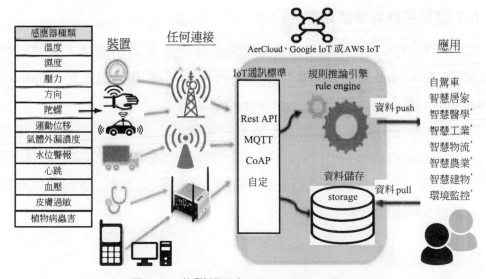

圖 4-2　物聯網平台 (cloud IoT platform)

圖 4-2 圖中：

1. 表現層狀態轉換 (Representational State Transfer, REST)：符合 REST 或 RESTful 這種架構的網路服務，允許用戶端發出以 URI 存取及操作網路資源的請求。在 Internet 計算系統之間，表現層狀態轉換，提供彼此資源可互動的協作性質 (interoperability)。

2. MQTT：MQTT(消息隊列遙測傳輸) 是 ISO 標準 (ISO/IEC PRF 20922) 下發布 / 訂閱的資訊協定。它屬 TCP/IP 協定族，是為硬體性能低的遠程設備與網路狀況很糟情況而設計的協定，因此，它需要一個消息中間件。

3. CoAP：受限制的應用協定 (Constrained Application Protocol, CoAP) 是專用型 Web 傳輸協定，可用於 IoT 中受約束節點 (或受約束的網路)。該協定也為機器對機器 (M2M) 應用而設計，例如智慧居家、智慧能源。

4. 設備與物聯網平台整合時，可使用現成的 MQTT 用戶端連接到 Azure IoT Hub 來避免鎖定，並允許切換到其他 IoT 雲端，如 AerCloud、Google IoT 或 AWS IoT。我們將選擇此選項，因為它也更具挑戰性。其中，IoT Hub 是開發人員建構物聯網應用程序及使用雙向消息傳遞連接，監控及管理數十億邊緣設備的中心區域。它是一種靈活的雲端平台即服務 (PaaS)，支持多種協定 (AMPQ、MQTT 及 HTTP)。若設備不支持這些協定之一，則可使用 Azure IoT 協定 gateway 調整傳入及傳出流量。IoT Hub 還支持眾多開放程式 SDK，包括 .NET、Javascript、Java、C 及 Python。

二、IoT 雲端平台有哪些功能？

在大多數情況下，雲端平台典型功能包括連接及網路管理、設備管理、數據採集 (data acquisition)、處理分析及可視化、應用程序支持 (application enablement)、整合及儲存 (integration and storage)。

開發人員可在 PaaS 上部署，配置及控制他們的應用程序。Prefix 建立在 Microsoft Azure(PaaS) 之上。同樣，MindSphere 建立在 SAP Cloud(PaaS) 之上。西門子的雲端上工業機械催化劑是 SaaS 的一個例子，它是一種即用型應用程序，只需最少的維護。

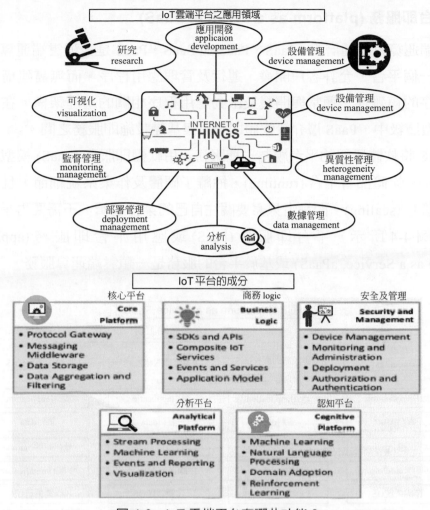

圖 4-3　IoT 雲端平台有哪些功能？

教學網

1. https://www.youtube.com/watch?v=Or1uzno8d20（Google 的 IoT 平台有哪些新功能？）
2. https://www.youtube.com/watch?v=7kcDL5BDe0s（Google CloudIoT 核心技術）
3. https://www.youtube.com/watch?v=WAp6FHbhYCk（什麼是 AWS IoT?）
4. https://www.youtube.com/watch?v=MYp_aERiyew（使用 IBM Watson IoT 建構 IoT 應用）
5. https://www.youtube.com/watch?v=HOAamkyAD2o（如何設置自己的 IoT 雲端伺服器）
6. https://www.youtube.com/watch?v=BdKL5ah2xrE（十大 IoT 平台）
7. https://www.youtube.com/watch?v=I1iz0YlBI84（使用 php,mysql,NodeMCU 建自己 IoT 雲）
8. https://www.youtube.com/watch?v=wL5vXuD-3nw（Kaa IoT 平台簡介）
9. https://www.youtube.com/watch?v=MkW8TU0jcSk（IoT 初學者入門）
10. https://www.youtube.com/watch?v=uiAFW8kpQnU（SAP HCP IOT 服務入門）

三、平台即服務 (platform as a service, PaaS)

雲端運算有三種層次：IaaS、PaaS 與 SaaS。PaaS 是一種雲端運算服務，它提供一個平台，允許客戶開發、運行及管理應用程序，而無需建構及維護應用程序的複雜性。通常與開發及啟動應用程序相關的基礎架構。在雲端運算的典型層級中，PaaS 層介於軟體即服務與基礎設施即服務之間。

PaaS 將軟體研發的平台視為一種服務，用軟體即服務 (SaaS) 模型交付給 user。PaaS 軟體部署平台 (runtime)，抽離了硬體及作業系統細節，且設備可無縫地擴充 (scaling)。開發者只需要關注自己的業務邏輯，不需要再乎底層。

如圖 4-4 所示，平台即服務 (PaaS) 或應用平台即服務 (application platform as a Service, aPaaS) 或基於平台的服務是一類雲端運算服務。

圖 4-4　平台即服務 (platform as a service, PaaS)

PaaS(平台服務)廠商

用戶不需要管理與控制雲基礎設施，包含網路、伺服器、操作系統或儲存，但需要控制上層的應用程式部署與應用代管的環境。 PaaS將軟體研發的平臺做為一種服務，以軟體即服務（SaaS）的模式交付給用戶。

① 　　② 　　③

圖 4-4　平台即服務（platform as a service, PaaS）（續）

四、雲端平台有三種模型 (three models of cloud platforms)

　　雲端運算有三種類型：IaaS、PaaS 及 SaaS。可針對需求來選擇雲端運算類型。也就是說，IoT 雲端可透過三種方式使用：基礎架構即服務 (IaaS)、平台即服務 (PaaS) 或軟體即服務 (SaaS)。PaaS 的例子包括：GE's Predix、Honeywell's Sentience、Siemens's MindSphere、Cumulocity、Bosch IoT 及 Carriots。

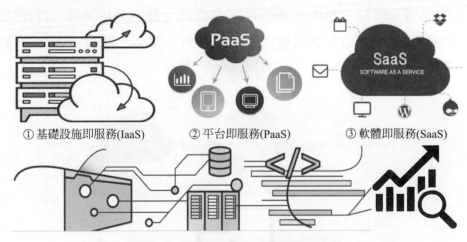

① 基礎設施即服務(IaaS)　② 平台即服務(PaaS)　③ 軟體即服務(SaaS)

圖 4-5　雲端運算有三種主要的模型

　　圖 4-5，雲端運算有三種主要的模型。每個模型各代表雲端運算堆疊 (stack) 的不同部分。

1. 基礎設施即服務 (IaaS)

　　IaaS 包含基本之雲端 IT 建構區塊，且通常能提供聯網功能、電腦或資料儲存空間的存取。IaaS 可提供 IT 資源的最大彈性及最高層級管理控制。IaaS 是一種可透過 Internet 擷取虛擬化計算機資源的服務。您可從第三方獲得完整的基礎架構解決方案，如硬體、軟體、伺服器、儲存及其他東西。

圖 4-6　基礎設施即服務 (IaaS)

2. 平台即服務 (PaaS)

　　PaaS 可無須管理基礎設施 (如硬體、作業系統)，只須專心於應用程式的部署及管理。PaaS 這種雲端平台提供一套工具及服務，旨在快速高效地編寫及部署這些應用程序。意味著可在雲端上開發，運行及管理應用程序。

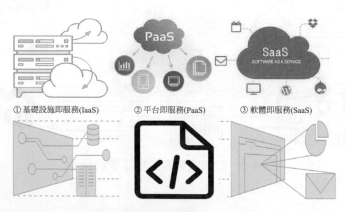

圖 4-7　平台即服務 (PaaS)

3. 軟體即服務 (SaaS)

軟體即服務 (software as a service，SaaS) 即「即需即用軟體」(即「只要要求，即可使用」)，它是一種軟體交付模型：雲端集中式代管軟體及其相關的資料，軟體僅需透過 Internet，而不須透過安裝即可使用。用戶通常使用精簡用戶端經由網頁瀏覽器來存取軟體即服務。

迄今 SaaS 商業應用，包括：會計系統、協同軟體、管理資訊系統、組織資源計劃、開票系統、客戶關係管理、人力資源管理、內容管理等。

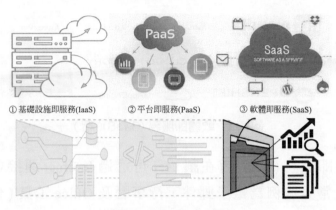

① 基礎設施即服務(IaaS)　　② 平台即服務(PaaS)　　③ 軟體即服務(SaaS)

圖 4-8　軟體即服務

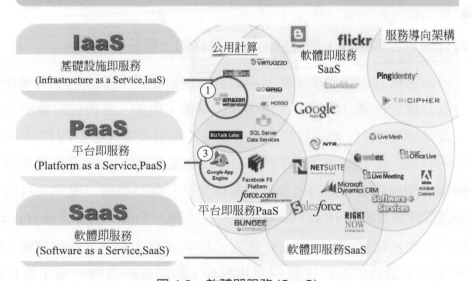

圖 4-9　軟體即服務 (SaaS)

圖 4-9　軟體即服務 (SaaS)(續)

軟體即服務 (SaaS) 旨在讓 user 可透過 Internet 連接並使用雲端應用程式。常見範例為電子郵件、行事曆及 Office 工具 (例如 Microsoft Office 365)。

易言之，應用程序完全在雲端中運行。它可透過雲端交付應用程序，這意味著無需購買、安裝及維護自己的軟體。軟體從中央位置進行管理，只需為使用的內容付費。

五、為什麼平台即服務，需要成為雲端戰略的一部分？

1. 平台即服務 (PaaS) 是廣泛的雲端戰略的關鍵要素。PaaS 解決方案在總體控制及簡化部署之間提供一組不同的權衡。例如，在傳統的應用程序開發及部署模型中，應用程序所有者定義、配置及管理必需的 IT 基礎架構的所有層：從伺服器及儲存到資料庫及作業系統。PaaS 讓作業系統及硬體基礎架構是虛擬化的，並且該基礎架構 "作為服務" 提供。目前有許多基礎架構即服務 (IaaS) 解決方案，包括 IBM SmartCloud Enterprise。

2. 另一方面是軟體即服務 (SaaS) 解答，其中 IBM 也是著名的供應商。SaaS 解決方案透過雲端提供整個應用程序 (例如基於雲端的電子郵件或分析)，而應用程序的消費者僅透過某種類型的基於訂閱的定價模型來支付使用費。

PaaS 適合哪些地方？PaaS 技術填補基本 IaaS 基礎架構及完整 SaaS 堆棧之間的空白。它允許應用程序所有者仍然擁有及部署他們的應用程序，而不必擔心管理下面的 IT 依賴項。例如，若您是 Java 開發人員，則不必擔心安裝、修補、配置、監視、負載平衡及通常管理中間件及運行時環境。可根據雲端平台的規範建立 Java 應用程序並將其部署到雲端中。

為什麼這很重要？良好的 PaaS 基礎架構推動了這一進程，使 IT 能夠為組織帶來更多的業務靈活性。建立「天生的 PaaS」應用程序可提供更大的「價值實現時間 (TTV)」，因為該應用程序不僅可更快地建立，而且可更快地部署。PaaS 解決方案可減少基礎架構中行動部件的數量(需要一起測試的獨特層及組件)。標準化、高度可擴展、自我管理的交付平台都是應用程序開發人員及組織應用程序部署的巨大優勢。

六、雲在哪裡適應 IoT 的整體架構？

通常，有兩種 IoT 軟體架構：

1. 以雲端為中心 (cloud-centric)：來自感測器等 IoT 設備的數據流式傳輸到數據中心，使用來自一個或多個來源的即時及過去數據執行所有執行分析及決策的應用程序。雲端中的伺服器也控制邊緣設備。

2. 以設備為中心 (device-centric)：所有數據都在設備 (感測器節點、行動設備、邊緣 gateway) 中處理，只與雲端進行一些最小的互動，以進行韌體更新或配置。在這種情況下使用諸如 Edge Computing 及 Fog Computing 之類的術語。

今天，對於 IoT 雲端平台，目標是跨雲端及設備擴展分析及數據處理，無縫地利用每端的資源。總的來說，我們開始看到轉向利用雲端運算及服務功能來更好地管理 IoT 設備。從 Google Trends 亦可看出這一點也很明顯，與單純的 IoT 相比，雲端運算的興趣越來越濃厚。

七、IoT 雲端平台與傳統雲端基礎架構有何不同？

傳統的雲基礎架構側重於雲端運算模型，其中共享的硬體及軟體資源池可用於按需擷取，以便以最小的努力輕鬆快速地配置及發布。IoT 雲端平台將此功能擴展到更加以用戶為中心的資源，從而增加數據及設備的數量及規模。雲端平台服務不僅可處理來自更廣泛的 IoT 設備的大數據，還可提供一種以高效方式配置及管理每個數據的智慧方法。這還包括 IoT 設備的細粒度控制、配置及管理。

　　IoT 雲端平台差異化之一是引擎能夠大規模擴展，以處理由各種設備及應用程序生成的大量數據的即時事件處理。IoT 雲端平台的供應商通常與多方合作，例如硬體供應商 (用於雲端服務及 IoT 設備)、電信供應商、軟體服務供應商及系統整合商，以建構平台。

八、Application Enablement Platform(AEP) 的確切含義是什麼？

　　「應用程序支持 (application enablement)」是一種將電信網路供應商及開發人員結合在一起的方法，將他們的網路及 Web 能力結合起來，建立及提供高需求的高級服務及新的智慧應用程序。除了頻寬之外，網路供應商還提供諸如計費、位置、在線狀態及安全性等功能，這使他們能夠與最終用戶建立長期關係。透過提供這些選擇功能作為應用程序程式設計介面 (API)，提供開發人員可擷取一組工具來建立 (mashup) 在供應商網路上運行的新應用程序及服務。統合供應商及開發商的優勢將有助於建立混搭應用程序，反過來，更好的最終用戶體驗品質 (QoE)，以提高利潤率。

　　Apple 的 iOS 與 App Store 及 Google 的 Android 與 Android Market 都是這種方式的例證。兩者都引入了由綜合生態 (comprehensive ecosystem) 系統支持的行動平台，以使產品設計，內容及服務產品及整體消費者行為的創新永久化。截至 2010 年，iPhone 的可下載應用程序數量超過 200,000，Android 數量超過 50,000。

　　由於 IoT 的世界是多種多樣的：許多硬體平台、許多通信技術、許多數據格式、許多垂直等。AEP 是一個迎合這種多樣性的平台，提供基本功能，開發人員可從中建構完整的端到端 IoT 解決方案。例如，AEP 可能提供位置追蹤功能，而不是更嚴格的車隊追蹤功能。前者更通用，因此可用於許多用例。

　　AEP 可在不犧牲定制及產品差異化的前提下加快產品上市速度。缺點是 AEP 的用戶必須具備開發解決方案的技能。解答也可能受供應商鎖定的影響。

　　使用 AEP，應用程序開發人員需要擔心擴展。AEP 將負責通信，數據儲存、管理、應用程序建構及支持，用戶介面安全性及分析。在選擇 AEP 時，開發人員應考慮開發人員可用性，包括良好的文檔及模組化架構、靈活及可擴展的部署、良好的運營能力，以及成熟的伙伴關係戰略及生態系統。

　　AEP 的例子包括 ThingWorx Foundation Core、Aeris'AerCloud、deviceWISEIoTPlatform。

4-2 什麼是平台 (platform)

不同領域而言,其「平台(platform)」意義就不同,如下所述(Wiki,2019)。

一、科技、技術之平台

常見平台的類型有:

1. 系統平台:可讓應用程式運行的框架。

2. 汽車平台:一系列在不同汽車型號間通用的零部件。

3. 平台技術:讓產品及製作過程被創造並得以存續的科學技術。

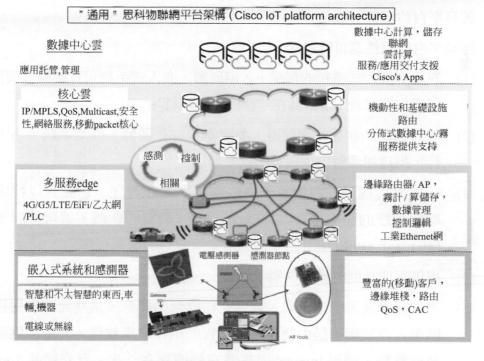

圖 4-10 「通用」思科物聯網平台架構 (Cisco IoT platform architecture)

教學網

1. https://www.youtube.com/watch?v=FRxRT0DjE7A (物聯網架構)
2. https://www.youtube.com/watch?v=EcWhxb77Gug (初學者 IoT 架構)
3. https://www.youtube.com/watch?v=TWd5arIwRXs (物聯網架構)

二、運算平台 (computing platform)

運算平台 (或數位平台) 是執行一個軟體的環境。它可以是硬體或作業系統 (OS)，甚至是 Web 瀏覽器及相關的應用程序程式設計介面，或其他底層軟體，只要程序程式碼隨之執行即可。運算平台具有不同的抽象級別，包括計算機體系結構、OS 或運行時庫。運算平台是計算機程序可運行的階段。

可將平台看作是對軟體開發過程的約束，因為不同的平台提供不同的功能及限制；並且作為對開發過程的幫助，因為它們提供現成的低級功能。例如，作業系統 (OS) 可是抽象硬體中的底層差異，並提供用於保存文件或擷取網路的通用命令的平台。

1. 運算平台的組件 (components)

運算平台的組件還可能包括：

(1) 在小型嵌入式系統的情況下，僅硬體。嵌入式系統可直接擷取硬體，無需作業系統；這稱為在 "裸機" 上運行。

(2) 基於網路的軟體的瀏覽器。瀏覽器本身在硬體 + 作業系統平台上運行，但這與瀏覽器中運行的軟體無關。

(3) 一種應用程序，例如電子表格或文字處理程序，它託管以特定於應用程序的腳本語言 (如 Excel 巨集) 編寫的軟體。這可擴展到以 Microsoft Office 套件為平台編寫完全成熟的應用程序。

(4) 提供現成功能的軟體框架。

(5) 雲端運算及平台即服務。擴展軟體框架的概念，這些允許應用程序開發人員使用不是由開發人員託管的組件建構軟體，而是由供應商建構軟體，透過 Internet 通信將它們連接在一起。社交網站 Twitter 及 Facebook 也被認為是開發平台。

(6) 虛擬機 (VM)，例如 Java 虛擬機或 NET CLR。應用程序被編譯成類似於機器代碼的格式，稱為字節碼，然後由 VM 執行。

(7) 完整系統的虛擬化版本，包括虛擬化硬體、作業系統、軟體及儲存。例如，這些允許典型的 Windows 程序在物體上是 Mac 上運行。

(8) 一些架構具有多個層,每個層充當其上方的層的平台。通常,組件只需要適應其正下方的層。例如,必須編寫 Java 程序以使用 Java 虛擬機 (JVM) 及相關庫作為平台,但不必適合運行 Windows,Linux 或 Macintosh OS 平台。但是,JVM(應用程序下面的層) 必須為每個作業系統單獨建構。

2. **運算平台的作業系統 (operating system)**

作業系統 (operating system, OS) 旨在提供 user 的操作介面,也是管理電腦硬體與軟體資源的系統軟體,更是電腦系統的核心。常見 OS 處理有:管理與組態記憶體、控制輸入與輸出裝置、決定系統資源供需的優先權、網路操作、管理檔案系統等事務。

OS 有多種型態,不同機器的 OS 有簡單至複雜型,有行動電話的嵌入型系統到超級電腦的大型 OS。

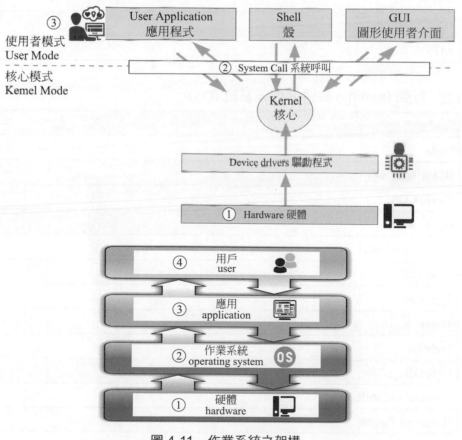

圖 4-11 作業系統之架構

(1)　桌上機 (desktop)、筆記本電腦 (laptop)、伺服器 (server) 之作業系統 (OS)

AmigaOS, AmigaOS 4
FreeBSD, NetBSD, OpenBSD
IBM i
Linux
Microsoft Windows
OpenVMS
Classic Mac OS
macOS
OS/2
Solaris
Tru64 UNIX
VM
QNX
z/OS

(2)　行動 (mobile) 裝置之作業系統 (OS)

Android
Bada
BlackBerry OS
Firefox OS
iOS
Embedded Linux
Palm OS
Symbian
Tizen
WebOS
LuneOS
Windows Mobile
Windows Phone

3. **運算平台的軟體框架 (software frameworks)**

Binary Runtime Environment for Wireless (BREW) Cocoa Cocoa Touch
通用語言基礎架構 (common language infrastructure,CLI)： 　Mono 　.NET Framework 　Silverlight Flash 　AIR GNU
Java 平台： 　Java ME 　Java SE 　Java EE 　JavaFX 　JavaFX Mobile LiveCode Microsoft XNA Mozilla Prism, XUL and XULRunner Open Web Platform Oracle Database Qt SAP NetWeaver Shockwave Smartface
通用 Windows 平台： 　Windows Runtime Vexi

4. **運算平台的硬體例子 (hardware examples)**

(1) 商品計算平台

商品計算涉及使用大量已經可用的計算組件進行並行計算，以便以低成本獲得最大量的有用計算。它是在商品計算機中完成的計算，而不是高成本的超級計算機或精品計算機。商品計算機是由多個供應商製造的計算機系統：包含基於開放標準的組件。據說這種系統基於商品組件，因為標準化過程促進供應商產品之間的較低成本及較少差異化。標準化及降低的差異化降低任何給定供應商的轉換或退出成本，增加購買者的槓桿率並防止鎖定。商品計算的一個主要原則是，與更少的高性能、高成本硬體專案相比，最好使用更多低性能、低成本的硬體並行工作。在某些時候，群集中離散系統的數量將大於任何硬體平台的平均故障間隔時間 (MTBF)，無論多麼可靠，因此必須在控制軟體中內置容錯。購買應針對每單位性能成本進行最佳化，而不僅僅是以每 CPU 的絕對性能為代價進行最佳化。

① Wintel，即 Intel x86 或與 Windows 作業系統兼容的個人計算機硬體。

② Macintosh，自定義 Apple Inc. 硬體及 Classic Mac OS 及 macOS 作業系統，最初基於 68k，然後基於 PowerPC，現在遷移到 x86。

③ 基於 ARM 架構的行動設備。

iPhone 智慧手機及運行 iOS 的 iPad 平板電腦設備，也來自 Apple。

Gumstix 或 Raspberry Pi 全功能微型計算機與 Linux。

Newton 設備運行牛頓作業系統，也來自 Apple。

④ x86 與類 Unix 系統，如 Linux 或 BSD 變體。

⑤ 基於 S-100 bus 的 CP／M 計算機，可能是最早的 microcomputer 平台。

(2) 基於 RISC 處理器的機器運行 Unix 變體

精簡指令集計算機或 RISC 是指令集架構 (ISA) 允許其具有比複雜指令集計算機 (CISC) 更少的每指令周期數 (CPI) 的指令集計算機。關於 RISC 的精確定義已經提出各種建議，但是一般概念是這樣的計算機具有一小組簡單及通用指令，而不是大量複雜及專用指令。出於這個原因，RISC 有時被賦予 "編譯器的有趣的東西"。另一種常見的 RISC 特性是它們的載入／儲存架構，其中透過特定指令而不是作為大多數指令的一部分來擷取儲存器。

① 運行 Solaris 或 illumos 作業系統的 SPARC 體系結構計算機。

② DEC Alpha 集群運行 OpenVMS 或 Tru64 UNIX。

其中，安謀 ARM 是以 Pelion 平台實現共同管理。

由於工業 4.0 設備升級及工廠轉型的推波助瀾，改變人們的工作方式。例如，嵌入式行動晶片的霸主：安謀 (ARM) 曾為 IoT 建造一個 Pelion 平台，實現跨越全設備的連通性及管理性的物聯網解決方案。此 Pelion 平台，專為混合環境，提供 IoT 連接、設備及資料管理的平台。

Pelion 平台的特色有：(1) 連接管理：支援任何設備、區域或用例的一系列無線連接標準，包括啟用 eSIM 安全標識。(2) 設備管理：為任何系統提供安全且一致的 IoT 設備配置、身分、瀏覽管理、韌體更新。(3) 資料管理：協力廠商資料在內，從單個設備到組織範圍的大數據，產生可靠資料以利資料分析。

二、IoT 雲端服務的趨勢

雲端運算 (cloud computing)，是一種基於 Internet 的運算方式，透過這種方式，共用的軟硬體資源及資訊可按需求提供給電腦各種終端及其他裝置。

圖 4-12 顯示，坊間 51.8% 開發人員將 AWS 列為其物聯網雲端平台，其次是 Microsoft Azure 的 31.2%。Google 雲端平台為 18.79%。其中，AWS IoT，從雲端到邊緣運算，它整合 AI 和機器學習來建置智慧 IoT 解決方案。

亞馬遜網路服務及微軟 Azure 正在擴大其作為物聯網平台的集體領導地位，因為 Google 雲端平台失去一些市佔率。

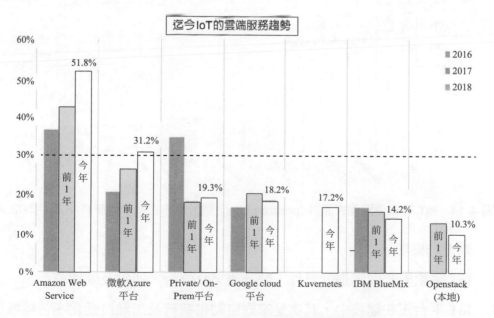

圖 4-12　物聯網 2016-2018 的雲端服務趨勢

　　圖 4-13 中，雲端平台問題圍繞組織是否正在使用或計劃使用特定的雲端平台。其中，最值得注意的專案是 GE Predix 如何脫穎而出。2017 年，GE Predix 用於 IoT 部署的 5.17%，但今天，使用 GE Predix 比例只剩 2.1%。

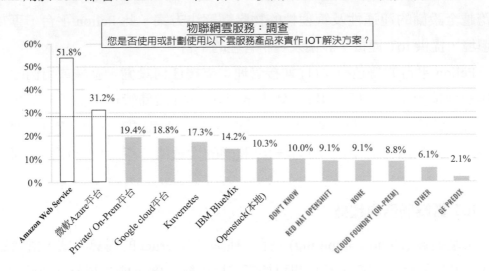

圖 4-13　物聯網雲端服務：調查

　　圖 4-14 中，共調查 502 參與 IoT 專案人員，它揭示 IoT 開發人員希望做什麼？收集哪些數據及當下最流行的工具是什麼？

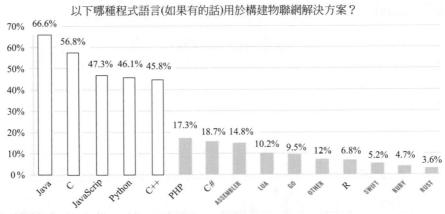

圖 4-14　IoT 專案使用程式設計 (programming) 語言之市占率（調查 IT 人員共 502 人）

調查結果顯示：

1. IoT 最重要的問題是安全性、數據收集及分析、連接及硬體整合。

2. IoT 平台正在建設中，其次是家庭自動化系統及工業自動化。智慧城市、能源管理及農業進入前 6 名。

3.　Raspbian、Ubuntu 及 Debian 都是頂級 IoT 作業系統。在 IoT 設備中，71.8% 的受訪者使用 Linux 作業系統。

4.　Java 是 IoT 中首選的程式設計 (programming) 語言。IoT 程式設計語言不應該是花哨的，所以在許多情況下這意味著傳統的方法。「對於 IoT 的新程式設計語言來說，沒有令人信服的理由。

(一)Java 語言是什麼？

Java 是個簡單、物件導向、分散式、解釋性、健壯、安全與系統無關、可移植、高效能、多執行緒及動態的語言。它擁有跨平台、物件導向、泛型程式設計的特性，廣應用於組織級 Web 應用開發及行動應用開發。

Java 程式語言的形態與近 C++ 語言相似，二者都是物件導向技術的核心，捨棄了容易引起錯誤的指標 (pointer)，以參照取代；增加垃圾回收器等功能。

(二)MySQL 資料庫仍是 IoT 的主流

圖 4-15 顯示，MySQL 是當今 IoT 最主流的物聯網資料庫。MySQL 原本是一個開放原始碼的關聯式資料庫管理系統，MySQL 是 Oracle 旗下產品。

MySQL 具有：效能高、成本低、可靠性好，迄今已成為最流行的開放程式資料庫，因此被廣泛地應用在 Internet 上的中小型網站中。採用 MySQL 的網站有：Google、維基百科、Facebook 等網站。非常流行的開放程式軟體組合 LAMP 中的「M」指的就是 MySQL。

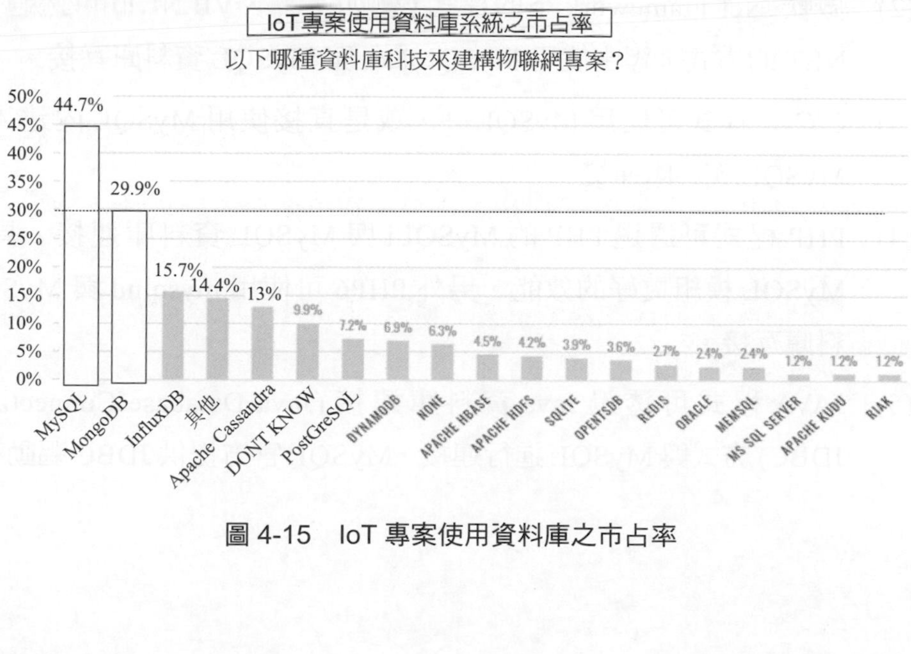

IoT 專案使用資料庫系統之市占率

以下哪種資料庫科技來建構物聯網專案？

圖 4-15　IoT 專案使用資料庫之市占率

1. **MySQL 應用**

　　與其他的資料庫 (如 IBM DB2、Oracle、MS SQL) 相比，MySQL 自有缺陷：如規模小、功能有限等，但這並未減損它受歡迎的程度。因為對於一般 user 或中小型組織的最愛，因為 MySQL 是開放原始碼軟體。

2. **MySQL 管理 (Wiki.MySQL, 2019)**

(1) 可使用命令列工具管理 MySQL 資料庫 (命令 mysql 及 mysqladmin)，也可從 MySQL 的網站下載圖形管理工具 MySQL Workbench

(2) Navicat 導航貓 (為 MySQL) 是專為 MySQL 設計的強大資料庫管理及開發工具。它亦可用於任何廠牌的 MySQL 資料庫，並支援大部份 MySQL 的功能，包括觸發器、索引、檢視等。

(3) phpMyAdmin 是用 PHP 指令寫成 MySQL 資料庫系統管理程式，讓管理者可用 Web 介面管理 MySQL 資料庫。

(4) phpMyBackupPro 也是由 PHP 寫成的，可透過 Web 介面建立及管理資料庫。

3. **連接方式 (Wiki.MySQL, 2019)**

(1) 應用程式可透過 ODBC(Open Database Connectivity，開放資料庫互連) 或 ADO 技術，將 MyODBC 與 MySQL 資料庫互接。

(2) 微軟 .Net Framework 下的程式 (例如：C#、VB.NET) 可透過 ADO.NET 的方式，經由使用 MySQL.Net 與 MySQL 資料庫互接。

(3) C/C++ 程式可使用 MySQL++，或是直接使用 MySQL 內建 API 與 MySQL 資料庫連接。

(4) PHP 程式可透過 PHP 的 MySQLi 與 MySQL 資料庫連接，具備比 MySQL 模組更好的效能。另外 PHP6 可使用 mysqlnd 與 MySQL 資料庫互接。

(5) JAVA 程式可透過 Java 資料庫連接 (Java Database Connectivity，JDBC) 方式與 MySQL 進行連接，MySQL 官方提供 JDBC 驅動程式。

(6) 可透過 MySQLuser 端軟體與 MySQL 進行互接，如 mysqlfront、mysqlyog、mysqlbrowser 等。

(7) fibjs 是一個主要為 web 後端開發而設計的應用伺服器開發框架，它建立在 Google v8 JavaScript 引擎基礎上，並且選擇和傳統的 callback 不同的併發解決方案。fibjs 利用 fiber 在框架層隔離非同步調用帶來的業務複雜性，極大降低開發難度，並減少因為用戶空間頻繁非同步處理帶來的性能問題。javascript 可透過使用 fibjs 的內建 mysql 模組與 MySQL 資料庫互接。

4-3 著名的物聯網平台 (platform)

雲端平台是一種平台，允許開發人員編寫在雲端中運行的應用程序，允許用戶擷取數據、服務及應用程序，透過 Internet 儲存，並允許他們在任何地方工作。常見，IoT 平台的益處包括：

1. 降低成本：雲端平台消除建構 IT 工作環境所需的自有硬體、軟體、許可證、伺服器及其他基礎架構的需求，從而最終降低成本。

2. 生產力：因為不需要硬體、軟體及當地伺服器，這意味著不需要聘請專家來維護，這有助於在兩個方面首先節省成本，其次專業人員可專注於其他的東西。

3. 可用性：雲端平台允許隨時隨地在任何設備上進行存取。

4. 可擴展性：雲端平台的最佳之處在於無需擔心高流量或流量突然增長，因為雲端平台會自動提供此類情況下所需的盡可能多的伺服器。

5. 可負擔性：正如上面提到的雲端平台的可擴展性，其中服務供應商根據情況允許伺服器，但它不會花費太多，因為它不會迫使透過在流量時自動減少伺服器數量，來支付不必要的伺服器使用費用下去。只需在服務供應商分配額外伺服器的那段時間內付費。

6. 遷移：雲端平台還允許用戶完全從一個服務供應商遷移到另一個服務供應商，而不會丟失數據。

圖 4-16　物聯網前三大平台：Azure、AWS 與 GCP

➤ 4-3-1　IoT 平台有 4 類型

一、物聯網平台有 4 類型 (企業網 , 2019)

1.　端到端 IoT 平台 (End-to-end IoT Platforms)

　　　端到端平台，包含開發和維護連接的解決方案所需的全部資源，包括硬體、軟體、連接協定、安全管理系統、開發工具、更新、託管的集成 API 等，它還提供所需的所有託管整合：OTA 韌體更新、設備管理、雲端連接、蜂窩調製解調器等 - 在線連接及監控一系列設備。

　　例子：Particle(https://www.particle.io/)

2.　連接管理平台 (Connectivity Management Platforms)

　　　CMP 平台透過 Wi-Fi 或蜂窩技術提供功耗低及成本低的連接管理解決方案。它可是連接硬體、蜂窩網路及數據路由功能。

　　例子：Mulesoft、Hologram、Sigfox

3.　IoT 雲端平台 (IoT Cloud Platforms)

　　　雲端平台旨在消除自己複雜網路堆棧的複雜性，並提供後端服務來監控及處理數百萬個同步設備連接。

　　例子：Google Cloud IoT、Salesforce Cloud IoT

4.　數據平台 (Data Platform)

　　　坊間常見的 Clearblade、Azure、ThingSpeak 平台。每種類型的 IoT 平台都以某種方式處理數據。但這些 IoT 數據平台都會結合路由設備數據及管理 / 可視化數據分析所需的工具。

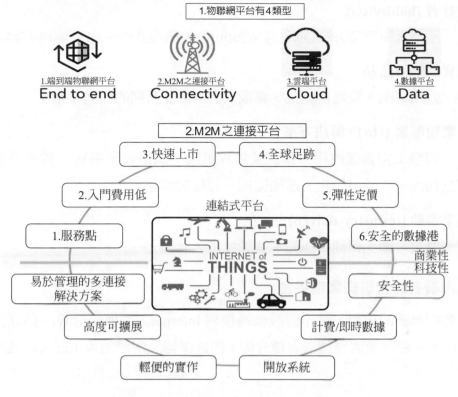

圖 4-17 物聯網平台有 4 類型（企業網 ,2019）

二、物聯網平台垂直 (IOT platform verticals) 有 4 類型

當然，將這些物聯網平台歸類為單一類別可能只是簡單地呈現它。所有這些平台都傾向於提供更多解決方案，而且不能分解為單一類別。所以需要檢查他們提供什麼，及他們提供給誰。

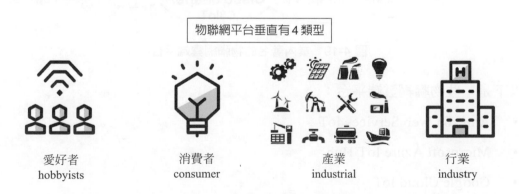

圖 4-18 物聯網平台垂直有 4 類型

1. **愛好者 (hobbyists)**

   原型解決方案 (prototyping solutions)、開發套件、DIY 解決方案。

2. **消費類電子產品**

   公用事業、家庭自動化、穿戴式與 Alexa 有關的任何事情。

3. **工業物聯網 (IIoT) 解決方案**

   智慧工廠倉儲應用、預測及遠程維護、工業安全系統、資產追蹤及智慧物流、能源最佳化、運輸監控、連接物流。

4. **工業帶動 (industry-driven)**

   農業、衛生保健、運輸、智慧城市、能源。

三、業內著名的物聯網雲端平台

隨著物聯網的出現，數十億設備連接到 Internet，不僅是計算、儲存及運行應用程序，還需要處理透過各種介面 (如感測器及用戶輸入) 進入系統的大量數據。

圖 4-19　業內著名的物聯網雲端平台

以下是一些物聯網雲端平台：

- Amazon Web Services IoT

- Microsoft Azure IoT Hub

- Google Cloud IoT

- SAP Cloud Platform for the Internet of Things

- IBM Watson IoT Platform

- Oracle Integrated Cloud for IoT

- Cisco Jasper Control Center

- PTC ThingWorx Industrial IoT Platform

- Salesforce IoT

- Xively

- Carriots

➤ 4-3-2 如何選擇合適的 IoT 平台 (platforms)： 前 20 名 IoT 雲端平台

在快速增長的 AI 市場中，IoT、AI、數據分析、網路行動應用託管等當今技術的計算量都很大。迄今，在 IoT 雲端平台的幫助下，任何人都可以在 PnP 或即插即用的基礎上，利用 Internet 獲得可擴展計算能力的優勢。IoT 雲端平台讓組織免於投資 / 維護昂貴基礎架構或物聯網架構，如今這已經成為一種大受人們歡迎的解決方案。

迄今，全球仍沒有達成大家共識的 IoT 架構協定。不同研究者各自提出不同的架構。其中，三層及五層 IoT 架構是最佳的物聯網架構。還有兩種名為 Cloud and Fog 的物聯網架構系統。

各式裝備　　Wi-Fi或行動連接　　物聯網設備雲　　Apps和第三方服務

圖 4-20　IoT 架構 (architecture)

坊間已有許多平台公司為應用程序的管理、開發及運營提供物聯網雲端平台。在雲端服務及物聯網架構時代，物聯網雲端平台極為重要。當今頂尖的物聯網雲端平台，有下列 10 種 (v8en.com, 2019)：

1. 亞馬遜網路服務物聯網核心 (Amazon Web Service IoT Core)

　　AWS(亞馬遜網路服務)雲端平台,這些雲端平台有提供數據分析、儲存等服務。

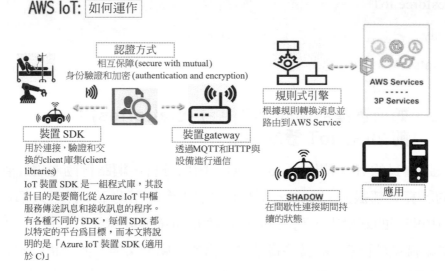

圖 4-21　Amazon 網路服務物聯網 (Amazon Web Service)+ cloud platforms

　　AWS 市佔率為 35%,廣受公司、政府及個人歡迎。AWS 允許訂戶從基於其必需品的計算機的完整虛擬集群中受益。整個服務可透過 Internet 來啟用。

　　坊間雲端平台中,AWS 被認為是最靈活、最強大的解決方案。AWS 的虛擬雲端平台具有計算機的幾乎所有屬性,包括硬體、預加載的應用程序、資料庫、作業系統等。

2. Google Cloud Platform(GCP)

　　Google Cloud Platform 的雲端運算平台,提供服務之功能有:儲存、網路、機器、物聯網、機器學習、雲端安全、管理及開發工具。它提供的儲存是一種極其動態的儲存解決方案,同時支持 NoSQL (雲端數據儲存) 及 SQL (雲端 SQL) 資料庫儲存。

　　雲端平台的所有這些服務都可以透過專用網路的公共 Internet 進行聯繫。基本上,對於託管數據工作負載,IaaS 或 Google Compute Engine 為其用戶提供虛擬機實例。platform-as-a-Service 是為軟體開發人員提供進入「按需託管」及 SDK 或軟體開發工具包的機會,旨在開發可在 app 引擎上運行的應用程序。

圖 4-22　Google 雲端平台 (cloud platform)

3. IBM Bluemix 雲端平台

IBM Bluemix 是雲端運算解決方案，基本上，它與 PaaS 及 IaaS 一起提供，即平台與基礎架構或物聯網架構可一起服務。

IBM Bluemix 雲端平台可以輕鬆部署並存取虛擬化，透過 Internet 來計算電源、網路及儲存。並滿足組織需求的私人、公共或混合模式。

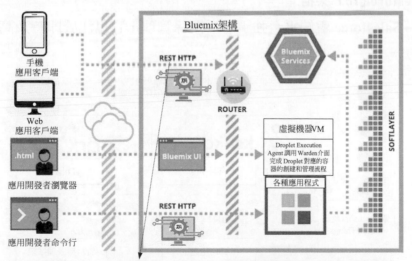

代表性狀態轉移(REpresentational State Transfer,REST)是一種軟體系結構樣式，它定義了一組用於創建Web服務的約束。符合REST體系結構樣式的Web服務(RESTful Web服務)提供Internet上計算機系統之間的互操作性。RESTful Web服務允許請求系統通過使用統一且預定義的無狀態操作集來存取和操縱Web資源的文本表示。其他類型的Web服務(例如SOAP Web服務)公開其自己的任意操作集。

圖 4-23　IBM Bluemix

這些 IoT 雲端平台的 PaaS 是開源 IoT 平台。開發人員可以利用這些物聯網雲端平台的服務來為內部部署及公共雲環境建立、運行、管理及部署可伸縮應用程序。

4. **Alibaba 物聯網架構**

Alibaba 是中國電子商務巨頭。它的工作方式與亞馬遜完全相同。它提供所有關鍵的雲端服務，如託管、objects 儲存、彈性計算、關係資料庫 (SQL)、大數據分析 (Hadoop)、AI、機器學習及 NoSQL 資料庫 (借助 Table Store)。

5. **Microsoft Azure IoT 中心**

微軟擁有機器學習 (ML)、雲端儲存、物聯網服務及物聯網設備，該公司還改進自己的作業系統。這使我們知道它們旨在為我們提供整個物聯網解決方案提供商。

6. **Oracle 物聯網架構**

Oracle 是物流及製造業務最佳雲端平台之一。Oracle 的個月使用費用是根據設備數量計算。

7. **Salesforce IoT 架構**

Salesforce 雲端平台強調客戶關係管理，它專注於即時及高速決策的想法。

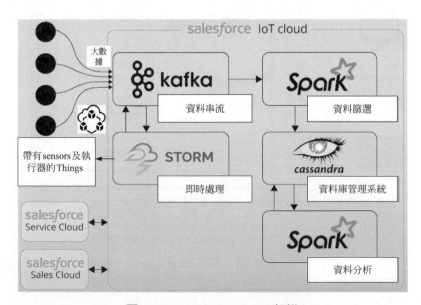

圖 4-24　Salesforce IoT 架構

8. **SAP 物聯網平台**

SAP 是最佳物聯網雲端平台之一。SAP 雲端平台現已有：大數據、AI、機器學習及物聯網的功能。SAP的定價分三種等級：中型組織、組織、開發人員。

9. **Bosch 物聯網**

德國 Bosch 的物聯網雲端服務，基本重點是效率及安全性。Bosch 的物聯網雲端平台非常靈活，它們基於開源及開放標準。

10. **Cisco 物聯網雲端連接**

Cisco 是 IT 的全球領先者。Cisco 相信未來的機會取決於雲端，因此開發 "基於行動雲端的軟體套件"。

➤ 4-3-3 物聯網三大平台：Azure、AWS 與 GCP 的試用

IoT 開發的最簡單、最快捷的方法，是使用以下三種最流行的平台：

1. **Microsoft Azure 平台**

Microsoft 管理的資料中心，比 Amazon Web Services、Google 雲端的總數還多。它提供多樣化應用程式執行選項。

SDK

針對您選擇的平台下載及安裝特定語言的 SDK 和工具。

.NET	Java	Node.js	PHP
Visual Studio 2017	Azure SDK for Java	Windows 安裝	Windows 安裝
Visual Studio 2017 Service Fabric SDK	文件	Mac 安裝	Mac 安裝
Visual Studio 2015		Linux 安裝	Linux 安裝
Service Fabric SDK 及 Tools for Visual Studio 2015		Language Understanding Intelligent Service Node JS SDK	文件

圖 4-25 Azure 免費試用下載

下載網站：https://azure.microsoft.com/zh-tw/downloads/

　　Azure 支援最相容的作業系統、程式設計語言、架構、工具、資料庫及裝置等選擇。透過 Docker 整合可執行 Linux 系統、並可使用 Kubernetes 管 理 容 器；使用 JavaScript、Python、.NET、PHP、Java、Node.js 來建置應用程式。

2. AWS(Amazon Web Services) 平台

　　無論需要運算能力、資料庫儲存、內容交付或其他功能，AWS 都能提供適合的服務協助建立高度靈活、具備可擴展性及可靠性的精密應用程式。AWS IoT 提供從邊緣到雲端的各種廣泛且深入的功能，讓您可針對幾乎任何裝置使用案例建立 IoT 解決方案。

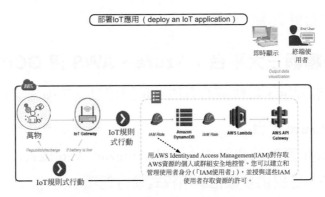

圖 4-26　部署 IoT 應用（deploy an IoT application）

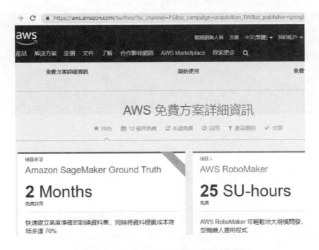

圖 4-27　AWS 免費試用下載

下載網站：https://aws.amazon.com/tw/free/?sc_channel=PS&sc_
　　　　　campaign=acquisition_TW&sc_publisher=google&sc_medium=cloud_
　　　　　computing_nb&sc_content=cloud_platform_p&sc_detail=cloud%20
　　　　　platform&sc_category=cloud_computing&sc_segment=188864837654&sc_
　　　　　matchtype=p&sc_country=TW&s_kwcid=AL!4422!3!188864837654!p!!g!!cl
　　　　　oud%20platform&ef_id=CjwKCAiAyrXiBRAjEiwATI95mfUCDGGAsU8XJgq
　　　　　WxjRmfnZDg4h1hjjWxX9GMBrvoBNFPSfYB77R2xoCrCkQAvD_BwE:G:s

AWS IoT 可完成哪些工作呢？

1. 使用 AWS IoT 連結虛擬物件。AWS IoT 能夠建立從裝置傳送、接收及處理 MQTT 資訊所需的資源。

2. 發佈 IoT 資訊到 Amazon DynamoDB 表以保存時間序列資料。

3. 利用 AWS Lambda、Amazon API Gateway 及 Amazon S3，使用無伺服器 Web 應用程式來視覺化即時資料。

3.　GCP(Google Cloud Platform) 平台

能在可調整資源配置的 Google 基礎架構上，輕鬆建構及代管應用程式及網站，並可儲存及分析各項資料。

圖 4-28　Google Cloud Platform 免費試用下載 (http://cloud.google.com/)

在比較不同的物聯網雲端平台時，應該考慮哪些因素？

不同平台之間的比較取決於業務及技術因素：可擴展性、可靠性、定制、操作、協定、硬體無關、雲端無關、支持、架構及技術堆棧、安全性及成本。例如，在 AWS 上部署的 AWS IoT(無伺服器) 及開源 (open source) 物聯網的比較表明，前者縮短上市時間，但規模很大。

在選擇合適的平台時，需要考慮商業及 open source 解決方案之間的端到端要求及成本效益分析。比較的一種方法是查看最適合各個部門的方法，即管理各種設備、系統、異構、數據、部署、監控及分析、研究及可視化領域。

這些部門中的每一個都有自己的性能標準，例如即時數據捕獲功能、數據可視化、雲模型類型、數據分析、設備配置、API 協定及使用成本。數據分析性能及結果還取決於諸如設備入口及設備出口，中間連接網路延遲及速度及對最佳化協定轉換的支持等因素。數據的可視化、大量數據的過濾及使用智慧應用工具的數百萬設備的可配置性是另一個區別因素。

小結

亞馬遜 AWS 確實提供很多的雲端產品，但是，除非所開發的應用程式特別需要它們，否則寧可選擇較簡單的雲端平台。對於那些剛接觸雲端運算的新人，簡單平台就是王道。

Google 雲端成本低，高靈活的運算選項，這些優點使 Google 雲端平台比亞馬遜 AWS 更佔優勢。因此，對於初學者而言，可先嘗試使用 Google 雲端平台。

➤ 4-3-4　在 AWS 上，執行 IoT 解決方案的 5 個最佳實踐 (practices)

亞馬遜雲端運算服務 (Amazon Web Services, AWS)，是提供遠端 AWS IoT 的服務，包括：(1) 裝置軟體，FreeRTOS 就適用在微型控制器的開放原始碼即時作業系統，讓小型、低功率的邊緣裝置易於進行程式設計、部署、保護、連接及管理；(2) 連線能力和控制服務，將 IoT 裝置連線至 AWS，無需佈建或管理伺服器；(3) 分析服務，大規模收集、儲存、組織和監控資料，協助做出更好的、以資料為依據的決策。

物聯網解決方案中，可用 Amazon Web Service(AWS) 基礎架構的可擴展性，只須專注於業務中最重要的部分 (客戶)。

無論是為資產管理、預測性維護、產量最佳化還是其他業務目標建構連接解決方案，返回組織的最終價值將取決於系統滿足特定於域的要求及客戶的個性化需求的程度。透過適當利用此處概述的 AWS 基礎架構及服務，今天建構的物聯網解決方案將繼續「正常工作」，無論業務增長速度快或慢。

最佳實踐：為第 1 天的數據海嘯做好準備

業務的突然激增就會產生大量數據。預先了解並採用適當的 AWS IoT 架構，即可讓您團隊只須專注在建構應用程序，並節省成本。

海嘯來了

IoT設備

第三方和歷史數據

AWS IoT　SQS訊息佇列 (Event Queue)

Amazon S3簡單儲存

Amazon Kinesis即時數據

Amazon VPC

IoT應用和儀表板

圖 4-29　為第 1 天的數據海嘯做好準備

其中，

1. Amazon Simple Queue Service(SQS) 適用於微型服務、分散式系統及無伺服器應用程式的全受管資訊佇列。

2. Amazon S3 或 Amazon Simple Storage Service 是 Amazon Web Services(AWS) 提供的「簡單儲存服務」，它透過 Web 服務介面提供對象 (物件 , objects) 儲存。Amazon S3 使用與 Amazon.com 用於運行其全球電子商務網路相同的可擴展儲存基礎架構。

   Amazon S3 可用於儲存任何類型的對象，這些對象允許用於 Internet 應用程序的儲存、備份及恢復、災難恢復、數據存檔，用於分析的數據儲存及混合雲儲存等用途。

3. 借助 Amazon Kinesis，可以簡單地收集、處理及分析即時流數據，以獲得及時的分析結果并快速回應新信息。Amazon Kinesis 提供的核心功能允許以經濟的方式簡化任何規模的流數據，並且還可以靈活地選擇最符合應用程序要求的工具。Amazon Kinesis 能夠收集即時數據，如視頻及音頻流、應用程序日誌、網站歷史記錄及物聯網遙測數據，用於機器學習、分析及其他應用程序。Amazon Kinesis 允許在數據到達時立即處理及分析並立即做出反應，而不是等待收集所有數據。

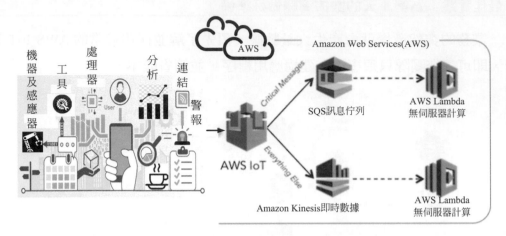

圖 4-30　注意最薄弱的環節

　　圖 4-30 中，AWS Lambda 是一種事件驅動的，無伺服器計算提供平台亞馬遜的一部分亞馬遜網路服務。它是一種運行代碼以回應事件並自動管理該代碼所需的計算資源的計算服務。

　　與 AWS EC2 相比，Lambda 的目的是簡化建構回應事件及新信息的小型按需應用程序。AWS 定位在事件的毫秒內啟動 Lambda 實例。

最佳實踐 2：盡快將 IoT 數據放入隊列

　　處理所有傳入數據的最佳方法，就是直接從 AWS IoT 進入簡單通知服務 (SNS) 隊列。

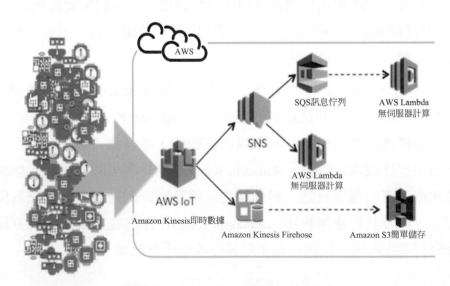

圖 4-31　盡快將 IoT 數據放入隊列

圖 4-31 中，Amazon Kinesis Data Firehose 是將串流資料載入資料存放區及分析工具。它可擷取串流資料，並將資料轉入 Amazon S3、Amazon Redshift、Amazon Elasticsearch Service 及 Splunk，再使用坊間商業智慧工具做即時分析。它也可以在載入資料之前，先行批次處理、壓縮、數碼轉換及加密，以減少目標使用的儲存體數量及提升安全性。

最佳實踐 3：有時，最好的擴展方法是根本不擴展

雖然已瞭解如何用 AWS 的擴展能力來求解利，但有時不必在雲端中處理所有機器數據。

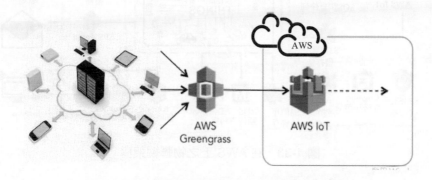

圖 4-32 有時，最好的擴展方法是根本不擴展

圖 4-32 中，AWS IoT Greengrass 將 AWS 無縫延伸到節點裝置，以便在本機上操作其產生的資料，同時繼續將雲端用於管理、分析及持久儲存。

邊緣運行 AWS Greengrass 是減少雲端流量的方法之一。Greengrass 可在當地智慧地處理及過濾數據，無需向上游發送所有設備數據。

最佳實踐 4：選擇最佳的攝取

若建構 IoT 系統，不同類型的數據未必都須透過 AWS IoT。AWS IoT 支持 MQTT 及 WebSockets。

其中，MQTT 非常適合 IoT 系統中感測器數據的小負載。但是，在具有日誌文件或 XML 文件轉儲的系統中，解析文件，就值得利用 MQTT 以小塊形式發送選擇性值。

　　Bright Wolf 利用以上最佳實踐，為製造、石油及天然氣、交通運輸、醫療保健、智慧建築、農業、重型設備的物聯網提供解決方案。當使用 AWS 系統遇到困難時，可造訪 http://brightwolf.com 獲取更多指南及案例研究。

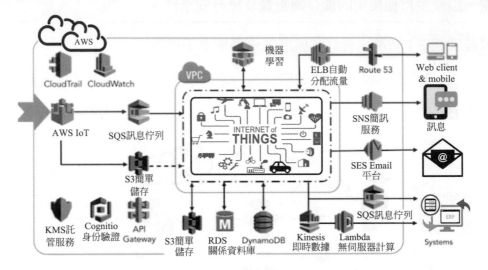

圖 4-33　在 AWS 上之物聯網架構

如圖 4-33 所示，其中：

1. Elastic Load Balancing(ELB) 可在多個目標 (例如 Amazon EC2 執行個體、容器、IP 地址及 Lambda 函數) 之間自動分配傳入的應用程式流量。

2. Amazon Simple Notification Service(SNS) 是高度可用、安全的全受管發佈 / 訂閱簡訊服務，可分離微型服務、分散式系統或無伺服器應用程式。

3. AWS Key Management Service(AWS KMS) 是一項託管服務，可輕鬆建立及控制用於加密數據的加密密鑰。在 AWS KMS 中建立的主密鑰受 FIPS 140-2 驗證的加密模塊的保護。

　　AWS KMS 與大多數其他 AWS 服務集成，這些服務使用管理的加密密鑰對數據進行加密。AWS KMS 還與 AWS CloudTrail 集成，以提供加密密鑰使用日誌，以幫助滿足審計、法規及合規性需求。

4. Amazon Simple Email Service(Amazon SES) 是一個 Email 平台，提供一種簡單、經濟高效的方式，可以使用自己的電子郵件地址及域來發送及接收電子郵件。

5. Amazon Cognito 為 Web 及行動應用程序提供身份驗證 (identity)、授權及用戶管理。

6. Amazon Relational Database Service(RDS) 是 Amazon Web Services(AWS) 提供的分散式關係資料庫服務。它是一個"在雲端中"運行的 Web 服務，旨在簡化關係資料庫的設置、操作及擴展，以便在應用程序中使用。自動管理補丁資料庫軟體、備份資料庫及啟用時間點恢復等管理過程。可以透過單個 API 執行擴展儲存及計算資源調用 AWS 不提供與 RDS 實例的 ssh 連接。

➤ 4-3-5 三大 IoT 平台的教學

一、AWS(Amazon Web Services) 平台

亞馬遜雲端運算服務 (Amazon Web Services, AWS)，提供許多遠端 Web 服務：Amazon EC2 與 Amazon S3 都架構在這個平台上。

圖 4-34　AWS(Amazon Web Services) 平台之教學網站

教學網
1. https://www.youtube.com/watch?v=Kg3HJ8XIs8A
2. https://www.youtube.com/watch?v=-Xlu5BZ-oBU
3. https://www.youtube.com/watch?v=kOHiDHb38MU
4. https://www.youtube.com/watch?v=7aRqDuPdaDw

　　AWS IoT 是雲端運算競賽中的領導者。它提供大量的雲端運算功能，也是完全託管的平台，旨在 AWS 上建構完整的物聯網解決方案。它支持雲端到設備及設備到雲端的可靠消息傳遞方案，即使設備未連接也是如此。定價相對簡單，發送或接收的每 100 萬條消息收費 (也可獲得免費的低吞吐量級別)。消息以 512 字節塊處理，每個塊表示單個消息，最大為 128KB。

　　AWS IoT 附帶聲明性規則引擎，用於將物聯網流量轉換並路由到特定位置或端點，例如 S3 儲存桶或 Lambda 函數。還可將數據定向到 Kinesis Streams，後者可透過使用 Kenisis Client Library 編寫的應用程序運行即時分析。AWS 最近還發布 Kinesis Analytics，可用於使用類似 SQL 的語言執行流分析。

　　與 AWS 連接的每個設備都表示為設備陰影。設備影子維護特定設備的身份及上次已知狀態，並提供發送及接收消息的通道。當消息發佈到設備時，AWS 將確保傳遞消息，若設備處於脫機狀態，則會在設備重新連接後傳遞消息。

　　與 AWS 連接的每個設備都表示為設備陰影，它維護特定設備的身份及上次已知狀態，並充當發送及接收消息的通道。

（一）主要 AWS IoT 服務

1. 亞馬遜 FreeRTOS

　　FreeRTOS 是微控制器作業系統，專注於輕鬆程式設計及管理小型低功耗邊緣設備。它基於 FreeRTOS 內核，這是一個用於微控制器的開放程式作業系統。

2. AWS Greengrass

　　AWS Greengrass 是一種軟體，可安全地為連接的設備運行當地運算，數據緩存及消息傳遞。連接的設備可透過 AWS Greengrass 運行 AWS Lambda 功能。

3. AWS IoT Core

　　AWS IoT Core 是 AWS 的託管雲端平台，可實作連接設備、雲端應用程序及其他設備之間的直接及安全互動

二、Google Io 平台

(一)GCP(Google Cloud Platform) 平台

Google Cloud Platform 是建構、革新及調度資源的平台之一，它提供一系列模組化的基於雲端的服務及大量開發工具，例如託管及計算、雲端儲存、資料儲存、翻譯 API、預測。

圖 4-35　GCP(Google Cloud Platform) 平台之教學網站

教學網
1. https://www.youtube.com/watch?v=f90rxk7YlUU
2. https://www.youtube.com/watch?v=GbkLjcs2lrI
3. https://www.youtube.com/playlist?list=PLkIrx3K6QqbEueuMh3ls86Tg8k8WvgHy3
4. https://cloud.google.com/about/data-centers/?hl=zh-tw

(二)Google IoT

Google Cloud 提供廣泛的雲端運算服務，它使用 TensorFlow 的機器學習引擎及面向文檔的資料庫即服務。物聯網採用 Google Cloud IoT 平台的費用，AWS 便宜，但比 Microsoft Azure 昂貴。

Google Cloud Platform 透過 Cloud Pub / Sub 支持設備到雲端的物聯網方案。Cloud Pub / Sub 支持透過 HTTP(REST) 或 gRPC(一種使用 Protocol Buffers 的緊湊消息傳遞格式) 進行大規模消息提取。用戶端庫存在 Go、Java(Android)、.NET、JavaScript、Objective-C(iOS)、PHP、Python 及

Ruby。若消費者位於不同的區域，則根據運營數量及儲存成本 (假設沒有交付失敗，這些通常是最小的) 及網路成本來定價。請記住，處理典型消息將涉及 3 個操作、1 個發布、1 個拉取及 1 個確認。消息被分成 64kB 單元，每個單元被認為是用於計費目的的消息。

當消息到達時，Dataflow 可用於處理傳入流，例如將數據即時流分析。數據也可透過 Big Query Streaming API 流式傳輸到 Big Query，Google 的數據倉庫解決方案。當各個消息透過 Google Cloud Functions 到達時，也可輕鬆地對各個消息執行自定義邏輯。

「Firebase」是 Google 自包含的 行動及物聯網開發平台。Firebase 支持透過 HTTP 及 XMPP 進行設備到雲端及雲端到設備的消息傳遞，並附帶適用於 iOS、C ++、JavaScript 及 Android 的 SDK。它配備自己的雲託管 NoSQL 資料庫，可自動同步設備狀態，包括照片、視頻及影像。還有龐大的內置操作日誌記錄及監視支持。

Firebase 已被 Google 收購，作為獨立產品提供，但它也與 Google 雲端服務很好地整合，並且可提供組合計費。該服務提供免費套餐，可預測的每月定價選項或即用即付選項 (價格根據使用的儲存及服務而有所不同)。

與微軟一樣，Google 擁有自己的基於 Android 的物聯網作業系統，稱為 Brillo。Brillo 內置支持 Weave，這是一個專門設計用於物聯網設備及控制器互動的新通信平台。由於大多數物聯網設備均由手機、平板電腦或類似設備控制，Weave 提供一種標準方法，可實作跨電話、物聯網設備及雲端的發現及互操作性。Google 希望 Weave 成為所有物聯網通信的標準，最終實作更智慧的物聯網解決方案。

(三)Google 物聯網的一些主要功能

Google 物聯網的主要功能，包括 (知乎 , 2019)：

1. 雲端物聯網核心 (Cloud IoT Core)

Cloud IoT Core 是 Google 物聯網產品的基礎。它是一種託管服務，"允許輕鬆安全地連接、管理及從數百萬全球分散的設備中提取數據"。

2. Cloud Pub / Sub

Cloud Pub/Sub 是 Google 推出的 message service，旨在讓每個獨立的應用 (application) 間能透過 Publish-Subscribe 的模式來進行資訊交換與溝通，即利用 message service 當作中介層 (Middleware) 來傳遞資訊。Cloud Pub/Sub 可將企業資訊導向中介層的彈性及可靠性導入雲端，同時也是可擴充且耐用的事件擷取及提交系統，是現代串流數據分析管道的基礎。

Cloud Pub / Sub 支援 HTTP(REST) 或 gRPC 來進行大量消息提取。用戶端庫存在 Java(Android)、.NET、JavaScript、Objective-C(iOS)、PHP、Python 及 Ruby。

3. Cloud IoT Edge

可將 Google Cloud 的數據處理及機器學習功能擴展到巨量邊緣設備 (風力渦輪機、石油鑽井平台或機器人手臂) 上，以便能夠在當地即時做出決策，以回應從感測器接收的數據。Cloud IoT Edge 也可在 Android Things、Linux 作業系統上運行。它有二組件：Edge IoT Core 及 Edge ML。

三、Microsoft Azure IoT 平台

Microsoft Azure 是微軟的公用雲端服務 (public cloud service) 平台，也是微軟線上服務 (Microsoft online services) 的一部份，目前全球有 54 座資料中心及 44 個 CDN 跳躍點 (POP)，被 Gartner 評為雲端運算的領先者。

Microsoft Azure 提供大量的雲端服務，包括：行動應用服務、儲存產品、消息平台及虛擬機。其 IoT 平台 Azure IoT Suite 提供大量針對物聯網產品開發的產品。在價格方面，Azure IoT 通常比 AWS IoT 及 Google Cloud IoT 平台便宜。它是市場上第二大物聯網平台。目前 Microsoft Azure 已包含 30 餘種服務，數百項功能。

（一）Microsoft Azure 主要特點

1. Azure 物聯網中心

「IoT Hub」是 Azure 用於雙向設備到雲端通信的託管物聯網解決方案。IoT Hub 支持 AMQP，MQTT 及 HTTP。若設備不支持這些協定之一，則可使用 Azure IoT 協定 gateway 調整傳入及傳出流量。提供一組適用於 .NET、JavaScript、Java、C 及 Python 的設備 SDK。IoT Hub 提供一個設備註冊表，用於維護設備列表並提供對特定設備隊列的擷取，以便可靠地與特定設備通信。收到的數據可發送到 Blob 儲存進行存檔或脫機處理，也可發送到 Event Hub 端點進行立即處理。物聯網監控及診斷也有很好的支持。IoT Hub 進來了 4 層，從免費層到高吞吐量 S3 層，每天最多可支持 300,000,000 條消息。若需要，可向每個層添加其他單元以獲得更多吞吐量。消息以 4 KB 塊的形式發送，每個塊都計為一條消息，用於計費目的，最大為 512 KB。在確定滿足您需求的最佳層時，需要考慮一些限制規則。

「事件中心」是設備到雲端場景的另一種選擇，可能是基本的大規模設備遙測攝取的更好解決方案。事件中心可透過 AMQP 及 HTTP 攝取大量消息。事件中心性能以吞吐量單位 (TU) 來衡量，其中每個 TU 允許 1 MB / S 入口最多 20 個 TU，儘管這可透過支持票證來提高。定價基於入口事件的數量 (每百萬) 加上每小時每個吞吐量單位的費用。

事件中心通常與 Azure Stream Analytics 一起用於設備數據的即時分析。它使用類似 SQL 的語言對傳入的數據流執行查詢，並透過整合其他 Azure 服務 (如 Azure 機器學習及 Azure 功能) 來龐大數據。Stream Analytics 可輸出到大多數 Azure 數據儲存解決方案，也可直接輸出到 Power BI，用於可視化、事件中心甚至是另一個 Stream Analytics 流。也可將數據流式傳輸到 Apache Storm，這是一個流行的開放程式流式分析平台。Azure 是三者中唯一提供 Apache Storm 作為完全託管服務的供應商。

Microsoft 顯然要小心確保 Azure IoT 可與任何類型的設備一起使用。隨著 Windows 10 物聯網核心的發布，專為在物聯網設備上運行而設計的 Windows 10 精簡版本微軟也將自己定位為整個解決方案物聯網供應商。

2. **Azure IoT Edge**

IoT Edge 將雲端智慧及分析擴展到當地級別的邊緣設備。它將 AI、Azure 服務及自定義邏輯的部署直接擴展到跨平台物聯網設備。

3. **Azure IoT Central**

Azure IoT Central 是組織層級 Azure 服務，不需要先前的雲端專業知識，因為它是一個完全託管的全球物聯網軟體即服務 (SaaS) 解決方案。

（二）Microsoft Azure 基礎建設

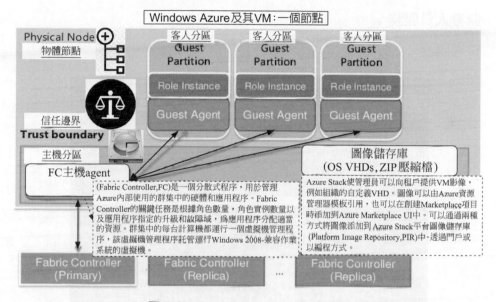

圖 4-36 Windows Azure 及其 VM

1. **Fabric Controller**

Fabric Controlle 是管理微軟資料中心的 Azure 運算資源的中控管理系統，它負責自動化的管理資料中心內所有的物體伺服器 (wiki.Azure,2019)。

2. **RDFE**

RDFE(Red Dog's Front-End) 是 Azure 的前端界面，它是應用程式部署的核心，外界對 Windows Azure 的任何呼叫操作都會透過它與 Fabric Controller 溝通與命令。它會接受來自 Service Management APIs 的要求，對 Fabric Controller 下達部署應用程式的指揮命令 (含虛擬機器的參數、複製檔案的路徑及組態參數等)。

Windows Azure 核心的另一個重要元件：RDFE。

（三）Microsoft Azure 服務

1. 運算服務
2. 應用服務
3. 儲存服務
4. 分析服務
5. 網路服務
6. 身分辨識與存取管理服務
7. 開發人員服務
8. 管理服務

圖 4-37　Microsoft_Azure 教學網站

教學網
1. https://channel9.msdn.com/Series/Microsoft-Azure-Quickstart/7mins-biuld-web
2. https://channel9.msdn.com/Blogs/Microsoft-Azure-/Microsoft-Azure-website-introduction
3. https://channel9.msdn.com/Series/Microsoft-Azure-Quickstart/azure-website-aspnet-quickstart

4-4 雲端 IoT 平台 (cloud IoT platform)

　　物聯網開發是一項複雜的工作，沒有人願意從頭開始。物聯網數據平台透過管理部署將所需的許多工具，從設備管理到數據預測及洞察力整合到一個服務中，提供一個起點。

　　平台供應商包括純粹的第三方平台、硬體供應商、連接供應商及系統整合商。例如，Salesforce.com 的 IoT Cloud 平台，旨在儲存及處理物聯網數據。雲端物聯網由 Thunder 提供支持，Salesforce.com 將其描述為「可大規模擴展的即時事件處理引擎」。該平台旨在接收由設備、感測器、網站、應用程序、客戶及合作夥伴生成的大量數據，並啟動即時回應操作。例如，風力渦輪機可根據當前的天氣數據調整其行為；其航班延誤或取消的航空公司乘客，可在他們所乘的飛機著陸之前重新預訂。

➤ 4-4-1 IoT 雲端、IoT 閘道器 (gateway)、IoT 感測器介面

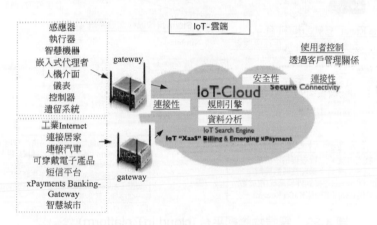

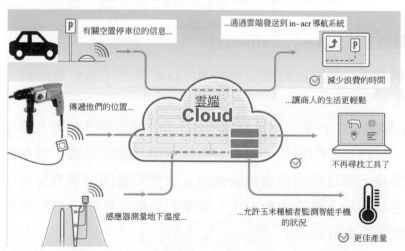

圖 4-38 IoT 雲端

一、雲端 (cloud) 是什麼？

雲端運算是可配置計算機系統資源及更高級別服務的共享池，可透過 Internet 以最少的管理工作快速配置。雲端運算依賴於資源共享來實現一致性及規模經濟，類似於公用事業。

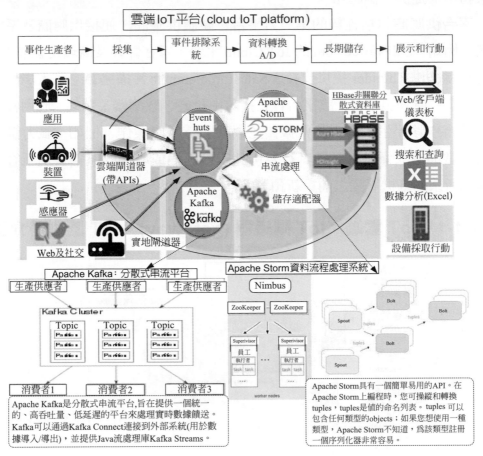

圖 4-39　雲端物聯網平台 (cloud IoT platform)

二、IoT 閘道器 (gateway,gateway)

物聯網是透過網路使裝置能夠溝通，以便將原始資料傳送到中央伺服器來分析處理。

IoT 生態圈是由許多元件及層級組成。IoT 閘道器掌控著及當地感測器的溝通，以及遠端 user 的使用。最底層有感測器及硬體裝置，旨在測量現實世界及所有變量。閘道器則在這些感測器及硬體裝置間扮演著安全中介者，交換資訊至雲端。最上層管理對 IoT 生態圈的全面性監控，解析應用程式及生態圈所搜集來的資訊。

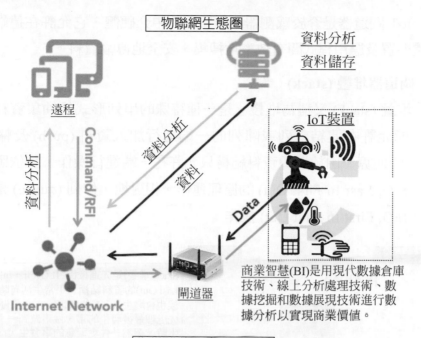

圖 4-40　物聯網生態圈－層級示意圖

1. 閘道器 (gateway) 是什麼？

在傳統 TCP/IP，網路裝置有兩種：(1) 閘道器 (gateway)，能在網路間轉遞封包；(2) 主機 (host) 跟轉址無關，這是網路早期來指定網路主機跟 IP 的對照表，後來因為主機愈來愈多，已經無法透過 hosts 來維護主機 IP，才發展出 DNS 的服務。在 end system 中，封包需經過 TCP/IP 四層協定處理，但在閘道器 (又稱中介系統，intermediate system) 只需要到達網際層 (Internet layer)，決定路徑之後即可轉送。

　　IoT 閘道器是介於感測器與裝置間的中介硬體，它允許在遠端 user、硬體裝置及應用程式間有效率地搜集、安全地傳輸資料。

2. IoT 閘道器堆疊 (stack)

　　堆疊 (stack) 又稱為堆棧，是一種特殊的串列形式的抽象資料型別，它只能允許在連結串列或陣列的一端進行加入資料 (push) 及輸出資料 (pop) 的運算。由於堆疊資料結構只允許在一端進行操作，且依照後進先出 (LIFO, Last In First Out) 的原理運作。相對地，佇列 (queue) 是先進先出 (LIFO, First In First Out) 操作。

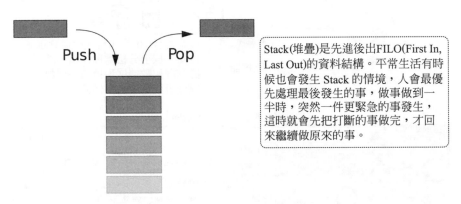

Stack(堆疊)是先進後出FILO(First In, Last Out)的資料結構。平常生活有時候也會發生 Stack 的情境，人會最優先處理最後發生的事，做事做到一半時，突然一件更緊急的事發生，這時就會先把打斷的事做完，才回來繼續做原來的事。

圖 4-41　堆疊 (stack) 示意圖

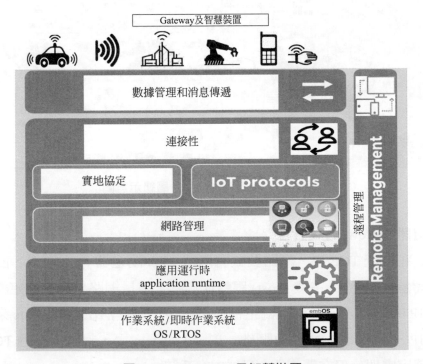

圖 4-42　Gateway 及智慧裝置

　　IoT 閘道器由硬體平台及作業系統組成，擁有龐大的附加功能，其重點服務的優勢，如圖 4-43 所示。

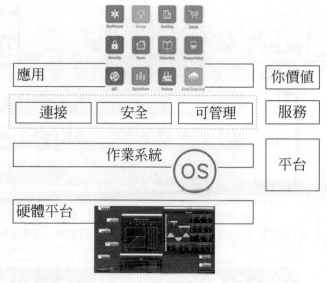

應用　　你價值

連接　　安全　　可管理　　服務

作業系統　OS　平台

硬體平台

圖 4-43　物聯網閘道器 Stack

　　作業系統是屬於服務層，為 IoT 應用程式對應的閘道器，有下列三個功能：

(1)　由多種的介面提供連通性 (如 3G、藍牙、USB、serial、ZigBee 及 Wi-Fi) 與通訊協定 (如虛擬私人網路 VPN、MQTT)。

(2)　安全性能旨在：防止裝置不受外來攻擊、保護裝置間傳輸過程之完整性。

(3)　提供：設定、監控及韌體更新之處理。

三、user 介面 (user interfaces, UI)

　　使用的 user 介面設計 (user interface design,UI) 旨在讓 user 節省時間。現今透過圖形 UI 設計 (如 Windows) 大幅提高界面的易用性。user 介面設計，是讓 user 體驗及互動情境下，對電腦、電器、機器、行動通訊裝置、軟體或應用及網站進行的設計。

　　在人機互動的工業設計領域中，user 介面 (UI) 是人與機器之間發生互動的空間。這種互動的目的是允許從人類有效地操作及控制機器，同時機器同時反饋有助於操作員決策過程的資訊。這種 user 介面的廣泛概念的例子包括計算機作業系統、手動工具、重型機械操作員控制及過程的互動方面控制。

在建立 user 介面時適用的設計考慮與人體工程學及心理學等學科相關或涉及其他學科。

圖 4-44　雲端終端 user 的介面

通常 user 介面設計的目標是產生 user 介面，該介面使得以產生期望結果的方式操作機器變得容易，有效及愉快 (user 友好)。這通常意味著操作員需要提供最小的輸入以實現期望的輸出，並且還意味著機器最小化對人的不期望的輸出。

user 介面由一個或多個層組成，包括具有物體輸入硬體的人機介面 (HMI) 界面機器，例如鍵盤、滑鼠、遊戲手柄及輸出硬體，例如計算機監視器、揚聲器及列印機。實現 HMI 的設備稱為人機介面設備 (HID)。人機介面的其他術語是人機介面 (MMI)，當有問題的機器是計算機人機介面時。額外的 UI 層可與一種或多種人類感覺互動，包括：觸覺 UI(觸摸)、視覺 UI(視覺)、聽覺 UI(聲音)、嗅覺 UI(嗅覺)、平衡 UI(平衡) 及味覺 UI(品味)。

複合 user 介面 (composite user interfaces, CUI) 是與兩個或多個感官互動的 UI。最常見的 CUI 是圖形 user 介面 (GUI)，它由觸覺 UI 及能夠顯示圖形的可視 UI 組成。當聲音被添加到 GUI 時，它變成多媒體 user 介面 (MUI)。

CUI 有三大類：標準、虛擬及增強。標準複合 user 介面使用標準人機介面設備，如鍵盤、滑鼠及計算機顯示器。當 CUI 阻擋現實世界以建立虛擬現即時，CUI 是虛擬的並且使用虛擬現實介面。當 CUI 不阻擋現實世界並創造時增強現實，CUI 得到增強，並使用增強現實介面。當 UI 與所有人類感官互動時，它稱為 qualia 介面，以 qualia 理論命名。CUI 還可根據它們與 X 交換虛擬現實介面或 X-sense 增強現實介面互動的感知數量進行分類，其中 X 是與之互動的感官數量。例如，Smell-O-Vision 是一種 3 感 (3S) 標準 CUI，具有視覺顯示、聲音及氣味；當虛擬現實介面與氣味及觸摸介面時，它稱為 4 感 (4S) 虛擬現實介面；當增強現實介面有氣味及觸摸的介面據說是一個 4 感 (4S) 增強現實介面。

四、IoT 感測器介面 (IoT sensor interfaces)

IoT 擴展卡外形代表感測器、網路適配器及其他物聯網技術的開放硬體標準，可以 "插入" 主機應用程序 (例如硬體開發板) 以提供新功能及介面。作為一個系列，IoT 擴展卡共享標準化的佔位面積及接腳排列，具有多種介面以支持各種物聯網技術。

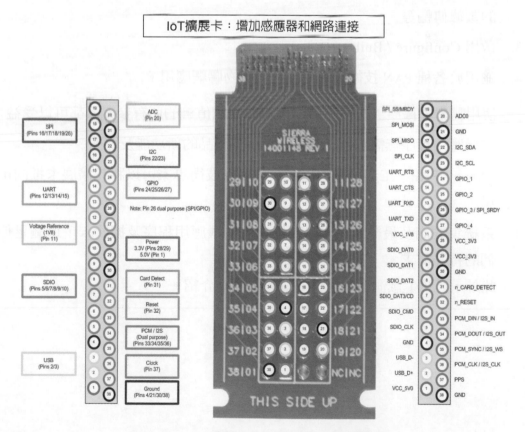

圖 4-45　IoT 擴展卡：增加感測器及網路連接

圖 4-45　IoT 擴展卡：增加感測器及網路連接（續）

物聯網擴展卡外形的基本原理

物聯網擴展卡外形設計旨在成為具有成本競爭力的解決方案，滿足當前及新興市場對主機應用的一些需求，包括：

1. 按需硬體應用程序：透過為每個細分市場提供獨特的擴展卡解答，可以將相同的主機應用程序用於不同的細分市場。例如，一個網段的 Wi-Fi / 藍牙解決方案及另一個網段的環境感測器。

2. 物聯網技術的電氣及功能兼容性：多個數據介面的可用性允許支持各種物聯網解決方案。例如，PCM 上的數字音頻，應用程序控制及 USB 上的數據傳輸等。

3. 啟用 Configure / Built to Order。

4. 適用於各種 PAN 技術、感測器及其他物聯網應用。

使用物聯網擴展卡的模塊化設計，M2M 價值鏈的所有參與者都可以受益：

1. 主機應用程序無需重新設計即可繼承其產品的新功能及介面。

2. PAN、LPRF，工業現場總線或感測器等技術專家可以將其擴展卡推向市場。

3. 系統集成商及最終客戶可以輕鬆組合主機應用程序及擴展卡，以滿足他們的特殊需求。

此外，「IOT 感測器」在第 6 章有更詳細介紹。

五、數據採集 (data acquisition, DAQ)

　　數據採集是指將被測對象的各種參量透過各種感測器做適當轉換後，再經過信號調理、採樣、量化、編碼、傳輸等步驟傳遞到控制器的過程。

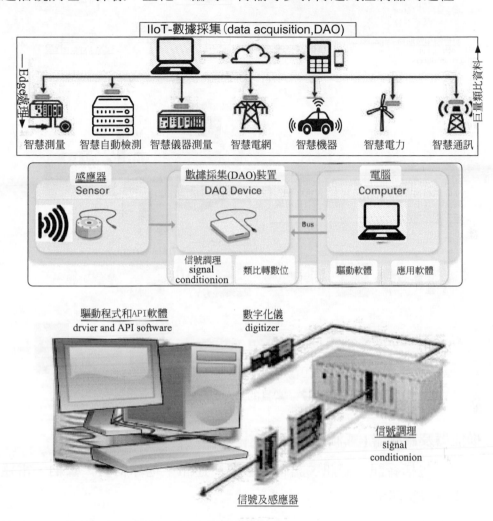

圖 4-46　數據採集 (data acquisition)

　　資料擷取 (DAQ) 包括：從感測來源收集訊號，再將訊號數位化，以利儲存、分析及呈現在個人電腦上。當選擇資料擷取系統時，坊間有許多不同的 PC 技術形態可挑選。例如，科學家及工程師可選擇 PCI、CompactPCI、PXI、PCMCIA、USB、Firewire、平行埠或序列埠，供量測、測試與自動化應用程式的資料擷取應用。在建立基本的 DAQ 系統時，須考慮下列 5 元件，如圖 4-47 所示。

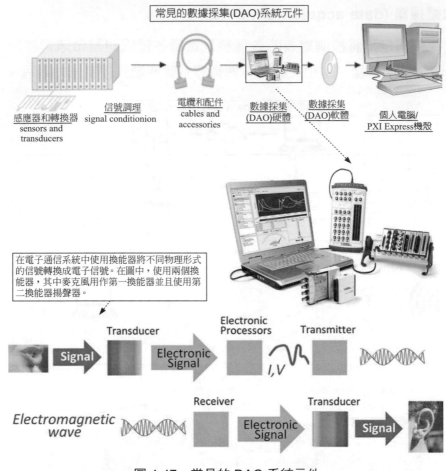

圖 4-47　常見的 DAQ 系統元件

1. 換能器及感測器 (感測器 , sensor)

2. 訊號：包括音訊、視訊、語音、影像、通訊、地球物體、聲納、雷達、醫療及音樂訊號等。

3. 訊號處理 (signal processing) 是指對訊號表示、轉換、運算等進行處理的過程。訊號處理，可協助直接連至多種感測器和訊號類型，從熱電偶連至高電壓訊號，使資料擷取系統更趨完善。它的關鍵技術有：放大、衰減、隔離、多工、濾波、激發、冷結接點補償。這些技術將可提升最高 10 倍的整體資料擷取系統效能和精確度。

4. 資料擷取 (DAQ) 硬體：即透過電腦而測得物體或電子現象 (如溫度、壓力、電壓、電流、聲音)。DAQ 系統有：感測器、DAQ 測量硬體、電腦 (具備可程式化軟體)。若與傳統量測系統相較，電腦的 DAQ 系統可整合工業電腦的處理效能、產能、展示、連結功能，來提供更高彈性、高成本效益的解決方案。

5. 驅動程式及應用程式軟體

　　所謂裝置驅動程式 (device driver)，是允許高階電腦軟體與硬體互動的程式，此程式建構一個：硬體與硬體、或硬體與軟體溝通的介面，經由主機板上的匯流排 (bus) 或其它溝通子系統與硬體形成連接的機制，此機制使得硬體裝置 (device) 上的資料交換變得更可行。

DAQ 系統概述

　　如圖 4-47 所示為常見的 DAQ 系統，包含電腦、感測器 (感測器)、訊號處理裝置、DAQ 介面卡、程式開發軟體，及連接多款裝置與配件的接線。

PXI 及 PXI Express 的比較

　　大多數用戶比 PXI 更熟悉 PXI Express，儘管這兩個平台是軟體兼容的，但它們之間存在重要的介面差異。

　　PXI Express(PXIe) 機箱使用 PCI Express 串行介面 (serial interface)，從其系統插槽 (slot) 連接到外圍設備。系統插槽與 PXI 不兼容，因此需要使用具有足夠數量 PCIe 連接的控制器或 PCIe 介面來支持外圍設備。

　　使用 PXI Express 並不能保證系統會更快，因為系統速度瓶頸與背板速度無關，但在接收或傳輸大量數據的模塊上，它有速度優勢。

六、數據儲存及聚合 (data storage and aggreation)

1. 雲端儲存 (cloud storage)

　　雲端儲存是一種在線網路儲存，可儲存數據並可供多個用戶端存取。雲端儲存通常部署在以下配置中：公共雲、私有雲、社區雲或三者的某種組合，也稱為混合雲。

　　雲端儲存是計算機數據儲存的模型，其中數位數據儲存在邏輯池中。將物理儲存跨多個伺服器 (有時在多個位置)，及物理環境是一個典型的擁有及管理的託管公司。這些雲端儲存儲供應商負責保持數據的可用性及可存取性，並保護及運行物理環境。人員及組織從供應商處購買或租賃儲存容量以儲存用戶、組織或應用程序數據。

　　雲端儲存服務可透過共同定位的雲端運算服務，web 服務應用程序程式設計介面 (API) 或利用 API 的應用程序來擷取，例如雲端桌面儲存、雲端儲存 gateway 或基於 Web 的內容管理系統。

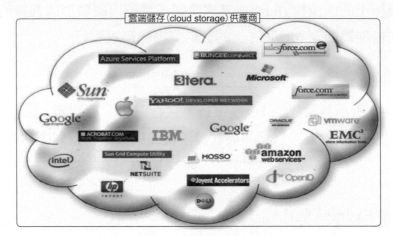

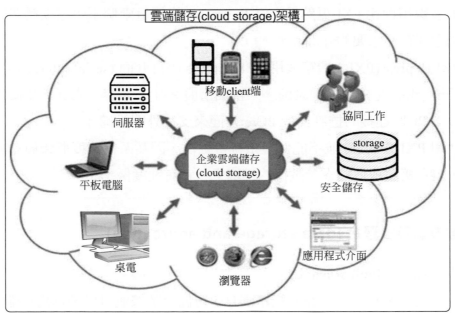

圖 4-48　雲端儲存 (cloud storage)

2. 雲端聚合器 (cloud aggregator)

　　雲端聚合器是一種雲端代理，它將多個雲端運算服務打包並整合到一個或多個組合服務中。

　　這種整合 (包括來自多個雲端供應商的服務) 對於客戶來說通常比單獨購買每項服務更具成本效益。反過來，雲端聚合器可能會因提供超過直接轉售協定而收取溢價而受益。

術語 "雲端聚合器" 及 "雲端代理" 有時可互換使用，但存在細微差別。雲端代理商的角色更類似於買家及賣家之間的顧問及中間人，而雲端聚合器向前邁出了一步，更類似於系統整合商：捆綁及組裝第三方及 / 或內部將雲端服務轉變為專有產品。

雲端聚合器的業務模式仍在不斷發展。有些可能只提供有限數量的固定包，而其他人可能透過混合及匹配現有服務的功能來逐步建立新包。雲端聚合器可能提供的一個例子是統一通信即服務 (UCaaS)。根據定義，UC 由幾種技術組成。雲端聚合器可將來自多個 UC 供應商的基於雲的語音，消息傳遞，龐大的狀態技術及會議服務組合併整合到一個 UCaaS 包中。

雲端聚合器的成功部分取決於聚合器轉售的服務供應商的雲端聯合功能。理想情況下，聯合對客戶是透明的，客戶從一個邏輯 user 介面使用聚合服務。若雲端供應商聯合不良，雲端聚合器可能必須更加努力地為客戶及其自己的運營支持系統 (OSS) 架構整合服務。

圖 4-49　雲端服務的聚合 (aggregation of cloud services)

雲端服務

從本質上講，目前有三類雲端服務可用。它們包括：基礎架構即服務 (IaaS)、平台即服務 (PaaS) 及軟體即服務 (SaaS)。

　　　　IaaS 是一種雲端運算模型，用戶可以購買服務器及儲存系統等硬體計算資源，就好像它們是外包服務一樣。PaaS 是雲端運算中的一個層，允許用戶建立新的計算機應用程序，而 SaaS 為中小組織提供擷取服務提供商提供的各種應用程序並在雲端基礎架構上運行的權限。

　　　　在實施方面，有三種雲端運算模型：公共雲、私有雲及混合雲。公共雲適用於大多數中小組織，這些中小組織可以在公共 Internet 上獲得服務。一些具有強大隱私或安全問題的組織更願意使用私有云，公司擁有及 / 或管理雲基礎架構。

　　　　混合雲是公共雲及私有雲模型的組合，公司在內部提供及管理一些資源，而其他資源則在外部提供。

　　　　最終，雲端運算是大多數中小組織的技術解決方案，使他們能夠利用雲端平台專注於核心競爭力並可靠地提供服務，而無需擔心支持技術基礎。

七、雲端分析 (cloud analytics)

　　　　雲端分析是一種服務模型，其中數據分析過程的元素透過公共雲或私有雲提供。雲端分析應用程序及服務通常在基於訂閱或實用程序 (按使用付費) 定價模型下提供。

　　　　Gartner 將分析的六個關鍵要素定義為：數據源、數據模型、處理應用程序、運算能力、分析模型及結果共享或儲存。在其視圖中，任何「其中一個或多個這些元素在雲端中實施」的分析計劃都有資格作為雲端分析。Gartner 分析師比爾·加斯曼指出，提供旨在支持單一元素的基於雲端的技術的供應商將自己稱為雲端分析公司，這可能會給潛在 user 帶來混亂。

　　　　雲端分析產品及服務的例子包括託管資料倉庫，軟體即服務商業智慧 (SaaS BI) 及基於雲端的社交媒體分析。

　　　　SaaS BI(也稱為按需 BI 或雲端 BI) 涉及從託管位置向最終 user 交付商業智慧 (BI) 應用程序。該型號具有可擴展性，使啟動更容易，成本更低，但該產品可能無法提供與內部應用程序相同的功能。其中，SaaS 是軟體即服務 (Software as a Service, SaaS) 又稱「即需即用軟體」。

　　　　基於雲端的社交媒體分析涉及遠程配置工具，其中包括用於選擇最適合您目的的社交媒體網站的應用程序，用於收集數據的單獨應用程序、儲存服務及數據分析軟體。

　　託管資料倉庫是組織數據的集中儲存庫，可從服務供應商運營的遠程位置向 user 提供，而不是位於組織自己的系統上。

　　根據 Gassman 的說法，在投資雲端分析之前，組織需要完全掌握所涉及的範圍。"危險在於人們將沿著這條道路走下去而不了解範圍"加斯曼說。投資雲端分析對於組織來說可能是有利可圖的，但正確的計劃對於確保涵蓋所有六個分析元素至關重要。

20 個最佳雲端管理軟體解決方案

　　雲端管理軟體是指用於監視及操作駐留在雲端中的服務，應用程序及數據的工具及技術。之所以出現，是因為組織必須應對的雲端服務及軟體及相關功能的多樣性，包括數據儲存備份及恢復、安全性、聚合、分析、資源使用、成本、最佳化、性能監控、控制及合規性，以及其他相關的雲端活動及關注點。

表 4-1　20 個最佳雲端管理軟體解決方案

Wrike	IBM Cloud Orchestrator
Apache CloudStack	Symantec Web and Cloud Security
ManageEngine Applications Manager	AppFormix
ServiceNow Cloud Management	OpenStack
Centrify Application Services	Cloud Lifecycle Management
MultCloud	Bitium
Zoolz Intelligent Cloud	RightScale Cloud Management
Microsoft Azure Cost Management	CloudHealth
Cloudcraft	Morpheus
Cloudify	xStream

八、雲端的交付服務 (cloud based delivery)

　　服務交付平台 (service delivery platform, SDP) 是一組組件，為提供給消費者的一種服務提供服務交付架構 (例如服務建立、會話控制及協定)，無論是客戶還是其他系統。雖然它通常用於電信環境，但它可應用於任何提供服務的系統 (例如 VOIP 電話、Internet 協定電視、Internet 服務或 SaaS)。儘管 TM 論壇 (TMF) 正致力於定義該領域的規範，但行業中沒有 SDP 的標準定義，不同的參與者以稍微不同的方式定義其組件、廣度及深度。

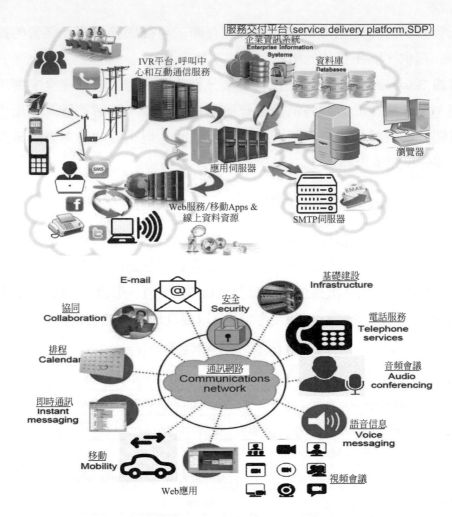

圖 4-50　服務交付平台 (service delivery platform, SDP)

　　SDP 通常需要整合 IT 功能及建立跨技術及網路邊界的服務。今天可用的 SDP 傾向於針對在給定技術或網路域中的服務的遞送進行最佳化 (例如，在電信中，這包括：web、IMS、IPTV、行動 TV 等)。它們通常為服務控制、建立、編排及執行提供環境。再次在電信中，這可包括媒體控制、存在 / 位置、整合及其他低級通信能力的抽象。SDP 適用於消費者及商業應用程序。

　　僅在電信方面，實施 SDP 的業務目標是實現新的融合多媒體服務的快速開發及部署，從基本的 POTS 電話服務到用於多人視頻遊戲 (MPG) 的複雜音頻 / 視頻會議。在 SaaS 環境中，實現類似的業務目標，但是在特定業務領域的特定上下文中。

應用商店的出現，為 Apple 的 iPhone 及 GoogleAndroid 智慧手機等設備建立、託管及交付應用程序，其重點是將 SDP 作為通信服務供應商 (CSP) 從數據中獲取收入的手段。使用 SDP 將其網路資產暴露給內部及外部開發社區，包括 Web 2.0 開發人員，CSP 可管理數千個應用程序及其開發人員的生命週期。

這種對開放環境的改變吸引了像 Teligent Telecom 這樣的軟體電信公司，並允許系統整合商如 Tieto、IBM、TCS、惠普、阿爾卡特朗訊、Tech Mahindra、Infosys、Wipro 及 CGI 提供整合服務。

此外，新的電信軟體產品公司聯盟提供預先整合的軟體產品，以基於元素建立 SDP，例如增值服務，融合計費及內容 / 合作夥伴關係管理。

由於 SDP 能夠跨越技術邊界，因此可實現各種混合應用，例如：

1.　用戶可在電視螢幕上看到來電 (有線或無線)，即時消息好友 (PC) 或朋友的位置 (GPS 啟用設備)。

2.　用戶可透過手機訂購 VoD(視頻點播) 服務或觀看他們訂購的流媒體視頻作為家庭及手機的視頻包。

3.　航空公司客戶從自動系統收到有關航班取消的簡信，然後可選擇使用語音或互動式自助服務介面重新安排。

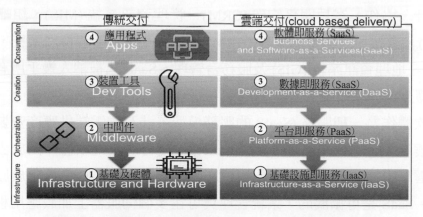

圖 4-51　傳統交付 vs. 雲端交付 (cloud based delivery)

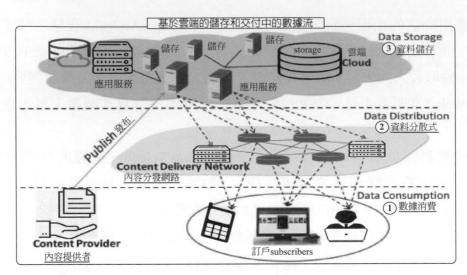

圖 4-51　傳統交付 vs. 雲端交付 (cloud based delivery)（續）

（一）軟體即服務 (software as a service, SaaS)

軟體即服務 (SaaS /sæs/) 是一種軟體許可及交付模型，其中軟體在訂閱的基礎上獲得許可並集中託管。它有時稱為 "按需軟體"，以前被微軟稱為 "軟體加服務"。SaaS 通常由 user 透過 Web 瀏覽器使用讓用戶端擷取。SaaS 已成為許多商業應用程序的通用交付模型，包括辦公軟體、消息軟體、工資單處理軟體、DBMS 軟體、管理軟體、CAD 軟體、開發軟體、遊戲化、虛擬化、會計、協作、客戶關係管理 (CRM)、管理資訊系統 (MIS)、組織資源規劃 (ERP)、發票、人力資源管理 (HRM)、人才獲取、學習管理系統、內容管理 (CM)、地理資訊系統 (GIS) 及服務台管理。SaaS 已被納入幾乎所有領先的組織軟體公司的戰略中。

該軟體作為一種服務 (SaaS) 的服務模型，涉及的雲端供應商安裝及維護軟體在雲端 user 透過 Internet(或 Intranet) 中運行的雲端軟體。由於雲端應用程序在雲端中運行，因此 user 的用戶端計算機無需安裝任何特定於應用程序的軟體。SaaS 是可擴展的，系統管理員可在多個伺服器上加載應用程序。過去，每個客戶都會購買並將自己的應用程序副本加載到他們自己的每個伺服器，但使用 SaaS，客戶可擷取應用程序而無需在當地安裝軟體。SaaS 通常涉及月費或年費。

軟體即服務在傳統 (非雲端運算) 應用程序交付中提供相當於已安裝的應用程序。

（二）開發即服務（development as a service, DaaS）

開發即服務是基於 Web 的社區共享開發工具。這相當於傳統 (非雲端運算) 交付開發工具中當地安裝的開發工具。

（三）數據即服務（data as a service, DaaS）

在運算領域中，數據即服務 (或 DaaS) 是軟體即服務 (SaaS) 的表親。與「服務 (aaS)」系列的所有成員一樣，DaaS 建立在以下概念的基礎上：產品 (在這種情況下的數據) 可按需提供給 user，無論地理或組織的分離如何提供者及消費者。另外，出現的服務導向的架構 (SOA) 及廣泛使用的應用程序程式設計介面 (API) 也呈現在其上的數據駐留無關的實際平台。這一發展使得相對較新的 DaaS 概念得以出現。

數據即服務是基於 Web 的設計構造，其中透過某些定義的 API 層擷取雲端數據。DaaS 服務通常被視為軟體即服務 (SaaS) 產品的專用子集。

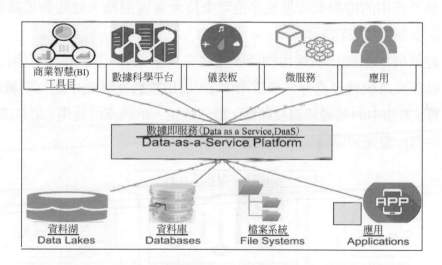

圖 4-52　數據即服務 (data as a service, DaaS)

（四）平台即服務 (platform as a service, PaaS)

平台即服務 (PaaS) 或應用程序平台即服務 (aPaaS) 或基於平台的服務是一類雲端運算服務，它提供一個平台，允許客戶開發、運行及管理應用程序，而無需建構及維護應用程序的複雜性。通常與開發及啟動應用程序相關的基礎架構。

平台即服務是雲端運算服務，為 user 提供應用平台及資料庫即服務。這相當於應用程序平台及資料庫的傳統 (非雲端運算) 交付中的中間件。

（五）基礎設施即服務 (infrastructure as a service, IaaS)

基礎架構即服務 (IaaS) 是提供高級 API 的在線服務，用於取消引用底層網路基礎架構的各種低級細節，如物體運算資源、位置、數據分區、擴展、安全性、備份等。虛擬機管理程序，如 Xen、Oracle VirtualBox、Oracle VM、KVM、VMware ESX / ESXi 或 Hyper-V，LXD，以客人身份運行虛擬機。雲端作業系統中的虛擬機管理程序池可支持大量虛擬機，並能夠根據客戶的不同要求上下調整服務。

基礎架構即服務正在採用物體硬體並完全虛擬化 (例如，所有伺服器、網路、儲存及系統管理都存在於雲端中)。這相當於在雲端中運行的傳統 (非雲端運算) 方法中的基礎架構及硬體。換句話說，組織支付費用 (每月或每年) 從雲端中運行虛擬伺服器、網路及儲存。

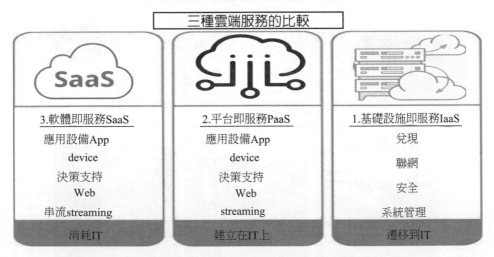

圖 4-53　基礎設施即服務 (infrastructure as a service, IaaS)

Chapter 5

IoT 感測器 (感應器 , sensor)

感測器 (sensor) 旨在偵測環境中所生事件或變化，並將這些訊息傳送至其他電子裝置 (如中央處理器)，通常它由敏感元件及轉換元件所組成。

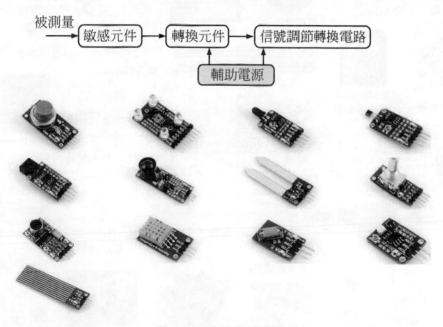

圖 5-1　感測器的組成

教學網
1.　https://create.arduino.cc/projecthub/projects/tags/robot (156 個機器人專案)
2.　https://www.youtube.com/watch?v=n8qNVQZU7B0
3.　https://www.youtube.com/watch?v=b7zT94WV-Ek&vl=en
4.　https://www.youtube.com/watch?v=5ImICeYm8NA
5.　https://www.youtube.com/watch?v=gcZkr3I6MyM

目前，坊間最出名的物聯網感測器或裝置，包括：活動與健身類監測器 (例如 Nike FuelBand 和 Fitbit)、Google Glass 可穿戴式電腦，以及 Tesla 汽車的哨兵模式 (讓您將 Tesla 在特定地點停妥時上鎖，並監控周圍可疑活動)。

在未來，可能冰箱可感測到裡面的肉類、蔬果是否快要腐壞、街道的感測器可即時告訴駕駛人停車位是違規的、數位水電錶可省去人工抄錶、天然氣閥之感測器可主動告知屋主家 gas 是否漏氣、醫院服務機器人會主動告知病患要掛哪一診間且引導位置，後續再提供用藥諮詢、農田上的稻草人即時回報土壤太乾嗎、有病蟲害嗎……。

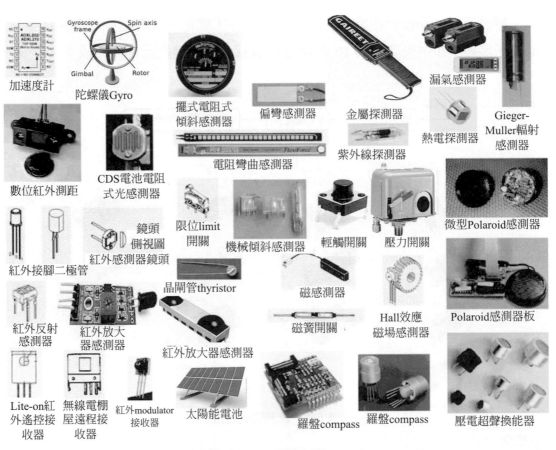

圖 5-2　感測器隨處可見

教學網
1. https://www.youtube.com/watch?v=iTW_mr3dVQI (IoT 及感測器 - 農業 IoT 的實作)
2. https://www.youtube.com/watch?v=cAKnTSJb-SE (十大 Arduino 感測器專案)
3. https://www.youtube.com/watch?v=_Mt1Pq48S7I (使 用 ESP8266 及 ThingSpeak 進行 IoT 溫度監測)
4. https://www.youtube.com/watch?v=pCoQE_gg-xk (Packet Tracer 7 中的 IoT- 使用 Blockly 對 IoT 設備進行程式設計)
5. https://www.youtube.com/watch?v=0x8b--UwBsM (Raspberry Pi Zero W- 將感測器連接到 Amazon AWS IoT)

　　物聯網應用場景不再是天方夜譚，它已經發生在身邊的生活中。IoT 係透過「感知 (sense)」、「瞭解 (understand)」與「行動 (act)」三步驟，例如，自駕車可感測車子是否會碰撞到障礙物而出車禍？街道上公車站的感測器 (感應器) 可以告訴市民公車多久會到站、可穿戴設備會主動通知主人的生理狀況、百貨公司迎賓機器人會主動告知消費者他想購買的商品在第幾層樓，或最優惠價格組合的東西、農田上的稻草人則會回報農耕品成長狀況，車廠主動通知車主保養時間及地點……等。

　　IoT 各部分的關鍵技術有：RFID、感測器、智慧晶片及無線電信網路。終端感應、網路連接及背景計算都是物聯網的三大關鍵技術，其中終端感更是三者的基礎。

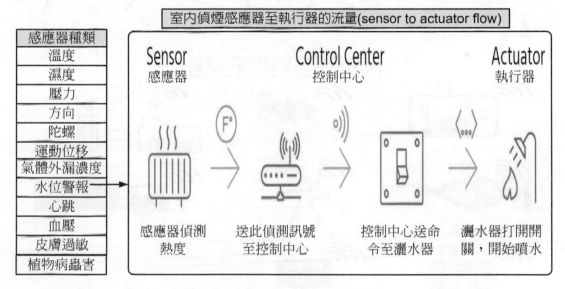

圖 5-3　IoT 系統 - 感測器及執行器

　　其中，執行器又稱致動器 (actuators) 是一台機器，它負責透過打開閥移動及控制的機構或系統中，例如房屋失火時，偵煙感測器本身就會啟動警報器 / 灑水器這二個執行器。簡單來說，執行器是一個「推動者」。

一、感測器 (sensor)

　　旨在檢測並測量位置、溫度、光線等的變化，它們是將數十億個對象 (物件，objects) 轉換為數據產生 "事物" 所必需的，這些 "事物" 可以報告其狀態，並且在某些情況下與其環境相互作用。

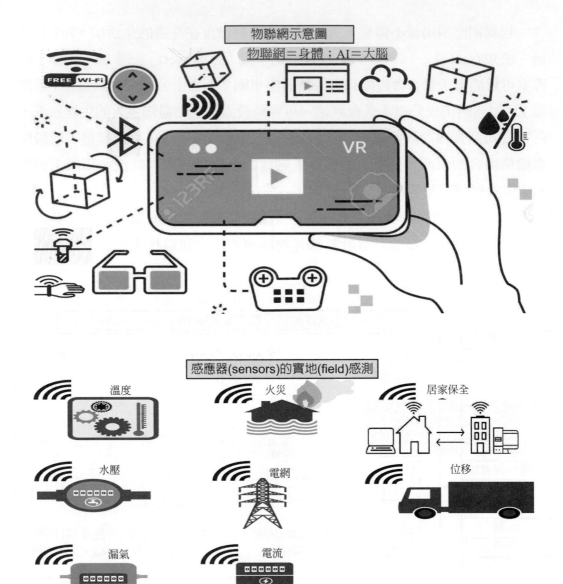

圖 5-4　物聯網及感測器（sensors）

教學網 https://www.slideshare.net/EricLo11/wsn4000-npi20110324

感測器無處不在？

　　例如，智慧電網 (Smart grid) 可以在各個層面 (從發電到輸電及配電到最終用途) 實作新的見解及操作控制，幫助收集及解釋數據，並採取有助於維護電網健康及穩定性的資產及區域的行動。這需要來自整個電網中各種感測器及儀表的即時數據。例如，測量 T&D 網路中的電壓、電能品量、變電站的時間同步及設備溫度，及家庭及組織中的智慧電錶及節能設備。

那麼感測器應該放在哪裡呢？

　　相信感測器將成為業界的默認設備。隨著圍繞這些技術的行業的併購活動不斷增加，價格迅速下降，使得在電網中實施感測器技術以幫助提高運營效率成為可能。所有這些多種感應、監控及控制功能將為公用事業公司應用各種類型的感測器帶來巨大機遇。如圖 5-5 所示是感測器技術可應用於電網的一些特定市場機會，其中一些需要更多時間才可用或變得更可靠。

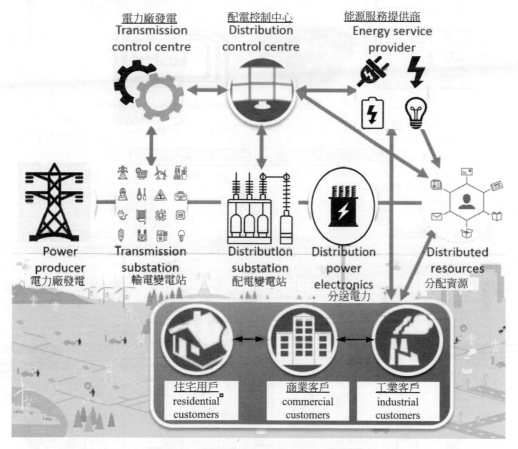

圖 5-5　智慧電網（smart grid）感測器

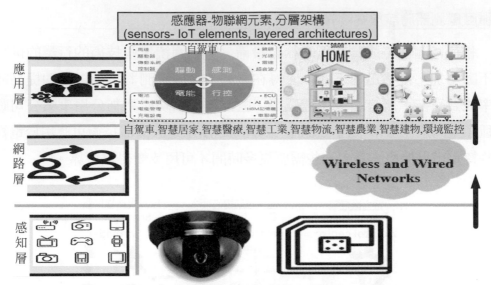

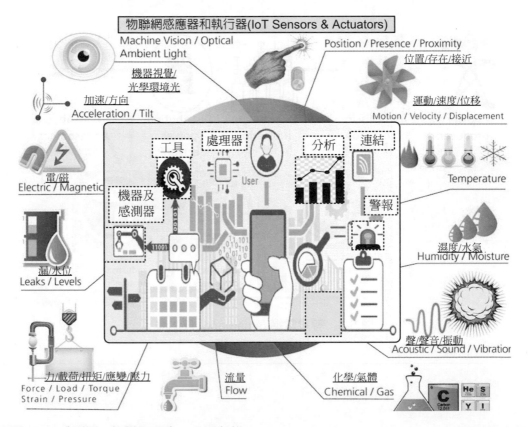

圖 5-6　感測器 - 物聯網元素，分層架構（sensors- IoT elements, layered architectures）

5-1 智慧設備如何工作：感測器、物聯網、大數據及 AI

感測器，物聯網 (IoT)、大數據及人工智慧 (AI) 之間形成的鏈。乍一看，所有這些隔離技術都連接在智慧設備中。

一、智慧設備 (smart devices) －什麼是感測器 (sensors) ？

智慧設備是電子設備，通常連接到經由不同的無線協定，如其它設備或網路的藍牙、NFC、無線網路連接、WIFI、3G 等，其可以互動並自主地操作到一定程度。幾種值得注意的智慧設備類型是智慧手機、智慧車、智慧恆溫器、智慧門鈴、智慧鎖、智慧冰箱、平板及平板電腦、智慧手錶、智慧手環，智慧鑰匙鏈、智慧揚聲器等。

感測器是生物學中所謂的感覺的人工實現。透過感測器，機器可以觀察環境並收集資訊。感測器測量物理量並將其轉換為信號。感測器將來自現實世界的測量結果轉換為數位域的數據。可以測量的參數幾乎是無限多樣的，例如位置、位移、運動、聲音頻率、溫度、壓力、濕度、電壓高低、攝影機影像、顏色、化學成分等。

目標是檢測環境中的事件或變化。感測器總是與其他電子設備一起使用，如燈一樣簡單或與計算機一樣複雜。先進的晶片技術使得以低成本、小體積及低能耗整合所有所需功能成為可能。周圍的感測器數量正在迅速增加，估計有所不同，但許多人預計到 2020 年將有超過 500 億個感測器透過物聯網相互連接。

二、智慧設備－我們為什麼要測量 (measure) ？

但為什麼要使用感測器？換句話說：為什麼要測量？眾所周知的常識是：「測量即知道」(to measure is to know)。這是指進行測量以提供具體的事實資訊的重要性。您可以比較，計算，預測及檢查數位。測量可以提供對進展順利且進展順利的事情的洞察力。透過測量來檢查是否已完成預期目標及目標是否已實現。測量可知道你 (or 無人車) 現在在哪裡、知道現在的情況 (會撞車嗎？)、從那裡做 (車該右轉一點嗎？) 才能變得更好。因此，您可以透過測量來學習及改進。

三、智慧解決方案－物聯網中的感測器 (IoT)

　　這些設備共同構成物聯網，配備感測器。透過這些感測器，設備可以收集有關其使用方式及周圍環境的數據。收集的數據可以像測量溫度一樣簡單，也可以像完整的視頻輸入一樣複雜。但也要考慮位置、聲音或濕度及機器或身體的不同測量值的感測器數據。這些設備具有內置 (無線) 連接，因此它們可以連接到 Internet 並可以交換數據。數十億連接設備是物聯網的一部分。物聯網的副作用是所有連接的設備都會產生大數據。

四、智慧設備－為何選擇物聯網？

　　物聯網提供以前無法獲得的無窮無盡的資訊。如果感測器數據已經存在，則很難分析，因為它來自各種各樣的設備。透過物聯網，可以記錄各種感測器的連續測量結果，可以輕鬆讀出。這使我們能夠辨識趨勢並做出預測。

　　物聯網使我們的生活變得更輕鬆 (智慧恆溫器)，將注意力轉移到效率上 (洗衣機在電價下降時啟動)，並幫助我們預測 (持續向我們提供資訊的身體監測器)。期望物聯網可以為與能源、環境及犯罪相關的重大社會問題提供解決方案。例如，隨著時間的推移，使用物聯網，我們將使用更少的能源，浪費更少的產品，花更少的錢。舉一個非常具體的例子：感謝物聯網，垃圾桶可以讓我們知道它們有多飽，因此是否需要清空它們。那些知道如何利用這些資訊的人可以更有效地工作。

五、智慧設備－來自物聯網感測器的大數據

　　物聯網呈指數級增長：越來越多的設備收集、儲存及交換數據。此外，消費者、組織、政府及公司自己也會產生越來越多的數據，例如社交媒體上的數據。數據量呈指數級增長。當人們使用一個或多個太大而無法使用常規資料庫管理系統維護的數據集時，人們會談論大數據。

　　越來越多的人聽說大數據描述了一個開發。它包含兩個組件。首先是計算機技術：越來越複雜的硬體及軟體，可以收集、處理及儲存更多數據。第二個組件是統計數據，可以在單獨數據的集合中查找含義。此定義中的大數據是指我們分析及使用不斷增加的數據量的可能性。大數據主要是關於從數據的處理及分析中實現附加值。特點是它涉及來自不同類型的源的非結構化，變化的數據，這些數據是即時處理的。

六、智慧設備－大數據的附加價值

大數據正在發揮越來越大的作用。畢竟，這些數據包含大量用於各種目的的資訊，例如行銷、科學研究或預防性維護。為了實際使用越來越多的數據，需要對數據進行良好而智慧的分析。大數據分析是研究大數據的過程 - 發現隱藏模型、未知相關性、市場趨勢、客戶偏好及其他有用資訊 - 以做出更明智的決策。

數據分析的優勢在於決策可以基於從事實中獲得的知識，從而減少對直覺及主觀體驗的依賴。有了這些知識，可以降低成本、簡化流程、提高產品及服務的品量。透過智慧地組合數據並透過解釋／翻譯，可以建立可用於新服務，應用程序及市場的新見解。該資訊還可以與來自各種外部來源的數據組合，例如天氣數據或人口統計數據。

七、智慧設備－物聯網與雲端之間的關係

(Smart devices - The relationship between IoT and Cloud)

物聯網產生了前所未有的大數據量，這大大增加 Internet 基礎設施的稅收。根據估計，到 2020 年，地球上所有人的數據將達到 5,200 千兆字節。為了支持當時預期的數十億配對設備，每天必須部署大約 340 個應用伺服器（或每年 120,000 台伺服器）。雲端運算提供滿足這些令人眼花繚亂的需求方法。

雲端運算是指根據請求透過網路提供硬體、軟體及數據。當在雲端中工作時，您可以在與您自己不同的位置儲存及檢索硬體、軟體及數據。由於此儲存位置不可見且有形，因此使用術語雲。一切都儲存在不知道的伺服器上。雲端代表一個網路，連接到它的所有計算機都形成一種雲端，最終使用者不知道軟體運行的程度及計算機的數量，或者計算機所在的位置。使用者擁有自己的可擴展的虛擬基礎架構，可擴展。如果沒有擴展的可能性，在線服務與雲端運算無關。

物聯網設備有時可以在自己的嵌入式軟體或韌體上運行，但它們也可以使用雲端來處理數據。發送的數據在 Cloudserver 中儲存及處理，即使用數據分析在數據中心中儲存及處理。一旦數據到達雲端，軟體就會處理數據。這可以非常簡單，例如檢查溫度值是否在可接受的範圍內。或者復雜，比如利用計算機視覺對視頻進行辨識（如家中的入侵者）。

八、智慧設備－雲端中物聯網及大數據分析

數據分析包含一系列旨在處理大量異質數據的高級技術。為了獲得物聯網數據的全部好處，需要提高大數據分析的速度及準確性。這涉及使用先進的定量方法，如人工智慧 (AI)，包括機器學習、探索數據、發現連接及模型。為了辨識潛在的問題，必須根據正常及非正常的數據來分析數據。必須在即時數據流的基礎上快速確定協定、相關性及偏差。在物聯網的情況下，人工智慧可以幫助將數十億的數據點降到真正有意義的地方。用傳統方法評估及理解所有大數據是不可能的。這只需要太多時間。

人們普遍認為物聯網及人工智慧對彼此的未來非常重要。人工智慧將使物聯網在規模上可行，透過物聯網，大多數人的生活每天都會受到人工智慧的影響。高度個性化服務的潛力是無窮無盡的，並將徹底改變人們的生活方式。

九、智慧設備－為什麼傳統分析還不夠

在物聯網方面，通常需要確定來自數十個感測器的輸入與快速產生數百萬個數據點的外部因素之間的相關性。機器學習從結果變量 (例如節能) 開始，然後自動搜索預測變量及其相互作用。如果知道自己想要什麼，機器學習就很有價值，但只是不知道做出決定的重要輸入變量。因此，您將演算法賦予目標，然後讓它 "學習" 哪些因素對於實現該目標很重要。

此外，機器學習對於準確預測未來事件也很有價值。隨著捕獲及吸收更多數據，演算法不斷得到改進。這意味著演算法可以進行預測，並且可以看到實際發生的情況，可以進行比較以使調整變得更加準確。透過機器學習實現的預測分析對於許多物聯網應用來說非常有價值。透過從多個感測器收集數據，演算法可以了解什麼是典型的，然後檢測何時發生異常。

十、智慧設備－物聯網，大數據及人工智慧是不可分割的

實質上，物聯網涉及嵌入在各種設備中的感測器，並透過 Internet 連接將數據流發送到一個或多個中央 (雲端) 位置。然後可以分析該數據。這些結果用於改善使用者的生活。所有物聯網設備都遵循以下五個基本步驟：測量、發送、儲存、分析、操作。物聯網應用程序值得購買 (或製造) 的原因在於該鏈條的最後一步 "行動"。表演可以意味著無數的事物，從物理行為到提供資訊。無論表演如何，其價值完全取決於 "分析"。AI(或者說機器學習) 在

這種分析中起著至關重要的作用。透過機器學習，可以在數據中檢測模型。當機器學習應用於"分析"步驟時，需要提高大數據分析的速度及準確性，以確保物聯網履行其承諾。如果不能使用它，世界上的所有數據都是完全無用的。分析物聯網產生的這些數據的唯一方法是使用機器學習。透過機器學習，可以找到模型，相關性及異常，從中可以學習經驗，從而最終可以做出更好的決策。大數據的潛力只有在與 AI 結合時才能真正實現。

十一、智慧設備－ AI 及物聯網構成智慧機器

物聯網解決方案與 AI 的結合可實現即時反應，例如透過讀取車牌或分析面部的遠程攝影機。此外，AI 之後處理數據，例如搜索數據中的模型及執行預測分析。AI 使來自物聯網設備的大量數據變得有價值，而物聯網則是人工智慧需要開發的即時數據的最佳來源。設備從"智慧"（即透過相應的移動應用連接到 Internet）轉變為"智慧"，其特點是設備能夠從與使用者及其他設備的互動中學習，及與所有其他設備的互動網路中的設備。人工智慧確實可以幫助物聯網設備變得智慧化。

十二、智慧設備－大數據智慧

大數據智慧的未來是什麼樣的；大數據與人工智慧的融合？可以解決哪些看似不可能的挑戰？更好的工作，更可持續的環境，更智慧的經濟，更安全的世界，治愈癌症？

得益於大數據，數據科學家可以暢通無阻地擷取並使用大量數據集。數據科學家現在可以依賴數據本身，而不是依賴有代表性的數據示例。這就是為什麼許多組織已經從假設的方法轉向"數據優先"的方法，可以讓數據確定方向並講述故事。大數據使環境能夠透過迭代刺激發現。因此，可以更快地學習。

5-2　工業物聯網的感測器,常用有 7 種

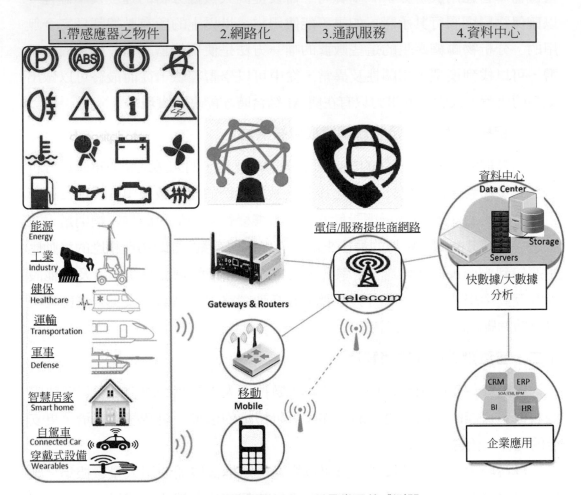

圖 5-7　工業物聯網有 7 種最常用的感測器

一、適用於物聯網感測器及控制的 Magic Mobile 應用程序

借助 Magic 技術,構建連接物聯網感測器及控制及後端系統的自定義移動應用程序,現在已經成為中型 IT 部門的目標。

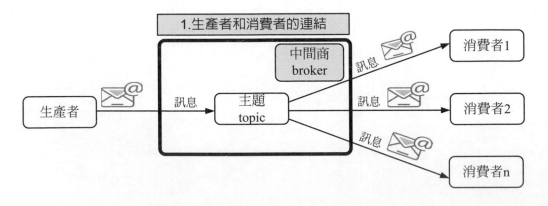

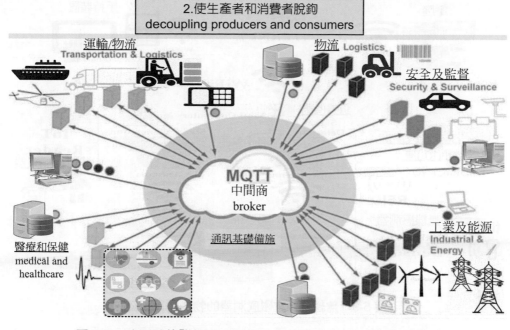

圖 5-8　適用於物聯網感測器及控制的 Magic Mobile 應用程序

教學網 https://www.youtube.com/watch?v=5q0Vqyi2wa8

其中，MQTT(消息隊列遙測傳輸) 是 ISO 標準 (ISO/IEC PRF 20922) 下基於發布 / 訂閱範式的消息協定。它屬 TCP/IP 協定族，特別適合於硬體性能低之遠程設備以或網路狀況差的情況下，所設計的發布 / 訂閱型消息協定。

二、無線無源電磁感測器的物聯網讀卡器

在過去幾年中，已經報導許多無源電磁感測器。其中一些感測器用於測量有害物質。而且，這些感測器的響應通常是用實驗室設備獲得的。這種方法大大增加感應系統的總成本及復雜性。在這項工作中，提出一種用於無源無線電磁感測器的新型低成本便攜式物聯網 (IoT) 讀取器。讀取器用於在短距離無線鏈路內詢問感測器，避免直接接觸被測物質。閱讀器的物聯網功能允許從計算機及手持設備進行遙感。為此目的，所提出的設計基於四個功能層：輻射層、RF 介面、IoT 微型計算機及功率單元。如圖 5-9 所示，設計並製造所提出的閱讀器的演示器。演示者透過對不同物質的遠程測量表明，所提出的系統可以估計介電常數。已經證明，可以從讀取器測量中提取具有小誤差的線性近似。值得注意的是，所提出的讀取器可以與其他類型的電磁感測器一起使用，其傳導頻域中的幅度變化。

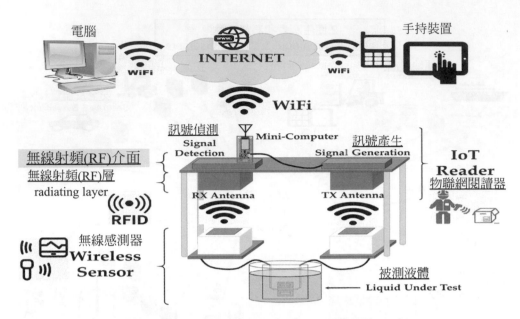

圖 5-9　無線無源電磁感測器的物聯網讀卡器

5-3　IoT 最常用感測器有 15 類型

物聯網平台使用各種感測器運行並提供各種智慧及數據。它們用於收集數據，推送數據並與整個連接設備網路共享數據。所有這些收集的數據使設備能夠自動運行，整個生態系統每天都變得 "更加智慧"。

透過組合一組感測器及通信網路，設備彼此共享資訊並且正在改進其有效性及功能。

以特斯拉汽車為例。汽車上的所有感測器都記錄了他們對周圍環境的感知，將資訊上傳到龐大的資料庫中。然後處理數據並將所有重要的新資訊發送到所有其他車輛。這是一個持續的過程，透過這個過程，整個特斯拉車隊每天都變得更加智慧。

讓我們來看看在物聯網世界中廣泛使用的一些關鍵感測器。

一、溫度感測器 (temperature sensors)

溫度是生命中最常測量的參數之一。溫度感測器基本上描述了身體的熱或冷。溫度感測器通常透過感應測量裝置或材料的物體特性的一些變化來測量溫度。

根據定義，"用於測量熱能量的設備稱為溫度感測器，該設備允許檢測來自特定源的溫度的物理變化並轉換設備或用戶的數據。"

這些感測器已在各種設備中部署了很長時間。然而，隨著物聯網的出現，他們發現在更多設備中存在更多空間。

僅在幾年前，它們的用途主要包括空調控制，冰箱及用於環境控制的類似設備。然而，隨著物聯網世界的到來，他們已經在製造過程，農業及健康產業中發揮了作用。在製造過程中，許多機器需要特定的環境溫度及設備溫度。透過這種測量，製造過程始終保持最佳狀態。

另一方面，在農業中，土壤溫度對作物生長至關重要。這有助於植物的生產，最大化產量。

溫度感應儀器有下列幾種類型，其工作原理亦不相同：

1. 熱電偶 (thermocouple)

這是一種溫度感應裝置，它使用由一端焊接的不同金屬製成的兩個線腿，形成一個結點，這個結點是溫度測量點，當結點經歷溫度變化時，產生的電壓可以回饋回來到溫度。熱電偶合金通常以線材形式提供。它的測量溫度範圍為 $-200°C$ 至 $2000°C$。如圖 5-10 所示說明熱電偶系統。

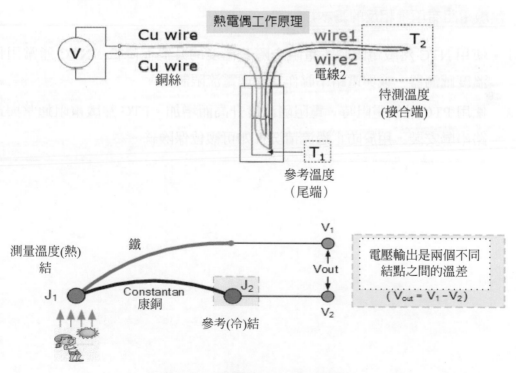

圖 5-10 熱電偶 (thermocouple)

教學網
1. https://www.circuitmagic.com/arduino/temperature-sensor-with-arduino-k-type-
    thermocouple-sensor-max6675-module/（Arduino 的溫度感測器）
2. https://www.instructables.com/id/Artificial-Intelligence-With-Arduino/（ 帶 Arduino
    的 DIY 多功能機器人）

2. 熱敏電阻 (thermistor)

水稱為溫度敏感電阻，最初源於 "熱" 敏感的 res-"istor" 的組合。它
們通常由陶瓷材料 (ceramic materials) 製成。它們的巨大優勢在於它們對
溫度的快速反應。

熱敏電阻是一種電阻，其電阻取決於溫度，比標準電阻更重要。這
個詞是熱量及電阻器的結構。熱敏電阻廣泛用作浪湧電流限制器、溫度
感測器 (通常為負溫度係數或 NTC 型) 自複位過流保護器及自調節加熱
元件 (通常為正溫度係數或 PTC 型)。

熱敏電阻有兩種相反的基本類型

1. 使用 NTC 熱敏電阻時，電阻會隨著溫度的升高而降低。NTC 通常用作
    溫度感測器，或與電路串聯作為浪湧電流限制器。

2. 使用 PTC 熱敏電阻時，電阻隨溫度升高而增加。PTC 熱敏電阻通常與電
    路串聯安裝，用於防止過流情況，如可複位保險絲。

　　熱敏電阻與電阻溫度檢測器 (RTD) 的不同之處在於，熱敏電阻中使用的材料通常是陶瓷或聚合物，而 RTD 使用純金屬。熱敏電阻採用珠子、棒及圓盤的形式，但 RTD 具有不同的形狀及尺寸。溫度響應也不同；RTD 適用於較大的溫度範圍，而熱敏電阻通常在有限的溫度範圍內（通常為 –90℃至 130℃）實作更高的精度。

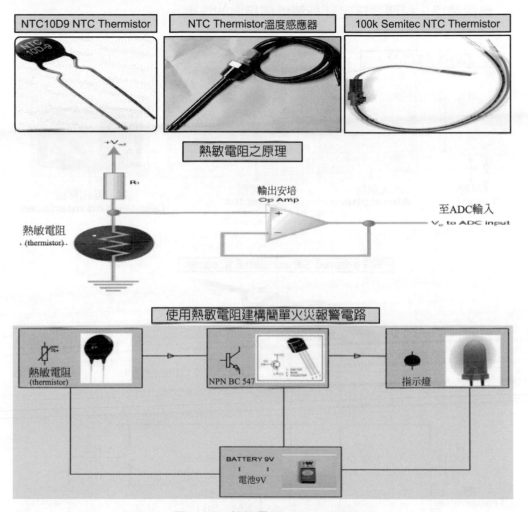

圖 5-11　熱敏電阻 (thermistor)

教學網
1. https://www.youtube.com/watch?v=Q7kR1So8FZg（使用 Arduino 熱敏電阻測量溫度）
2. http://www.circuitbasics.com/arduino-thermistor-temperature-sensor-tutorial/（製作 ARDUINO 溫度感測器）
3. http://www.electronics-lab.com/make-arduino-temperature-sensor-thermistor-tutorial/（製作 ARDUINO 熱敏電阻）

3. 紅外感測器 (infrared sensor, IR)

這種形式的溫度測量裝置使用熱輻射工作。紅外線溫度計使用透鏡將來自一個物體的紅外光聚焦到稱為熱電堆的探測器上，然後熱電堆將紅外輻射轉化為熱量。

紅外線能量越多，熱電堆越熱，然後將這些熱量轉化為電能然後送到探測器，探測器確定紅外測溫儀指向的溫度。

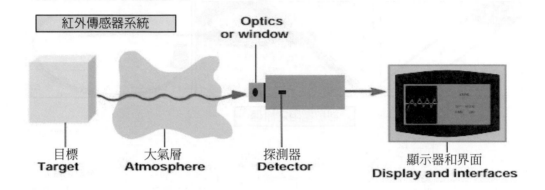

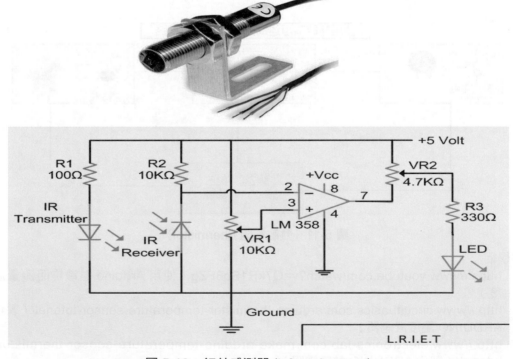

圖 5-12　紅外感測器 (infrared sensor)

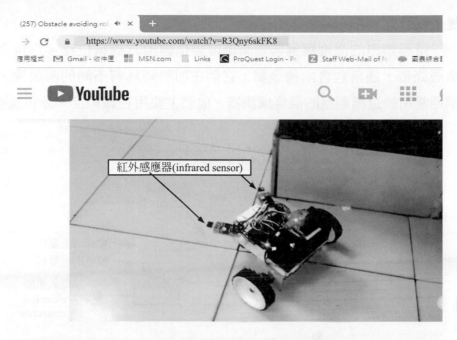

圖 5-13 紅外感測器 (infrared sensor) 之機器人 DIY

教學網
1. https://www,youtube.com/watch?v=R3Qny6skFK8（避障機器人使用 Ir 感測器 ,Arduino Uno）
2. https://www.youtube.com/watch?v=A2Yyab2VGyc（避障紅外感測器）

4. 雙金屬裝置 (bimetallic devices)

這種類型的溫度感應裝置將溫度變化轉換為機械位移，它包含一個金屬條帶，通常包含兩種金屬，它們在加熱時具有不同的膨脹性，鋼及銅通常用於這種類型的溫度感測器。他們主要用在鐵製品、冰箱及空調。

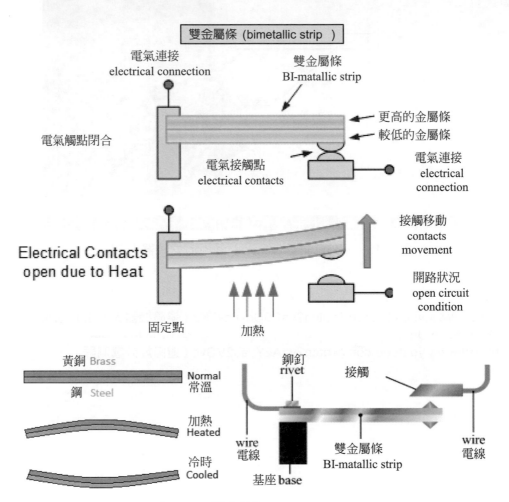

圖 5-14　雙金屬條 (bimetallic strip)

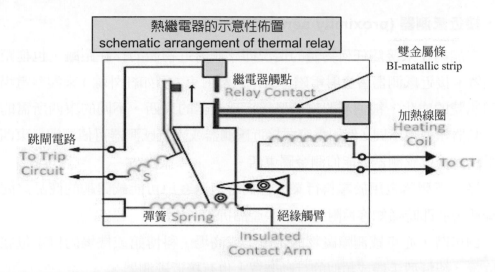

圖 5-14 雙金屬條（bimetallic strip）（續）

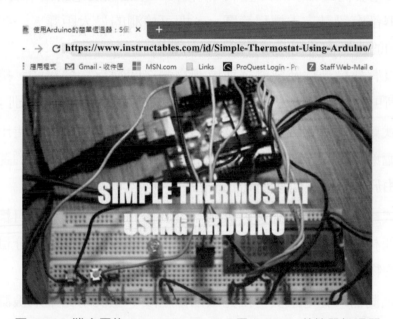

圖 5-15 雙金屬條（bimetallic strip）：用 Arduino 的簡單恆溫器

教學網

1. https://www.instructables.com/id/Simple-Thermostat-Using-Arduino/（用 Arduino 的簡單恆溫器）

2. http://srajaprojects.blogspot.com/2017/12/bimetallic-strip-iii.html（機械工程專案）

二、接近感測器 (proximity sensor)

它能夠在未接觸任何物體的情況即感測附近物體的存在距離，也稱距離感測器。接近感測器會發射電磁場或電磁輻射束 (例如紅外線) 來觀察電場或返回訊號的變化。被偵測的物體是接近感測器的東西。不同的東西所需的接近感測器類型也不同，例如電容式接近感測器或光電感測器可偵測塑料東西，而電感式接近感測器只能偵測金屬東西。

接近感測器也用於零售行業，它們可偵測客戶可能感興趣的商品之間的關聯性，並即時通知客戶附近有那些產品折扣。

倒車時，亦可感測障礙物的距離；或商場、科博館或機場的停車位在那個位置。智慧型手機或類似的行動裝置上也有接近感測器。

接近感測器還用於機器振動監測，以測量軸與其支撐軸承之間的距離變化。這在使用套筒式軸承的大型蒸汽渦輪機、壓縮機及電動機中很常見。

感測器都有設計上「標稱範圍」，即可檢測的最大距離。一些感測器有標稱範圍內的調整與檢測距離分級報告的能力。

由於沒有機械部件及感測器與感測物體之間缺乏物體接觸，接近感測器可以具有高可靠性及長使用壽命。以下是一些接近感測器的子類別：

1. 電感式感測器：電感式接近感測器用於非接觸式檢測，以使用電磁場或電磁輻射束找出金屬物體的存在。它可以比機械開關更高的速度運行，並且由於其堅固性而似乎更可靠。

2. 電容式感測器：電容式接近感測器可以檢測金屬及非金屬目標。幾乎所有其他材料都是與空氣不同的電介質。它可用於透過大部分目標感知非常小的物體。因此，通常用於困難及復雜的應用程序。

3. 光電感測器：光電感測器由光敏部件組成，並使用光束來檢測物體的存在與否。它是電感式感測器的理想替代品。並用於長距離感應或感應非金屬物體。

4. 超聲波感測器：超聲波感測器還用於檢測存在或測量，類似於雷達或聲納的目標距離。這為惡劣及苛刻的條件提供可靠的解決方案。

距離感測器 (distance sensor) — 例如,汽車防撞系統

紅外距離感測器 (IR distance sensor) 也稱為銳距離感測器 ,用於檢測附近物體的存在。該感測器採用連續距離讀數,並將距離報告為模擬電壓,可用於確定最近物體的接近程度。感測器適用於短距離檢測,即從 10 厘米 (～ 4 英寸) 到 80 厘米 (約 32 英寸)。這種感測器用於電視、汽車及個人電腦。

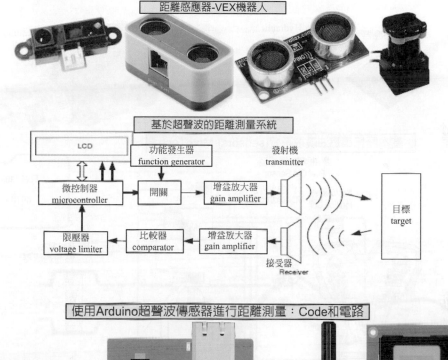

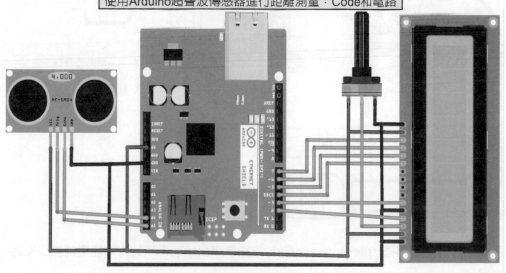

圖 5-16 距離感測器 (distance sensor) (汽車防撞系統)

教學網
1. https://www.sparkfun.com/news/2787
2. https://www.youtube.com/watch?v=Bm9H65yu7Zw
3. https://www.youtube.com/watch?v=D5eOF2Wu4jE

三、壓力感測器 (pressure sensor)

壓力感測器 (pressure sensor) 旨在測量氣體或液體壓強的感測器。它是將感應壓力轉換成電信號的裝置。產業設多設備都須感測液體壓力，利用感測器旨在建立 IoT 系統。如果偏離標準壓力範圍，設備會通知系統管理員任何應修復的問題。

不同種類的壓力感測器有各自的工作原理與不同的應用環境。

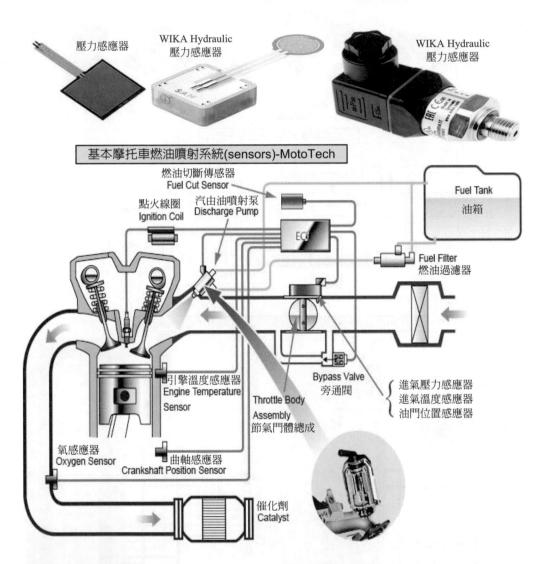

圖 5-17　壓力感測器 (pressure sensor)(汽機車燃料噴射系統比化油器更能減少空污)

教學網
1.　https://www.youtube.com/watch?v=zUN2ZYdYAUo
2.　https://www.youtube.com/watch?v=Tn5PSzW2O7M
3.　https://www.youtube.com/watch?v=EyZJ__GyW7I

四、水質感測器 (water quality sensor)

水質感測器主要用於檢測水質及離子監測，主要用於配水系統。

水幾乎隨處可見。這些感測器在監測不同用途的水質時起著重要作用。它們用於各種行業。常用的水感測器，包括：

1. 氯殘留感測器：它測量水中的氯殘留（即游離氯、一氯胺及總氯），並且由於其效率最廣泛用作消毒劑。

2. 總有機碳感測器：TOC 感測器用於測量水中的有機元素。

3. 濁度感測器：濁度感測器測量水中的懸浮固體，通常用於河流及河流測量，廢水及污水測量。

4. 電導率感測器：電導率測量在工業過程中進行，主要是為了獲得水溶液中總離子濃度（即溶解的化合物）的資訊。

5. pH 感測器：用於測量溶解水中的 pH 值，表示酸性或鹼性（鹼性）。

6. 氧還原電位感測器：ORP 測量可提供對溶液中發生的氧化 / 還原反應水平的深入。

五、化學感測器 (chemical sensor)

它應用於許多行業。旨在指出液體的變化或發現空氣化學變化。在大城市中它們發揮著重要功能，必要時會追蹤變化並保護市民。

化學感測器的主要用在工業環境監測及過程控制，包括：有無釋放有害化學之檢測，爆炸及放射性之檢測，加油站 / 製藥工業 / 實驗室的回收過程。

坊間常用的化學感測器，有：化學場效應晶體管、Chemiresistor、電化學氣體感測器、熒光氯感測器、硫化氫感測器、非分散紅外感測器、pH 玻璃電極、電位感測器、氧化鋅納米棒感測器。

六、氣體感測器 (gas sensor)

氣體檢測器 (gas detector) 旨在檢測區域內氣體存在的裝置，通常作為安全系統的一部分。它與化學感測器一樣，專門用於製造業、農業及健康等眾多行業，用於空氣品質監測、有毒或可燃氣體檢測、煤礦危險氣體監測，或在石油及天然氣工業、化學實驗室研究、製造（油漆、塑料、橡膠、製藥及石化）等。

這種類型的設備用於檢測氣體洩漏或其他排放物，並且可以與控制系統連接，因此可以自動關閉過程。氣體探測器可以向發生洩漏的區域的操作員發出警報，使他們有機會離開。這種類型的裝置很重要，因為有許多氣體可能對有機生命有害，例如人或動物。

氣體探測器可用於探測可燃、易燃及有毒氣體及氧氣消耗。這種類型的裝置廣泛用於工業中，並且可以在諸如石油鑽井平台的位置中發現，以監視製造過程及諸如光伏的新興技術。它們可用於消防。

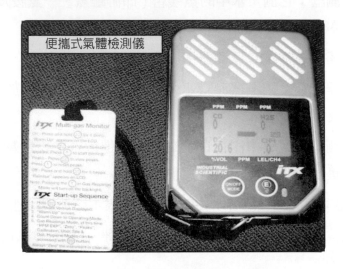

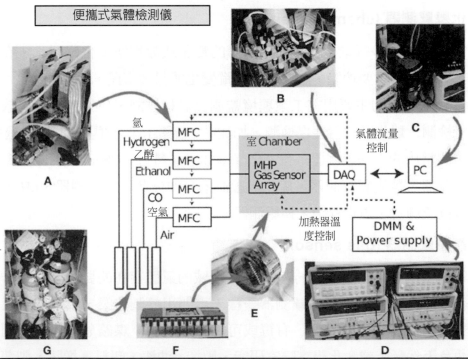

用於表徵氣體傳感器陣列的實驗裝置：(A)四個質量流量控制器，(B)數據採集板(DAQ)，(C)台式計算機，(D)電源和數字萬用表，(E)容納氣體傳感器陣列的腔室，其封裝在(F)24針陶瓷雙列直插式封裝(CDIP24)和(G)三種氣體中，即H2，乙醇和CO。

圖 5-18　氣體感測器（gas sensors）

常見的氣體感測器，包括：二氧化碳感測器、Breathalyzer、一氧化碳檢測儀、催化珠感測器、氫感測器、空氣污染感測器、氮氧化物感測器、氧感測器、臭氧監測儀、電化學氣體感測器、氣體檢測儀、濕度計。

七、煙霧感測器 (smoke sensor)

煙霧感測器旨在感知煙霧（空氣中的微粒及氣體）及其水平的裝置。隨著物聯網的發展，它們在居家廚房是強制必裝的裝置，發生火災時，該系統立即通知用戶發生的問題。

煙霧感測器廣用於製造業、建築物、HVAC 及住宿基礎設施，以檢測火災及氣體發生率。

常見煙霧感測器的類型有：

1. 煙霧感測器可檢測其場地周圍是否存在煙霧、氣體及火焰。它可以透過光學方法或透過物理方法或透過使用這兩種方法來檢測。
2. 光學煙霧感測器（光電）：光學煙霧感測器使用光散射原理觸發乘員。
3. 電離煙霧感測器：電離煙霧感測器的工作原理是電離，一種化學物質來檢測引起觸發警報的分子。

八、紅外感測器 (IR sensors)

紅外感測器旨在發射或檢測紅外輻射來感測其周圍環境的某些特徵。它還能夠測量物體發出的熱量。

它也用於各種物聯網專案，尤其是醫療保健，因為它們可以簡化血流量及血壓監測。也可用於各種智慧設備（如智慧手錶及智慧手機）。紅外感測器的用途包括：家電及遠程控制、光通信、呼吸分析、汽車盲角檢測、紅外視覺（即顯現熱洩漏電子，監測血流量、藝術歷史學家下塗料為何種材料？）、可穿戴電子設備、非接觸式溫度測量。

九、液位感測器 (level sensors)

用於確定在開放或封閉系統中流動的流體、液體或其他物質的水平或量的感測器稱為液位感測器。與紅外感測器一樣，液位感測器也存在於眾多行業中。它們主要用於測量燃料水平，但也用於使用液體材料的組織。例如，回收行業及果汁及酒精行業依靠這些感測器來衡量所擁有的流動資產的數量。

　　水平感測器的最佳使用案例是，開放式或封閉式容器中的燃料計量及液位、海平面監測及海嘯預警、水庫、醫療設備、壓縮機、液壓油箱、機床、飲料及製藥加工、高或低水平檢測等

　　這有助於更好地簡化其業務，因為感測器始終收集所有重要數據。透過使用這些感測器，任何產品經理都可以準確地看到準備分配多少液體及是否應該加強製造。

　　有兩種基本的液位測量類型：

1. 點液位感測器：點液位感測器通常檢測特定的特定液位，並在感應物體高於或低於該液位時響應用戶。它被集成到單個設備中以獲得警報或觸發。

2. 連續液位感測器：連續液位感測器測量指定範圍內的液體或乾物料水平，並提供連續指示液位的輸出。最好的例子是車輛中的燃油液位顯示。

十、影像感測器 (image sensors)

　　影像感測器 (image sensor) 或成像器旨在檢測及傳送用於製作影像的資訊的感測器。它將光波的可變衰減 (當它們穿過或反射物體時) 轉換成信號，籍傳遞資訊的小突發電流來實作。波可以是光或其他電磁輻射。

　　影像感測器是用於將光學影像轉換成電子信號，以便以電子方式顯示或儲存文件的儀器。影像感測器用於模擬及數位類型的電子成像設備，其包括數位相機模組、醫學成像設備，諸如熱成像設備的夜視設備、雷達、聲納、生物辨識及 IRIS 設備。隨著技術的變化，數位成像往往取代模擬成像。

　　影像感測器有兩類型：CCD(電荷耦合器件)、CMOS(互補金屬氧化物半導體) 成像器。每種類型的感測器雖然使用不同的技術來捕獲影像，但 CCD 及 CMOS 成像器都使用金屬氧化物半導體，對光具有相同的靈敏度。

　　普通消費者會認為這是一款普通的相機，但即使這並不是事實，影像感測器與各種不同的設備相連，使其功能更加完善。

　　其中一個最著名的用途包括汽車行業，其中影像起著非常重要的作用。透過這些感測器，系統可以辨識駕駛員通常會在路上註意到的標誌，障礙物及許多其他事物。它們在物聯網行業中扮演著非常重要的角色，因為它們直接影響無人駕駛汽車的進步。它們還可改進的安全系統中實作，其中影像有助於捕獲有關犯罪者的詳細資訊。

在零售行業，這些感測器用於收集有關客戶的數據，幫助組織掌握實際造訪其商店的族群。種族、性別與年齡只是零售業主使用這些物聯網感測器獲得的一些有用參數。

十一、運動檢測感測器 (motion detection sensors)

它是電子設備，旨在檢測給定區域內的物理運動，並將運動轉換為電信號。

運動檢測在安全行業中發揮著重要作用。居家也都安裝這類感測器，用途有：入侵檢測系統、自動門控制、動臂屏障、智慧攝影機、收費停車場、自動停車場、自動水槽 / 廁所沖洗器、馬桶沖水器、能源管理系統 (即照明、空調、風扇、電器控制) 等。

儘管它們的主要用途與安全行業相關。迄今，運動感測器類型有：

1.　被動紅外 (PIR)：它檢測體熱 (紅外能量) 及家庭安全系統中使用最廣泛的運動感測器。
2.　超聲波：發出超聲波脈衝並測量運動物體的反射透過追蹤聲波的速度。
3.　微波：發出無線電波脈衝並測量移動物體的反射。它們覆蓋的區域比紅外及超聲波感測器更大，但它們易受電氣乾擾而且更昂貴。

十二、加速計感測器 (accelerometer sensors)

重力感測器 (g-sensor)，又稱線性加速度計 (Accelerometer)，旨在提供速度和位移的資訊；相對地，陀螺儀 (Gyro Meter) 旨在供方位角 (heading) 資訊。這類感測器是感應 / 測量一些微小的物理量的變化，如電容 (capacitance) 值、電阻 (resistance) 值、應力 (stress) 值、形變 (deformation) 量、位移量等，並以電壓信號來表示這些變化量，再經過公式轉換後可得資訊。

其中，加速度計是換能器，旨在測量物體由於慣性力而經歷的物理或可測量的加速度，並將機械運動轉換為電輸出。它是速度相對於時間的變化率。

加速度計用途有：檢測振動、傾斜及加速度、監控的駕駛車隊；它也是防盜保護的裝置，因為車停時應是保持靜止的物體，車移動時感測器可即時發出警報。

有各種類型的加速度計，以下幾種主要用於物聯網專案：

1. 霍爾效應加速度計：霍爾效應加速度計使用霍爾原理來測量加速度，它測量由周圍磁場變化引起的電壓變化。

2. 電容式加速度計：感應輸出電壓的電容式加速度計取決於兩個平面之間的距離。電容式加速度計也不易受噪聲及溫度變化的影響。

3. 壓電加速度計：壓電感應原理正致力於壓電效應。基於壓電薄膜的加速度計最適合用於測量振動，衝擊及壓力。

每種加速度計感應技術都有其自身的優勢及妥協。在選擇之前，了解各種類型及測試要求的基本差異非常重要。

十三、陀螺儀感測器 (gyroscope sensors)

陀螺儀 (古希臘語 γῦρος *gûros*, "circle"；σκοπέωéō *skopéō*, "to look") 是一種用於測量或保持方向及角速度的裝置。它是一個旋轉輪或圓盤，其中旋轉軸自由地呈現任何方向。旋轉時，根據角動量守恆，該軸的方向不受安裝件傾斜或旋轉的影響。

圖 5-19　陀螺儀 (gyroscope)

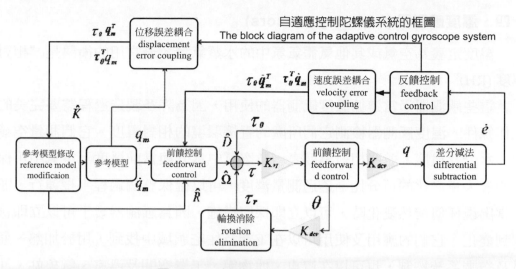

圖 5-19　陀螺儀（gyroscope）（續）

　　基於其他工作原理的陀螺儀也存在，例如電子設備中的微晶片封裝的 MEMS 陀螺儀、固態環形 laser 器、光纖陀螺儀及極其敏感的量子陀螺儀。

　　陀螺儀感測器是用於測量角速率或角速度的感測器或設備，角速度的定義為圍繞軸的旋轉速度的測量。它是一種主要用於導航及測量 3 軸方向角速度及旋轉速度的裝置。最重要的應用是監視對象（物件,objects) 的方向。

　　陀螺儀常用於慣性導航系統（例如哈伯望遠鏡、坦克車炮管或在潛水艇的鋼殼內）。陀螺儀也用於 gyrotheodolites 來維持隧道開挖的方向。

　　陀螺儀常可用於：汽車導航系統、遊戲控制器、消費電子產品、蜂窩及相機設備、無人機或遙控直升機、車輛控制 /ADAS 等。

　　有幾種不同類型的陀螺儀感測器，其工作機理、輸出類型、功率、感應範圍及環境條件都是選擇的：

1. 旋轉（傳統）陀螺儀。

2. 振動結構陀螺儀。

3. 光學陀螺儀。

4. MEMS(微機電系統) 陀螺儀。

　　這些感測器始終與加速度計結合使用。使用這兩個感測器只是為系統提供更多的反饋。透過安裝陀螺儀感測器，許多設備可以幫助運動員提高運動效率，因為他們可以在體育活動中獲得運動員的運動。

　　這僅是其應用的一個示例，然而，由於該感測器的作用是檢測旋轉或扭曲，其應用對於某些製造過程的自動化是至關重要的。

十四、濕度感測器 (humidity sensors)

濕度定義為空氣或其他氣體氣氛中的水蒸氣量。最常用的術語是 "相對濕度 (RH)"。

這些感測器通常遵循溫度感測器的使用，因為許多製造過程需要完美的工作條件。濕度感測器檢測它們所處的直接環境的相對濕度。它們測量空氣中的水分及溫度，並將相對濕度表示為空氣中水分與當前溫度下空氣中可保持的最大量之比的百分比。透過測量濕度，可以確保整個過程平穩運行，並且當出現任何突然變化時，可以立即採取措施，因為感測器幾乎可以立即檢測到變化。它們的應用及使用可以在工業及住宅領域中找到，用於加熱、通風及空調系統控制，也可以在汽車、博物館、工業空間及溫室、氣象站、油漆及塗料行業、醫院及製藥行業中找到，以保護藥品。

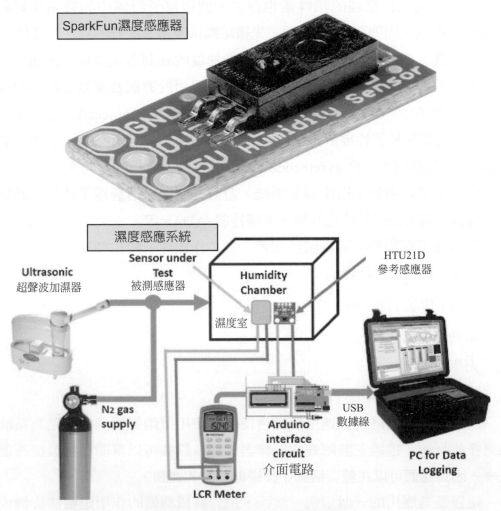

圖 5-20　濕度 (humidity) 感測器

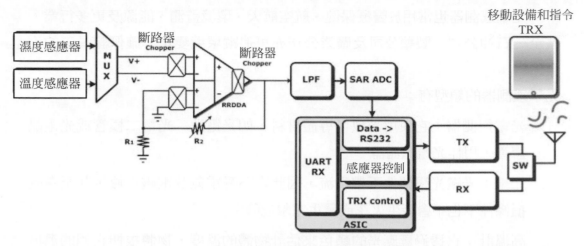

圖 5-20　濕度 (humidity) 感測器（續）

教學網

1. https://create.arduino.cc/projecthub/projects/tags/water（濕度感測器模組）
2. http://www.icstation.com/humidity-sensor-module-c-362_364.html（33 項水專案）

十五、光學感測器 (optical sensors)

　　光學感測器旨在測量光線的物理量 (溫度、水氣、壓力 ...) 並將其轉換成可讀的電信號，其背後技術使其能夠監測電磁能量 (包括電力、光線)……。光學感測器主要應用在：環境光檢測、數位光開關 (如圖 5-21 所示)……。由於電隔離最適合石油及天然氣上應用、民用及運輸領域、高速網路系統、鐵捲門防夾控制、裝配線部件計數器及安全系統。

圖 5-21　感測器的 On/Off 與光譜模型指示彼此運動

來源：Keyence(2019). 數位光纖光學感測器 FSN-40 系列

　　光學感測器也常用於醫療保健、航空航天、環境監測、能源及更多行業。甚至，石油公司、製藥公司及礦業公司亦可追蹤環境變化，確保證員工的安全。

光學感測器的類型有：

1.　光電探測器：它使用光敏半導體材料，如光電池、光電二極管或光電晶體管，用作光電探測器

2.　光纖：光纖光學器件不帶電流，因此它不受電氣及電磁干擾，甚至在受損條件下也不會產生火花或發生電擊危險。

3.　高溫計：它透過感應光的顏色來估計物體的溫度，物體根據它們的溫度輻射光並在相同的溫度下產生相同的顏色。

4.　接近及紅外：接近使用光來感測附近的物體，並且在可見光不方便的地方使用紅外線。

　　顯而易見，物聯網已經變得非常受歡迎，目前的趨勢表明它是未來。它簡化了各種流程的自動化，使這些系統對普通消費者及組織都非常有用。

紅外線 (Infrared radiation, IR) 測距

　　紅外 (IR) 輻射是一種類型的電磁輻射 (一個波與電力)。波比人類可以看到的光更長，比微波更短。紅外線一詞意味著紅色。它來自拉丁文單詞 infra (意思如下) 及英文單詞 red。(紅外光的頻率低於紅光的頻率。) 紅光具有人眼可以看到的最長波長。眼睛看不到紅外波。

　　近紅外波之間 800 納米及 1.4 微米。來自太陽的大部分紅外線都是近紅外線。熱成像主要透過 8 到 15 微米的波來完成。人們將紅外線視為熱量。

　　大多數遙控器使用紅外線發送控制信號。許多用於防空戰的導彈透過紅外線找到目標。

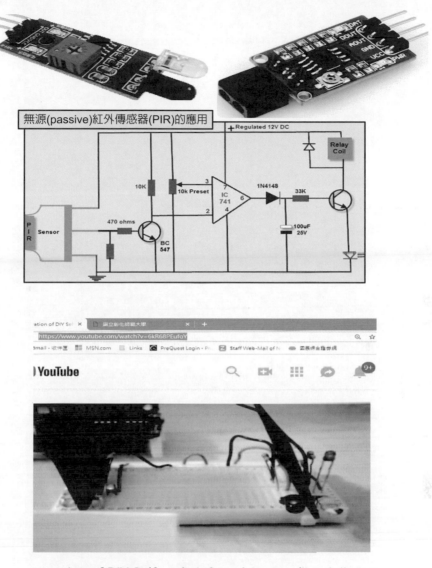

istration of DIY Selfmade Infrared Sensor (line follower

圖 5-22　紅外線（infrared）感測器

教學網
1. https://www.youtube.com/watch?v=6kR68PEufoY
2. https://www.youtube.com/watch?v=lB7gg3DSOjk
3. https://www.youtube.com/watch?v=UXmSi_kzx3M
4. https://www.youtube.com/watch?v=s27XALGnA34

Chapter 6

如何成功當個 IoT 創客

6-1 著名的「ArduIno 單晶片 IoT」教學網站

如圖 6-1 所示為 Arduino 單晶片 IoT 教學網站。

圖 6-1 著名的「Arduino 單晶片 IoT」

教網站

1. https://www.youtube.com/watch?v=3mw-1Bvv0WU&list=PLdckmk1Jf8MYOED98iY13wdGi52h-O69X（arduino 教學 - 安裝軟體）
2. https://www.youtube.com/watch?v=KzjWbRozItM(arduinom 實作 01)
3. https://www.youtube.com/watch?v=TJ8IqbyuTu4（Arduino #2- 基本指令）
4. https://www.youtube.com/watch?v=gm-gDJXQWq0（寫程式 Arduino 教學 -01）
5. https://www.youtube.com/watch?v=5bfJTu5tekY（Arduino 實作 14- 紅外線遙控 LED）
6. https://www.postscapes.com/internet-of-things-award/diy/（實作 IoT 專案）

7. https://www.hackster.io/projects/tags/internet+of+things（2,735 物聯網專案）
8. https://opensource.com/article/17/12/how-build-custom-iot-hardware-arduino（實作 IoT)
9. https://www.instructables.com/id/Build-Your-First-IOT-Using-Arduino-Without-Additio/（實作 IoT 步驟）
10. https://www.instructables.com/id/Build-Own-Secured-PHP-IOT-Website-Free-Arduino/（實作 IoT 十步驟）
11. https://www.arduino.cc/（IoT 實作例子）
12. https://www.youtube.com/watch?v=QL-6PdiDTeo（前 10 名 IoT 例子）
13. https://www.youtube.com/watch?v=Tp1LEx1ExSY（實作 IoT 例子）

更多 IoT 實作，詳情請見本書「6-3-1 Arduino 微控制器實作 IOT 之教學網」。

6-2 IoT 軟體設計

一、Python 是什麼？

Python 是一種廣泛使用的高階程式語言，屬於通用型程式語言，它是直譯語言，Python 的設計哲學強調程式碼的可讀性及簡潔的語法。與 C++、Java、Python 相比，它讓開發者能夠用更少的 code 來表達想法。

Scheme、Ruby、Perl、Tcl 等動態型別程式語言一樣，Python 擁有動態型別系統與垃圾回收功能，能夠自動管理記憶體使用，並且支援多種編程典範，包括命令式、物件導向、函數式及程序式之程式設計。其本身擁有很多實用的標準庫，尤其在機器學習的套件上。

Python 直譯器本身可在任可作業系統上執行。Python 的直譯器 CPython 是用 C 語言編寫的，它是由社群驅動的自由軟體，目前由 Python 基金會在管理。

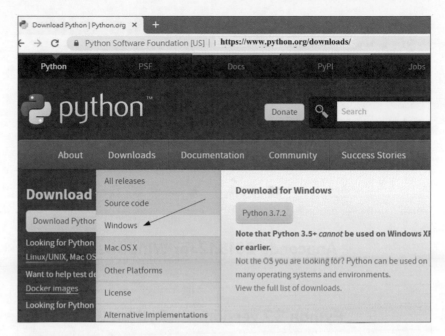

圖 6-2　python 軟體下載 [官網 https://www.python.org/downloads/
（ 或是利用關鍵字 "python install" 搜尋)]

教學網

1. https://medium.com/python4u/python%E5%AE%89%E8%A3%9D%E6%95%99%
E5%AD%B8-3878c0d7a469

2. https://medium.com/@ChunYeung/%E7%B5%A6%E8%87%AA%E5%AD%B8%E8
%80%85%E7%9A%84python%E6%95%99%E5%AD%B8-1-%E5%A6%82%E4%
BD%95%E5%AE%89%E8%A3%9Dpython-126f8ce2f967

二、Anaconda 是什麼？

　　Anaconda 是 Red Hat Enterprise Linux、CentOS、Fedora 等作業系統的
安裝管理程式。它以 Python 及 C 語言寫成，並以圖形的 PyGTK 及文字的
python-newt 界面寫成。Anaconda 是基於 Python 的環境管理工具。相比其他
庫管理工具，它更適合資料工作者。在 Anaconda 的幫助下，更容易處理不同
專案下對軟體庫甚至是 Python 版本的不同需求。

　　Anaconda 包含 conda、Python 及超過 150 個科學相關的軟體庫及其依賴。
Conda 是一個包管理工具。Anaconda 是一個非常大的軟體，因為它包含非常
多的資料科學相關的庫。若並不需要如此大量的庫，可以只安裝 Miniconda，
一個簡化版，僅包含 conda 及 Python，然後仍然可以安裝其他所需的庫。

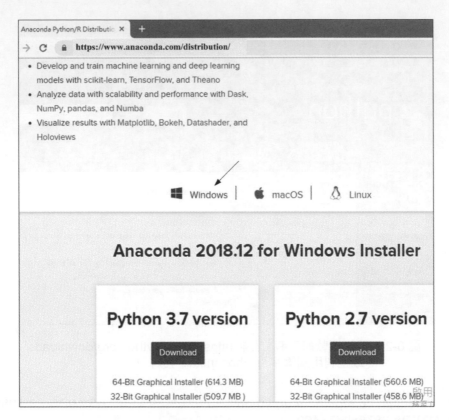

圖 6-3　Anaconda 之 python 編輯器下載（https://www.anaconda.com/distribution/）

教學網：http://darren1231.pixnet.net/blog/post/328443678-python-%E6%96%B0%E6
%89%8B%E7%9A%84%E6%95%91%E6%98%9F--anaconda%E4%BB%8B
%E7%B4%B9%E8%88%87%E5%AE%89%E8%A3%9D

Anaconda 的特點

1. 包含了眾多流行的科學、數學、工程、數據分析的 Python 套作。

2. 完全 open source 免費的。但額外的加速、最佳化則收費的，但學術用途
可申請免費的 License。

3. 平台支持：Linux、Windows、Mac。

4. 內附 spyder 程式編譯器 (適合 Python 程式設計)。

➤ 6-2-1　IoT 設計 (design)：使用 Python 及 Zerynth 來設計物聯網

設計 (作為動詞：to design) 是有意建立用於建構對像或系統或用於實作活動或過程的計劃或規範。

設計 (作為名詞：a design) 可以指這樣的計劃或規範 (例如繪圖或其他文檔) 或建立的對像等及它的特徵，例如美學、功能、經濟或社會政治。

一、設計 (design)

鑑於人們普遍認識到 IoT 設計及管理的不斷變化的性質，IoT 解決方案的可持續及安全部署必須設計「無政府可擴展性」。無政府的可擴展性的概念的應用，可以被設計這些系統以考慮不確定管理期貨被擴展到物體系統 (即控制真實世界對象)，憑藉。這種硬無差別的可擴展性因此透過選擇性地約束物體系統，以允許所有管理機製而不會有物體故障的風險，提供完全實作 IoT 解決方案潛力的前進道路。

Zerynth Studio 開發工具 +Python 語言

如圖 6-4 顯示，假如喜歡 Python 編程式碼，則 Zerynth 是一套專業的開發工具，支持 Python 或混合 C / Python 韌體開發，適用於 32 位微控制器及最常見的原型開發板：Arduino DUE、ST Nucleo、Particle Photon、Electron、Flip & Click、ESP32 及 ESP8266 等。

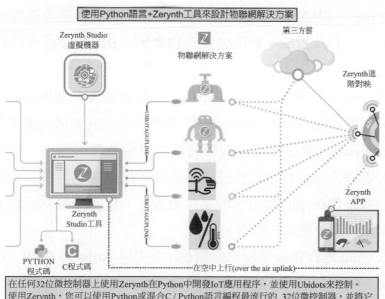

圖 6-4　IoT 設計 (design)

Zerynth 是 Arduino 感測器套件的另一個編程庫。它是一套從頭開始開發的專業開發工具，只需點擊即可 access 嵌入式世界。它也為嵌入式開發人員、網路編程人員、IoT 系統整合商提供一整套開發工具。

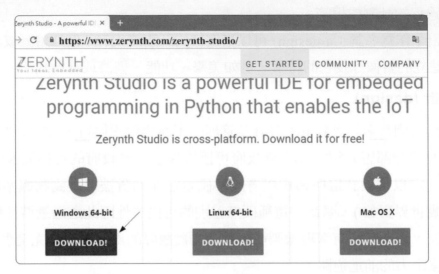

圖 6-5 「Zerynth Studio 開發工具」下載網址

下載網址：https://www.zerynth.com/zerynth-studio/

1. **Python 語言**

　　它是廣泛使用的高階程式語言，屬於通用型程式語言。

2. **Zerynth 可即時 (real time)Python 嵌入式**

　　Zerynth(以前稱為 Viper) 是一個易於使用，專業及高性能的開發套件，用於互動式對象、藝術裝置及物聯網 / 雲端連接設備的跨平台及高級設計。

　　Zerynth 是一種開放 (open source)、功能強大、簡單且經濟實惠的方式，可開發基於 ARM Cortex 32 位微控制器及其他最先進的感測器 (感測器 , sensor)、執行器及擴展板的創新設備及應用程序。它可以使用先進的吟遊詩人及組件進行快速原型設計，可以快速轉換為最終設計。提供了許多應用程序的編程示例及參考設計，它們可幫助設計人員更輕鬆地從原型到最終產品的過渡。

　　Zerynth 運行在最常用的原型板上，如：Arduino DUE、UDOO、ST Nucleo、Spark Core 及 Photon 及基於 ARM 微控制器的專業硬體。

　　Zerynth 是一個針對創意人員、設計師及物聯網專業人士的解決方案，他們需要將精力集中在專案設計及創意上，而無需關注非增值元素，例如：特定微控制器板的低級編程、設備驅動程序、記憶。然而，Zerynth 整合一個即時作業系統，若需要，它還允許設計人員使用嵌入式硬體的所有功能。

　　Zerynth 不僅僅是與感測器套件相關的 Arduino 的另一個編程庫。Zerynth 由一組從頭開發的開放工具組成，以便使用者只需點擊幾下即可進入嵌入式世界。

3. **MicroPython 程式語言**

　　它是 Python 3 程式語言的一個完整軟體實作，用 C 語言編寫，適合於微控制器之執行。MicroPython 是在微控制器硬體上執行的 Python 編譯器，並提供給使用者一個互動式提示符 (REPL) 來執行所支援的命令。除了包括附有核心 Python 庫，還給予存取低層硬體的模組。

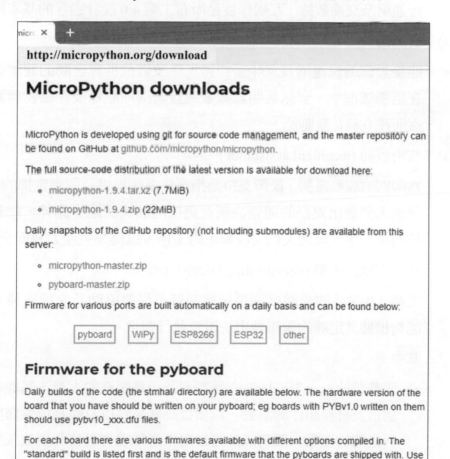

圖 6-6　MicroPython 程式語言下載網站 (http://micropython.org/download)

二、物聯網的設計原則

IoT 的設計是連接產品的設計。物聯網系統結合了物體及數位組件，可從物體設備收集數據並提供可操作的操作見解。這些組件包括：物體設備、感測器、數據提取及安全通信、gateway、雲端伺服器、分析及儀表板。

不僅需要設計所有這些組件，還必須充分考慮它們的相互依賴性。

對於設計物聯網系統的產品及工程團隊而言，核心挑戰在於採用物聯網例子並將其轉變為連接系統 - 具有完全整合，正確的物聯網通信協定，安全性及用戶友好的外觀。對於工業製造，物聯網產品設計也稱為工業 4.0 設計。

1. 工業 4.0 設計原則

今天有四種通用設計原則來塑造物聯網設計：

(1) 互操作性 (interoperability)

在最基礎的層面上，連接系統需要感測器、機器、設備及站點來進行通信及交換數據。互操作性是所有工業 4.0 設計過程的基本原則。

(2) 資訊透明度 (information transparency)

連接設備的快速增長意味著物體世界及數位世界之間的連續橋接。在這種情況下，資訊透明意味著應該虛擬地記錄及存儲物體過程，從而建立數位雙胞胎。

(3) 技術援助 (technical assistance)

物聯網的驅動優勢，技術支持是指連接系統提供及顯示數據的能力，幫助人們做出更好的運營決策並更快地解決問題。此外，物聯網支持的東西應該幫助人們完成繁重的工作，以提高生產力及安全性。

(4) 權力下放的決策 (decentralized decisions)

工業 4.0 設計的最終原則是連接系統不僅要協助及交換數據，還要能夠根據其定義的邏輯做出決策及執行要求。

其中

a. 服務設計 (service design) 是規劃及組織服務的人員、基礎設施、通信及材料組件的活動，以便提高其品質以及服務提供商與其客戶之間的互動。服務設計可以用作通知現有服務的更改或完全建立新服務的方式。

b. 使用者經驗 (User Experience,UX) 設計，旨在用使用者中心來思考人機互動。

c. 使用者介面設計 (UI) 或使用者介面工程是設計的使用者介面的機器及軟體，如電腦、家電、移動設備及其他電子設備，重點最大化的可用性及使用者體驗。使用者介面設計的目標是在完成使用者目標 (以使用者為中心的設計) 方面使使用者的互動盡可能簡單有效。

d. 工業設計 (industrial design) 是以工學、美學、經濟學為基礎對工業產品進行的設計。

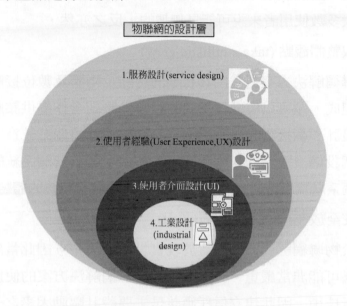

圖 6-7　物聯網的設計原則

2. IoT 設計的 8 原則

(1) 注重價值 (focus on value)

在物聯網領域，使用者研究及服務設計比以往任何時候都更加重要。雖然早期採用者渴望嘗試新技術，但許多其他人不願意使用新技術並對使用它持謹慎態度，因為對它沒有信心。為了使物聯網解決方案得到廣泛採用，需要深入挖掘使用者的需求，以找出問題真正值得解決的問題及解決方案的真正最終使用者價值，還需要了解一般採用新技術的障礙及具體的解決方案。要確定功能集，還需要進行研究。對於技術早期採用者而言，可能有價值且高度相關的功能對於大多數使用者來說可能是無趣的，反之亦然，

(2) 採取整體觀點 (take a holistic view)

物聯網解決方案通常由具有不同功能及物體及數位接觸點的多個設備組成。還可以與多個不同的服務供應商合作提供該解決方案。僅僅設計一個接觸點是不夠的，而是需要對整個系統進行整體觀察，每個設備及服務的作用及使用者如何理解及感測系統的概念模型。整個系統需要無縫地協同工作才能創造出有意義的體驗。

(3) 把安全放在首位 (put safety first)

由於物聯網解決方案被置於現實世界環境中，因此當出現問題時，後果可能非常嚴重。與此同時，物聯網解決方案的使用者可能會使用新技術，因此建立信任應該是主要設計驅動因素之一。信任是緩慢建構並且容易丟失，因此確實需要確保與產品 / 服務的每次互動都建立信任而不是打破信任。這在實踐中意味著什麼？首先，它意味著理解與使用環境、硬體、軟體及網路相關的可能錯誤情況及使用者互動及試圖阻止它們。其次，若錯誤情況仍然發生，則意味著適當地通知使用者他們並幫助他們恢復。其次，它意味著將數據安全及隱私視為您設計的關鍵要素。對於使用者來說，非常重要的是，他們的私人數據是安全的，他們的家庭、工作環境及日常物品不能被黑客入侵，他們的親人也不會受到威脅。第三，品量保證至關重要，它不僅應關注測試軟體，還應關注在現實環境中測試端到端系統。

(4) 考慮上下文 (consider the context)

物聯網解決方案存在於物體世界及數位世界的十字路口。透過數位介面給出的命令可能產生真實世界的效果，但與數位命令不同，在現實世界中發生的動作不一定能被撤消。在現實世界中，許多意想不到的事情都可能發生，同時使用者應該能夠感到安全及控制。上下文還對設計提出其他要求。取決於物體環境，目標可以是最小化使用者的注意力，或者例如設計抵抗變化的天氣條件的設備。家庭、工作場所及公共區域的物聯網解決方案通常是多使用者系統，因此比智慧手機中使用的基於螢幕的解決方案更不個性化。

(5) 打造強勢品牌 (build a strong brand)

由於物聯網解決方案的真實環境，無論如何精心設計及建立信任，都會在某些時候發生意外情況，其解決方案將以某種方式失敗。在這種情況下最重要的是，已經建立一個真正與最終使用者產生共鳴的強大品牌。當他們感覺與品牌聯繫時，他們會對系統故障更加寬容，並將繼續使用解決方案。在設計品牌時，必須牢記信任應該是品牌的關鍵要素，這是品牌的核心價值之一。這個核心價值也應體現在其他品牌元素中，如顏色選擇、語調、影像等。

(6) 早期及經常原型 (prototype early and often)

通常，硬體 (HW) 及軟體 (SW) 具有完全不同的壽命，但是由於成功的物聯網解決方案需要 HW 及 SW 元素，因此壽命應該是對齊的。同時，物聯網解決方案難以升級，因為一旦將連接對象放置在某個地方，用新版本替換它就不那麼容易了，特別是若使用者需要為升級付費甚至是內部軟體由於安全及隱私原因，連接對象可能難以更新。由於這些因素並避免代價高昂的硬體替代，因此從實施開始就確保解決方案正確至關重要。從設計的角度來看，這意味著 HW 及整個解決方案的原型設計及快速替代在專案的早期階段是必不可少的。

(7)　建立情境體驗

當產品易於理解並無縫整合到他們的生活中時，物聯網將實現消費者的大量採用。對我而言，這意味著需要擴展到個性化之外，並開始將背景融入體驗中。

語境意味著及時及有目的。上下文允許體驗有意義且有價值。因此，當開發且推動物聯網的經驗時，需要明白不顯眼的目標。當物聯網產品了解您時，知道您的位置，並知道您需要什麼，它將只在需要時出現。事物將適應人們，在了解之前，就會完全融入你的日常生活及習慣。

(8)　負責任地使用數據 (use data responsibly)

物聯網解決方案可以輕鬆產生大量數據。但是，你的想法不是盡可能多地保留數據，而是確定使解決方案起作用及有用所需的數據點。儘管如此，數據量可能很大，因此設計人員必須了解數據科學的可能性及如何理解數據。數據科學提供許多減少使用者摩擦的機會，即減少使用時間，能量及注意力或減少壓力。它可用於自動化重複的上下文相關決策，從不完整 / 不適當的輸入解釋意圖或從噪聲中過濾有意義的信號。了解可用的數據及如何使用它來幫助使用者是設計成功的物聯網服務的關鍵因素。

➤ 6-2-2　前 3 名開放原始碼 (open source) 之 Python IDE

整合開發環境 (Integrated Development Environment, IDE)，一類輔助開發電腦程式的應用軟體 (https://realpython.com/python-ides-code-editors-guide/)。

Python 非常紅，已被用於編寫流行軟體專案的全部或部分內容，如 dnf / yum、OpenStack、OpenShot、Blender、Calibre，甚至是原始的 BitTorrent 用戶端。

Python 是多數工程師的最愛。要編輯 Python 程序，有許多選擇。有些人仍喜歡文本編輯器 (如 Emacs，VIM 或 Gedit)；但大型專案的復雜程式碼庫的開發者更喜歡整合開發環境 (IDE)。

一、Eclipse 與 PyDev

PyDev 是 Eclipse 的第三方插件 (third-party plug-in)。它是一個整合開發環境 (IDE)，用於 Python 編程 (programming)，支援程式碼重構 (code refactoring)、圖形除錯 (graphical debugging)、程式碼分析 (code analysis) 等功能。

沒有 Eclipse 情況下編寫開放整合開發環境的內容係很難的，Eclipse 具有很多的插件，允許自定義它以滿足任何需求。

意即，若是從不同語言的背景 (特別是 Java) 轉到 Python，Eclipse 就是你的 IDE 了。

圖 6-8　PyDev 整合開發環境

教學網
1. https://wiki.appcelerator.org/display/guides2/PyDev+Install
2. http://www.pydev.org/vscode/
3. http://blog.hhjh.tn.edu.tw/biosomeday/?p=560
4. https://blog.yslifes.com/archives/252
5. http://weiyu0513.blogspot.com/2011/02/eclipse-pydev.html

圖 6-9　PyDev 下載網站 (http://www.pydev.org/download.html)

截至 2009 年，存在兩個版本的 PyDev：一個開放版本及一個名為 PyDev Extensions 的共享軟體版本。某些高級功能 (如程式碼分析，快速修復及遠程除錯) 保留給非免費版本。2009 年 9 月 3 日，Aptana 宣布 PyDev 1.5 版，PyDev 及 PyDev Extensions 的組合版本，所有版本均在 Eclipse Public License 下提供 (https://en.wikipedia.org/wiki/Eclipse_Public_License) 。

二、Eric Python IDE

Eric 是免費的軟體整合式開發環境，主要為開發 Python 及 Ruby 語言編寫的程式而設計。Eric 使用 Scintilla，它是一個程式碼編輯組件，可用於許多不同的 IDE 及編輯器，也可作為獨立的 SciTE 編輯器使用。Eric 的功能包括：大括號匹配、程式碼完成、類瀏覽器、整合單元測試等。

圖 6-10　Eric 整合開發環境

下載網站：https://eric-ide.python-projects.org/eric-download.html

教學網
1. https://eric-ide.python-projects.org/
2. https://blog.csdn.net/aaazz47/article/details/71302907
3. https://www.youtube.com/watch?v=wvCbLVPSDqg
4. https://www.youtube.com/watch?v=1x_keC2-5Ok
5. https://www.youtube.com/watch?v=1x_keC2-5Ok

1. **Eric 特色**

    同時提供 Python2/3、PyQt4/5 的開發環境，開發者可以根據實際需求自由選擇。

2. **Eric 下載與安裝**

    使用者可以在 SourceForge 上下載最新的 ZIP 或 tar.gz 安裝套件，並按照說明進行安裝。大部分 Linux 發行版已經將 eric 加入軟體源。Windows 使用者需要事先安裝合適的 Python 及 PyQt。

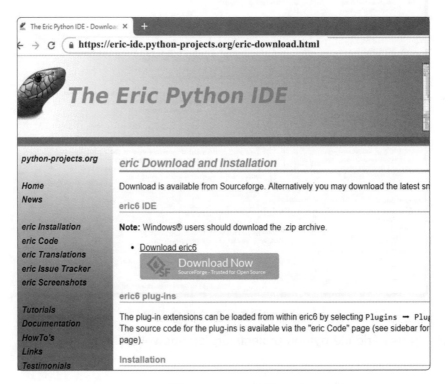

圖 6-11   Eric 下載

下載網址：https://eric-ide.python-projects.org/eric-download.html

三、PyCharm Python IDE

PyCharm 是 Python 的整合開發環境 (IDE)，它是 Apache 2.0 許可下的免費開放版，它具有 IDE 的功能有：整合單元測試、程式碼檢查、整合版本控制、程式碼重構工具、各種專案導航工具及任何期望的突出顯示及自動完成功能 IDE。

PyCharm 也是跨平台開發環境，擁有 Microsoft Windows、macOS 及 Linux 版本。

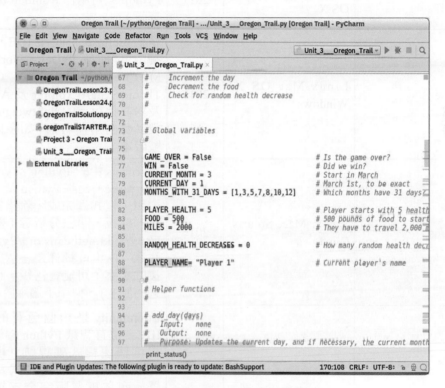

圖 6-12　PyCharm 整合開發環境

下載網站：https://www.jetbrains.com/pycharm/download/#section=windows
教學網
1. https://www.jetbrains.com/pycharm/
2. https://www.youtube.com/watch?v=0y5XlNeFxNk
3. https://www.youtube.com/watch?v=cHa85et7LK0
4. https://www.youtube.com/watch?v=5rSBPGGLkW0
5. https://www.youtube.com/watch?v=mDqxeCqVsOg

表 6-1　基於內省的程式碼完成 (introspection-based code) 及整合除錯器 (debugger) 的
　　　　IDE

IDE 名稱	平台 Platform	更新	筆記
Thonny	Windows, Linux, Mac OS X, more	2018	用於教學 / 學習編程。專注於程序運行時可視化。提供語句及表達式的步進，無麻煩的變數視圖，用於解釋引用的單獨模型等。
Komodo	Windows/Linux/Mac OS X	2017	多語言 IDE，支援 Python 2.x 及 Python 3. 可用作 Komodo IDE(商業版)。
LiClipse	Linux/Mac OS X/ Windows	2018	基於 Eclipse 的商業 IDE，提供獨立的捆綁 PyDev、Workspace Mechanic、Eclipse Color Theme、StartExplorer 及 AnyEdit 及對其他語言的 lightweigth 支援及其他可用性增強 (如多插入符號版本)。
NetBeans	Linux, Mac, Solaris, Windows	2016	NetBeans 中的 Python / Jython 支援 - 開放，允許 Python 及 Jython 編輯，程式碼完成，除錯器，重構，模板，語法分析等；請參閱 http://wiki.netbeans.org/Python。注意：Python 插件是一個社區支援的專案，可能會落後。目前它適用於 8.1，似乎不適用於 8.2
PyCharm	Linux/Mac OS X/ Windows	2018	Community 是一個免費的開放 IDE，帶有智慧 Python 編輯器，提供快速程式碼導航，程式碼完成，重構，單元測試及除錯器。商業專業版完全支援使用 Django、Flask、Mako 及 Web2Py 進行 Web 開發，並允許遠程開發。JetBrains 在某些條件下為開放專案提供免費的 PyCharm 專業許可證 https://www.jetbrains.com/buy/opensource/，也用於學生 / 教育用途。
Python for VS Code	Linux/Mac OS X/ Windows	2018	Visual Studio Code 的免費開放擴展 (現在由 Microsoft 維護)。支援語法高亮、除錯、程式碼完成、程式碼導航、單元測試、重構，支援 Django、多線程、本地及遠程除錯。

表 6-1（續）

IDE 名稱	平台 Platform	更新	筆記
KDevelop	Linux/Mac OS X/(Windows)	2017	免費的開放 IDE，專注於基於靜態分析的程式碼完成，導航及突出顯示。還具有 VI 仿真模型。
PyDev	Eclipse	2018	Eclipse 的免費開放插件 - 允許 Python、Jython 及 IronPython 編輯、程式碼完成、除錯器、重構、快速導航、模板、程式碼分析、單元測試整合、Django 整合等。
Wing	Windows, Linux, Mac OS X	2019	一系列免費及商業 Python IDE，具有高級除錯器、帶 vi、emacs、visual studio 及其他鍵綁定的編輯器、自動完成、自動編輯、多選、片段、goto 定義、查找用途、重構、單元測試、遠程開發、源瀏覽器、PEP 8 重新格式化等等。有幾個產品級別，包括免費及付費版本，具有完整功能的試用版及免費的教育用許可證及無償的開放開發人員。有關詳情，請參閱產品比較及定價。
PyScripter	Windows	2012	麻省理工學院授權用 Delphi 編寫的 IDE，帶有除錯器、整合單元測試、源程式碼瀏覽器、程式碼導航及語法著色／自動完成編輯器。
Spyder	Windows/Linux/macOS	2018	一個強大的，免費／開放的科學環境，用 Python 編寫，適用於 Python，由科學家，工程師及數據分析師設計。它具有獨特的高級編輯、分析、除錯及分析功能、綜合開發工具、數據探索、互動式執行、深度檢測及科學包裝的美觀可視化功能。此外，還提供與許多流行科學軟體包的內置整合，包括 NumPy、SciPy、Pandas、IPython、QtConsole、Matplotlib、SymPy 等，並且可以透過插件輕鬆擴展。它可以方便地整合在跨平台的 Anaconda 發行版中，並且是 Python(x，y) 及 WinPython 發行版的核心。

表 6-1（續）

IDE 名稱	平台 Platform	更新	筆記
IDLE	Windows/Linux/Mac OS X/All Tk Platforms	2018	多窗口彩色源瀏覽器，自動註冊，自動完成，工具提示，程式碼上下文面板，文件搜索，類及路徑瀏覽器，除錯器，透過一次擊鍵在乾淨的單獨子流程中執行程式碼。100% 純 Python，Python 2.x 及 3.x 發行版的一部分 (在某些情況下可以單獨打包)。
IdleX	Windows/Linux/Mac OS X/All Tk Platforms	2016	IdleX 是 20 多個擴展及插件的集合，為 IDLE 提供了額外的功能，IDLE 是標準庫中提供的 Python IDE。它將 IDLE 轉變為更有用的學術研究及開發及探索性編程工具。
μ.dev	Windows (needs to be compiled manually for other platforms)	2010	使用 Lazarus 建立的開放 IDE。它僅適用於 Python。包括語法高亮，專案管理器，並使用 pdb 進行除錯。
Pyzo (formerly IEP)	Windows/Linux/Mac OS X	2018	開放 Python IDE 專注於互動性及內省，使其非常適合科學計算。其實用設計旨在簡化及提高效率。Pyzo 由兩個主要組件組成，編輯器及 shell，並使用一組可插拔工具以各種方式幫助程序員：例如源結構、互動式幫助、工作區、文件瀏覽器 (具有搜索功能)。還包括一個事後除錯器。
PythonToolkit (PTK)	Windows/Linux/Mac OS X	2014	圍繞 matlab 風格的控制台窗口及編輯器建構的 python 互動式環境。它旨在為科學家及工程師提供類似於 Matlab 的基於 python 的環境，但它也可用作通用互動式 python 環境，尤其適用於互動式 GUI 編程。功能包括：多個獨立的 python 解釋器。使用不同的 GUI 工具包 (wxPython、TkInter、pyGTK、pyQT4 及 PySide) 進行互動式編程。Matlab 樣式命名空間 / 工作區瀏覽器。控制台中的對象自動完成，呼叫提示及多行命令編輯。對象檢查及 python 路徑管理。簡單的程式碼編輯器及整合除錯器。

表 6-1（續）

IDE 名稱	平台 Platform	更新	筆記
PyStudio	Windows/Linux/Mac OS X	2012	開放插件，將語法檢查，整合除錯器及模組搜索添加到 Editra，這是一個通用開發人員的文本編輯器，支援 python 語法高亮，自動縮進，自動完成，類瀏覽器，並且可以從編輯器內部運行腳本。
Python Tools for Visual Studio	Windows	2017	https://wiki.python.org/moin/javascript%3Avoid%280%29%3B/%2A1514994382979%2A/Visual Studio 2010 的開放插件，2012 年開始(現在由 Microsoft 維護)。支援語法高亮，除錯及龐大的智慧感測，單元測試，重構，對象瀏覽器，MPI 集群除錯，Django 智慧感測及除錯，開發 REPL 窗口及除錯 REPL 窗口。支援混合模型 Python / C / C ++ 除錯。
Exedore	Mac OS X	2015	商業功能限制免費試用。受 Xcode 啟發的 Mac 原生單窗口 IDE。功能整合除錯器，選項卡，程式碼完成與選項卡觸發器，語法突出顯示主題，搜索及替換正則表達式，整合 REPL 會話，轉到定義，文件瀏覽器，整合文檔瀏覽器。截至 2015 年 6 月，不支援 input()，這意味著不支援使用此功能的任何控制台輸入。

6-2-3　Django (web 架構)

Django 是 BSD 許可下的開放軟體。迄今有最新版本的 Python 3。支援 Python 2.7 的最後一個版本是 Django 1.11 LTS。

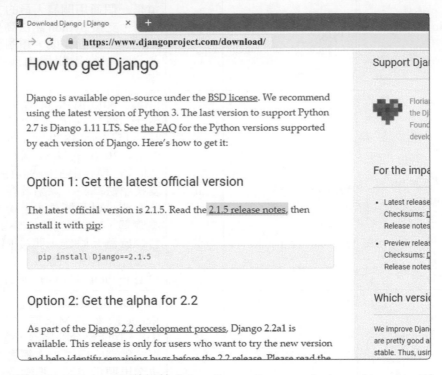

圖 6-13　Django 下載網站 (https://www.djangoproject.com/download/)

教學網：https://bitnami.com/stack/django/installer

Django 是 Python 為基礎的自由及開放 web 框架，它遵循模型 - 視圖 - 模板 (model-view-template, MVT) 架構模型。它由 Django 軟體基金會 (DSF) 維護，這是一個獨立的組織，成立為 501(c)(3) 非營利組織。

Django 的主要目標是簡化複雜的，資料庫驅動的網站的建立。該框架強調組件的可重用性及 "可插拔性"、更少的程式碼、低耦合、快速開發及不重複自己的原則。Python 全程使用，甚至用於設置文件及數據模型。Django 還提供可選的管理建立、讀取、更新及刪除介面，該介面透過內省動態產生並透過管理模型進行配置。

一些使用 Django 的著名網站包括公共廣播服務，Instagram、Mozilla、盛頓時報、Disqus、 Bitbucket 及 Nextdoor。它被用於 Pinterest，但後來該網站轉移到一個建立在 Flask 上的框架。

一、Django 歷史

Django 的是在 2003 年，當秋天建立 Web 程序員在勞倫斯雜誌，世界報，阿德里安·霍洛瓦蒂及西蒙·威利森，使用 Python 來建構應用程序開始。它於 2005 年 7 月在 BSD 許可下公開發布。該框架以吉他手 Django Reinhardt 的名字命名。

二、Django 功能

1. 組件

儘管有自己的命名法，例如命名可調用對像生成 HTTP 響應「視圖」(FAQ,2019)，核心 Django 框架可以被視為 MVC 架構 (Adrian, 2018)。它由一個對象關係映射器 (ORM) 組成，它介於數據模型 (定義為 Python 類) 及關係資料庫 ("模型") 之間，這是一個使用 Web 模板系統 ("View") 處理 HTTP 請求的系統及 基於正則表達式的 URL 調度程序 ("Controller")。核心框架中還包括：

(1) 用於開發及測試的輕量級獨立 Web 伺服器。

(2) 表單序列化及驗證系統，可以在 HTML 表單及適合儲存在資料庫中的值之間進行轉換。

(3) 一個模板系統，它利用從面向對象編程中藉用的繼承概念。

(4) 一個緩存框架，可以使用任何一種緩存方法。

(5) 支援中間件類，可以在請求處理的各個階段進行干預並執行自定義功能。

(6) 內部調度程序系統，允許應用程序的組件透過預定義的信號相互通信。

(7) 國際化系統，包括將 Django 自己的組件翻譯成各種語言。

(8) 一個序列化系統，可以生成及讀取 Django 模型實例的 XML 及 / 或 JSON 表示。

(9) 用於擴展模板引擎功能的系統。

(10) Python 內置單元測試框架的介面。

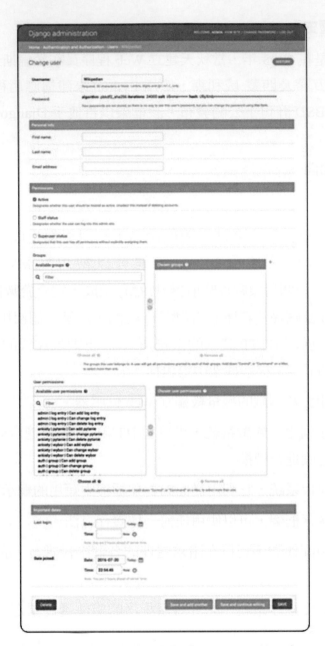

圖 6-14　用於修改使用者帳戶的 Django 管理介面

2. **捆綁的應用程序 (bundled applications)**

Django 發行版還在其"contrib"包中捆綁許多應用程序，包括：

(1)　可擴展的身份驗證系統。

(2)　動態管理介面。

(3)　用於產生 RSS 及 Atom 聯合供稿的工具。

(4)　一個站點的框架，允許一個 Django 安裝運行多個網站，每個網站都有自己的內容及應用程序。

(5)　用於產生 Google Sitemaps 的工具。

(6)　內置緩存，用於跨站點請求偽造、跨站點腳本、SQL 注入、密碼破解及其他典型的 Web 攻擊，其中大多數默認情況下都會打開。

(7)　用於建立 GIS 應用程序的框架。

3. 可擴展性

　　Django 的配置系統允許將第三方程式碼插入到常規專案中，前提是它遵循可重用的 app 約定。超過 2500 個軟體包可用於擴展框架的原始行為，為原始工具未解決的問題提供解決方案：註冊、搜索、API 供應及消費、CMS 等。

　　但是，這種可擴展性可以透過內部組件依賴性來減輕。雖然 Django 哲學意味著鬆散耦合，模板過濾器及標籤假定一個引擎實作，並且 auth 及 admin 捆綁應用程序都需要使用內部 ORM。這些過濾器或捆綁應用程序都不是運行 Django 專案所必需的，但可重用的應用程序往往依賴於它們，鼓勵開發人員繼續使用官方堆疊，以便從應用程序生態系統中充分受益。

4. 伺服器安排 (server arrangements)

　　Django 可 以 與 Apache、Nginx 一 起 使 用 WSGI，Gunicorn 或 Cherokee 使用 flup(Python 模組) 運行。Django 還具有啟動 FastCGI 伺服器的能力，可以在任何支援 FastCGI 的 Web 伺服器後面使用，例如 Lighttpd 或 Hiawatha。也可以使用其他符合 WSGI 標準的 Web 伺服器。Django 正式支援四種資料庫後端：PostgreSQL、MySQL、SQLite 及 Oracle。Microsoft SQL Server 可以與 Microsoft 作業系統上的 django-mssql 一起使用，而 IBM Db2、SQL Anywhere 及 Firebird 也存在類似的外部後端。有一個名為 django-nonrel 的分支，它支援 NoSQL 資料庫，例如 MongoDB 及 Google App Engine 的數據儲存區。

　　Django 也可以在任何 Java EE 應用伺服器 (如 GlassFish 或 JBoss) 上與 Jython 一起運行。在這種情況下，必須安裝 django-jython 以便為資料庫連接提供 JDBC 驅動程序，這也可以提供將 Django 編譯為適合部署的 .war 的功能 (Beachmachine, 2019)。

　　Google App Engine 包括對 Django 版本 1.x.x 的支援，作為捆綁框架之一。其中，Jython 是一種旨在在 Java 平台上運行的 Python 編程語言的實作。它是 JPython 的繼承者。

三、支援 Django 的開發工具

　　對於開發 Django 專案，不需要特殊工具，因為 source code 可以使用任何傳統的文本編輯器進行編輯。然而，專門從事電腦編程的編輯可以幫助提高開發的生產率，例如，具有諸如語法突出顯示之類的特徵。由於 Django 是用 Python 編寫的，所以知道 Python 語法的文本編輯器在這方面是有益的。

　　整合開發環境 (IDE) 添加更多功能，例如除錯、重構及單元測試。與普通編輯器一樣，支持 Python 的 IDE 也是有益的。一些專門研究 Python 的 IDE 還整合對 Django 專案的支持，因此在開發 Django 專案時使用這樣的 IDE 可以幫助進一步提高生產力。

圖 6-15　Django 開發環境概覽

網址：https://developer.mozilla.org/zh-TW/docs/Learn/Server-side/Django/development_environment

6-3　IoT 創客 DIY

6-3-1　Arduino 單晶片微控制器

Arduino 專案源自義大利伊夫雷亞地區互動設計研究所 Ivrea，旨在為新手及專業人員提供一種低成本且簡單的方法，以建立使用感測器與環境相互作用的裝置執行器。適用於初學者的感測裝置，其範例包括：簡單機器人、IoT、恆溫器及運動檢測器 (wiki.Arduino, 2019)。

Arduino 是 open source 的，專責設計及製造單板微控制器及微控制器套件，用於建構數位裝置及互動式物件，以便在物體中感測及控制物件。

Arduino 提供各種微處理器及控制器。這些電路板配備一組數位 (類比) 的輸入 / 輸出 (I/O) 引腳，讓你連接各種擴充板或麵包板 (封鎖板) 及其他電路。這些電路板具有串列埠，也連到個人電腦載入程式。微控制器通常使用 C/C++ 程式語言。除了使用傳統的編譯工具鏈之外，Arduino 專案還提供一個 Processing 語言專案的整合開發環境 (IDE)。

台灣智慧感測科技，專門銷售 Arduino 開發板、產品，Arduino 是開放原始碼的單晶片微控制器，它使用 Atmel AVR 單晶片，採用開放原始碼的軟硬體平台，並使用類似 Java、C 語言的 Processing/Wiring 開發環境 (taiwansensor.com,2019)。

一、Arduino 硬體

1. 官方硬體

原始的 Arduino 硬體是義大利公司 Smart Projects 所製造。有些 Arduino 硬體則是授權美國公司 SparkFun Electronics 及 Adafruit Industries 來設計。參見圖 6-16。

2. 擴增板 (shields)

擴增板 "Shields" 能被插入 Arduino 及 Arduino 相容硬體。旨在增加 Arduino 硬體上沒有的功能，如馬達控制、GPS、液晶顯示器、有線網路、擴增板。參見圖 6-17。

圖 6-16　Arduino 單晶片微控制器

教學網

1. https://www.youtube.com/watch?v=QL-6PdiDTeo（十大 IoT 專案）
2. https://www.youtube.com/watch?v=BjgFC0M3iMk（如何製作 DIY 智慧手錶）
3. https://www.youtube.com/watch?v=NzJ2-siImC0&list=PL3XBzmAj53Rl2vNyL9ucv87xnbUHzpSPw（帶有 ESP8266 的 IoT 框架）
4. https://www.youtube.com/watch?v=6I-4PuuP94k（DIY 世界上最小的 IoT 專案）
5. https://www.youtube.com/watch?v=szycTtWFv4o（初學者 Arduino 專案）

Arduino shields擴增板範例

多重的Shield可以被堆疊起來。在這張圖裡，最上層的Shield擴充版上含有麵包板。

翅膀形狀的螺絲端子Shield擴充版。

Adafruit馬達Shield擴充版和用於連接馬達的螺絲端子Shield擴充版。

HackARobot結構Shield，專為了Arduino Nano硬體設計以推動馬達和感測器如：陀螺儀和GPS，以及其他的擴充版如：Wifi、藍牙、無線射頻等。

圖 6-17　擴增板（shields）

三、軟體

Arduino 集成開發環境 (IDE) 是一種用 Java 編程語言編寫的跨平台應用程序 (適用於 Windows、macOS、Linux)。它用於編寫及上傳程序到 Arduino 板。

IDE 的源代碼是在 GNU 通用公共許可證版本 2 下發布的。Arduino IDE 使用特殊的代碼結構規則支持 C 及 C ++ 語言。Arduino IDE 提供一個來自 Wiring 項目的軟件庫，它提供許多常見的輸入及輸出程序。用戶編寫的代碼只需要兩個基本函數，用於啟動草圖及主程序循環，它們使用 GNU 工具鏈編譯並鏈接到程序存根 main() 到可執行循環執行程序，該工具鏈也包含在 IDE 分發中。Arduino IDE 使用 avrdude 程序將可執行代碼轉換為十六進制編碼的文本文件，該文件由板載固件中的加載程序加載到 Arduino 板中。

在 Arduino 上執行的程式，都可使用任何能夠被 complier 成 Arduino 機器碼的程式語言。且 Atmel 也提供可開發 Atmel 微處理機程式的整合開發環境，AVR Studio 及更新的 Atmel Studio。

1. IDE

Arduino 專案也有附 Arduino Software IDE，它是 Java 編寫的跨平台應用軟體。

Arduino Software IDE 使用與「C 語言及 C++ 相似」的程式語言，包含常見的：輸入 / 輸出函式的 Wiring 軟體函式庫。在使用 GNU toolchain 編譯及連結後，再用 Arduino Software IDE 提供的程式「avrdude」即可轉換「可執行檔成為能夠燒寫入 Arduino 硬體的韌體」。

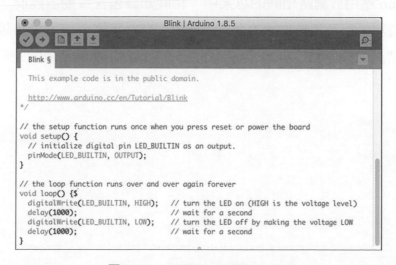

圖 6-18　Arduino Software IDE

軟體下載網站：
1. Install the Arduino Software (IDE) on Windows
   https://www.arduino.cc/en/guide/windows
2. Install the Arduino Software (IDE) on OS X
   https://www.arduino.cc/en/guide/macOSX
3. arduino ide software download for android
   https://download.cnet.com/ArduinoDroid-Arduino-IDE/3000-20432_4-76641718.html

2. Sketch

Arduino Software IDE 編寫程式「sketch」，是典型 Arduino C/C++ sketch 程式，都會包含兩個函式，它們會在編譯後合成為 main() 函式 (wikipedia.Arduino,2019)：

➤ 6-3-2　Arduino 微控制器實作 IoT 之教學網

一、使用 Arduino 微控制器之 IoT

Arduino 是開放 (open source) 電腦硬體及軟體，負責設計及製造單板微控制器及微控制器套件，用於建構數位裝置及互動式物件，以便在物體中感測及控制物件 (wikipedia.Arduino, 2019)。

二、使用 Arduino 微控制器來實作 IoT

Arduino 是一款能夠作為多項用途的微電腦開發板，並且也是一款理想的開放硬體平台，可以充分活用在物聯網 (IoT) 的開發領域中。

Arduino 應用於網路相關的專案中。相關知識包含致動器控制、從各種感測器讀取資料，以及透過無線方式從 HTTP、TCP 等協定傳遞資料等。

詳情請見如圖 6-19、6-20 所示 Youtube 提供的 IoT 教學網。

圖 6-19　Arduino 購買與套件簡介 - 超級基礎 Arduino 玩具製作

圖 6-20　有史以來十大物聯網 (IoT)DIY 專案

教學網：https://www.youtube.com/watch?v=QL-6PdiDTeo

三、如何使用 Arduino 建構自定義物聯網硬體

　　Arduino 互動設計，旨在串聯網路軟體和微電腦控制板，以 JavaScript 為主軸，開發網路應用程式、手機 App、互動網頁、資料庫程式和操控微電腦。

　　詳情請見如圖 6-21 所示 Youtube 提供的 IoT 教學網。

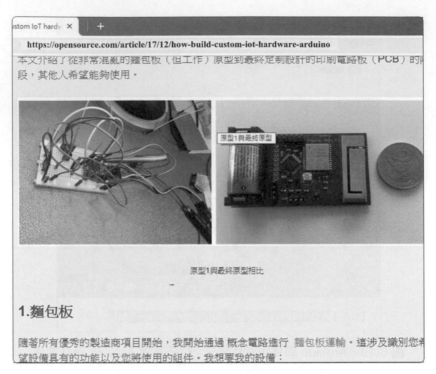

圖 6-21　如何使用 Arduino 建構自定義物聯網硬體

教學網：https://opensource.com/article/17/12/how-build-custom-iot-hardware-arduino

四、Arduino 建立自己的安全 PHP 資料庫之 IoT 有 10 個步驟

例如，IoT「雲端平台開發」的資料插入，即可應用 Ameba RTL8195AM 開發板，整合 Apache WebServer(網頁伺服器)，應用 mySQL 資料庫，來建造溫溼度 (例如使用 DHT22 溫濕度感測模組) 資料庫，完成實作你的物聯網之溫濕度感測平台。

PHP (Hypertext Preprocessor，超文本預處理器) 是開源的通用電腦腳本語言。使用 Php 互動式程式設計，再利用無線網路 (Wifi Access Point)，將資料溫溼度感測資料，透過網頁資料傳送，並將資料送入 mySQL 資料庫，就可透過「雲端平台開發」來瀏覽資料 (裝置輸入的資料)。

其餘的，詳情請見如圖 6-22 所示 Youtube 提供的 IoT 教學網。

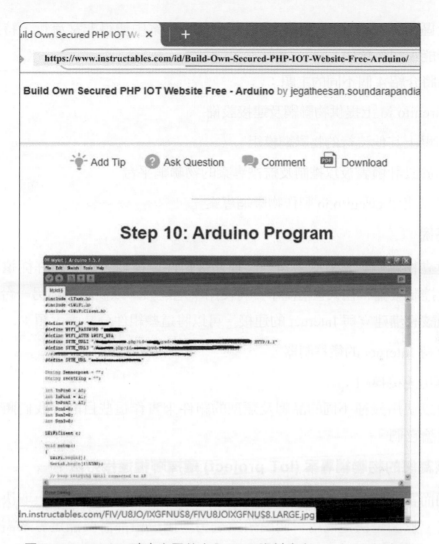

圖 6-22　Arduino 建立自己的安全 PHP 資料庫之 IoT 有 10 個步驟

教學網：https://www.instructables.com/id/Build-Own-Secured-PHP-IOT-Website-Free-Arduino/

➤ 6-3-3　物聯網及 ARDUINO：模組、平台及 6 個 IoT 專案

物聯網是將物體設備連接到 Internet 的能力。幾年前，將設備及硬體組件連接到 Internet 並不是一項簡單的任務。諸如 Xbee 之類的 Wifi 模組 (module)，價格昂貴且難以使用。然後是 ESP8266-- 物聯網專案 (projects) 世界的改變者。今天，使用簡單的模組及設備，幾乎可以將任何專案轉變為物聯網專案意即在物聯網專案中移轉任何專案。有了這種能力，可以從專案中的感測器獲得持續更新及警報，並直接從移動設備或電腦從遠程位置啟動的設備。在製造

商的社區中，這些最近的發展在家庭自動化專案中變得非常流行，特別是在 DIY 智能家居系統中。

本章節將介紹 4 個不同的主題：

1. Circuito.io 上提供物聯網及連接設備
2. 市場上其他流行的物聯網模組
3. 用於設計儀表板以控制及監控專案的物聯網平台
4. 可以使用 circuito.io 製作物聯網專案

一、基礎

建立物聯網專案意味著需要某種連接組件或模組，這將允許從遠程位置監視及控制設備。在某些情況下，將使用本地連接，以便連接到另一台設備，並透過該設備建立與 Internet 的連接。可以將這些組件分為兩大類：

1. 支持 Internet 的微控制器
2. 專用連接模組：

可以使用幾種不同的品牌及類型的組件來實作這些目的，我們將在稍後詳細討論它們。

二、該為您的物聯網專案 (IoT project) 選擇哪種連接方法？

簡而言之，就像專案中做出的任何其他決定一樣，這實際上取決於所做的事情。無論是決定使用一個模組還是另一個模組都需要滿足專案需求及其他考慮因素，如成本、開發環境、程式碼 (code) 語言及安全性。

（一）物聯網專案組件（IoT project components）

如圖 6-23 所示，在 circuito.io 上有 6 個連接模組 (module) 及 1 個支持 Wifi 的微控制器。

1. NodeMCU 模組

NodeMCU 是 一 款 基 於 ESP8266-12e 的獨立微控制器，因為它具有板載 Wifi，因此非常適合物聯網專案。NodeMCU 有兩個 "兄弟姐妹" -WeMos 及

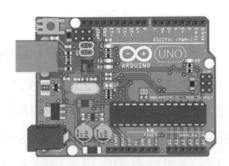

圖 6-23　創客的電路設計 App- circuito.io

Huzzah，它們非常相似。相同但由不同的製造商製造。

常見用途：NodeMCU 板非常易於使用，非常適合製作不需要很多組件的小型物聯網專案。基本上是基於一個或兩個功能的專案。你肯定會很愉快地使用這款主板，它非常直觀且易於使用。

缺點：NodeMCU 具有非常有限的 GPIO 及僅一個模擬引腳，並且它也沒有內置的 FTDI。

更新：新版本的 NodeMCU 基於 ESP32，內置 BLE 及更多 GPIO。

圖 6-24　NodeMCU 微控制器

補充：用 NodeMCU 建構 IoT 之教學網站

物聯網與嵌入式系統的開發除了要會程式設計外，也要了解微處理器如何透過輸出輸入腳位 (GPIO) 與感應器或啟動器連結，接著才學 IoT 與嵌入式系統程式的開發。

台灣物聯科技 TaiwanIOT Studio 提供：(1)ESP8266，是一款可以作為微控制器使用的成本極低且具有完整 TCP/IP 協定棧的 WiFi IoT 控制晶片。(2)NodeMCU 是一個開源的 IoT 平台。它使用 Lua 腳本語言編程。(3)Zumo IoT 開發板的軟體平台。例如，Arduino Zumo 機器人是一個小於 10x10cm 的可循線履帶式機器人，本身可採用 Arduino 標準控制器 (如 Arduino UNO、Arduino Leonardo。

因此建議，可先學 ESP8266、NodeMCU 與 Zumo IoT 開發板硬體平台，再學 NodeMCU 與 Zumo IoT 開發板的軟體平台，再利用軟體平台撰寫物聯網與嵌入式系統簡單的程式。接著，再學更多的感應器或啟動器，完成 IoT 與嵌入式系統開發。

詳情請見如圖 6-25、6-26 所示 Youtube 提供的 IoT 教學網。

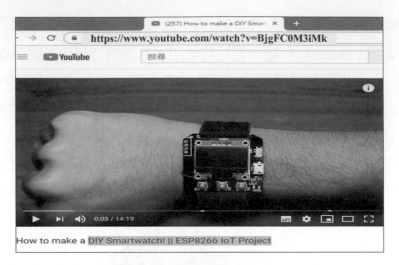

圖 6-25　NodeMCU 微控制器，DIY 實作 Smartwatch-ESP8266 IoT Project

教學網

1. https://www.youtube.com/watch?v=BjgFC0M3iMk（實作 Smartwatch-ESP8266 IoT Project）
2. https://www.youtube.com/watch?v=IStjz-qbucQ（帶有 NodeMCU 及 IFTTT 的 DIY Wi-Fi 按鈕）
3. https://www.youtube.com/watch?v=yqlbdXcc_Z8（DIY Korner 家庭安全系統使用 ESP8266 wifi 模組）
4. https://hackaday.io/projects?tag=NodeMCU（109 個 NodeMCU 的專案）
5. https://www.instructables.com/id/IOT-Light-Control-Over-Internet-NodeMCU-ESP8266/（Internet 上的物聯網燈控制 _NodeMCU ESP8266）

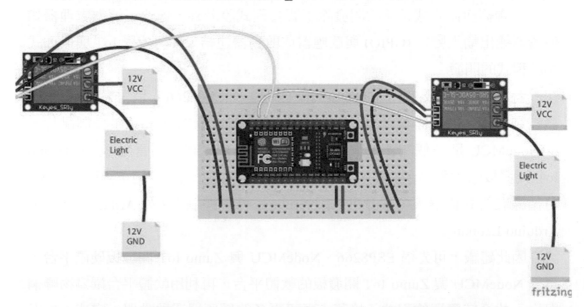

圖 6-26　使用 esp8266 Nodemcu 從使用者 Web 瀏覽器控制電氣設備

2. **ESP8266-01-Wifi 模組 (如圖 6-27 所示)**

　　ESP8266 串口 WiFI 模組 (ESP-01) 是 UART(COM PORT 又稱串口)
轉 WiFi 模組，具有 AP(Access Point 網路基地台模型)、STA(Station 工
作站模型)、AP + STA(共存模型)。

圖 6-27　ESP8266-01-Wifi 模組

　　ESP8266-01 是一款低成本的 Wifi 模組，可為 MCU 提供 WiFi 網路
連接。ESP8266 具有獨立的 SOC(片上系統)，這意味著它也可以在沒
有控制器的情況下獨立工作。但是，也可以透過串行　通信將其連接到
Arduino，除了其他好處之外，還可以引入更多 GPIO(通用輸入輸出)。

常用：ESP8266 是一個通用的 Wifi 模組，因此可以將其添加到幾乎任何
　　　新的或現有的專案中，與任何板或組件一起，以製作物聯網專案。
　　　若想了解有關 ESP8266 的更多資訊，可以選擇專門針對 ESP8266
　　　的社區論壇。

缺點：ESP8266 的 GPIO 有限。此外，與使用硬體串行相比，軟體串行
　　　連接有時不穩定。

更新：目前市場上有更多高級版本。例如，ESP8266-12 被整合到許多獨
　　　立的 Wifi 板中，ESP32 被證明是一個偉大的繼承者。

3. **ENC28J60-Ethernet LAN Network 模組 (如圖 6-28 所示)**

　　ENC28J60 是一款緊湊型獨立乙太網控制器，具有板載 MAC 及
PHY，8 KB 緩衝 RAM 及串行外設介面 (SPI)。

常用：乙太網是需要大量數據傳輸及可靠性的應用的理想選擇，如
　　　VoIP(IP 語音)、視頻流、家庭控制、安全等。

注意：此模組需要電纜連接並靠近路由器。

4. **SIM800L-QuadBand GPRS-GSM 模組 (如圖 6-29 所示)**

　　SIM800L 是一款經濟實惠的便攜式 GSM 分線板，具有較大 SIM900 擴增板的所有功能，非常適合小型物聯網專案。

常用：GSM 模組可用於物聯網專案，用於語音呼叫，發送簡訊，accessInternet 甚至收聽 FM 收音機及接受 AT 命令。短信訊只需要一張有效的 SIM 卡就可以了。

注意：若您選擇使用 SIM800L 建構 IoT 專案，請確保 您的網路供應商仍然支持 2G 連接，否則它將無法工作，您將需要使用支持更高級蜂窩網路連接的 GSM 模組。

更新：較新的 GSM 模組，如 SIM5320，SIM5360 兼容 2G 及 3G，因此它們可以作為 SIM800L 的良好替代品。SIM7100 還兼容 4G 及 LTE 網路，但價格要貴得多。

圖 6-28　ENC28J60-Ethernet LAN Network 模組

圖 6-29　SIM800L-QuadBand GPRS-GSM 模組

5. **HC-05- 藍牙模組 (Bluetooth module)(如圖 6-30 所示)**

　　HC-05 可以設置為主模型及從模型，這使它能夠在兩個 Arduino 板或任何其他設備之間進行通信 (而不是 HC-06，它只是一個從機)。HC-05 通常配有一個易於連接的分線板，並透過串行通信與 Arduino 通信。

常用：HC-05 適用於近距離交換大量數據，使其成為無線耳機及揚聲器及設備之間文件傳輸的理想解決方案。

缺點：HC-05 藍牙專案的範圍僅為 10 米左右，功耗很高。此外，由於 HC-05 在 3.3V 電壓下運行，因此請務必使用電壓調節器，以免燒壞。

6.　**HM-10- 藍牙 4 (Bluetooth 4)(如圖 6-31 所示)**

　　藍牙低功耗或 BLE 自 2011 年以來一直在市場上稱為藍牙 4.0。其主要特點是低功耗。這允許應用程序在小型電池上運行幾個小時。除非啟動連接，否則 BLE 仍處於睡眠模型。BLE 傳輸的連接持續時間比標準藍牙短得多，因為傳輸速率要高得多 - 大約 1Mps。

常見用途：M2M 通信及需要定期傳輸少量數據的應用，如個人測量設備：
　　　　　血壓、心率感測器等。它還有更多的工業用途，用於監測感
　　　　　測器，基於地理位置的應用程序及公共交通應用程序。

缺點：BLE 無法保持連續數據流應用程序。

圖 6-30　HC-05- 藍牙模組 (Bluetooth module)

圖 6-31　HM-10- 藍牙 4

7.　**NRF24L01 -2.4G 無線收發器模組 (2.4G Wireless Transceiver Module)(如圖 6-32 所示)**

　　NRF 是一種小型射頻無線收發器。它是無線專案的一個非常有用的組件，因為它易於使用，價格合理，具有良好的範圍及低功耗。該專案可在 2.4G 免許可證 ISM 頻段上運行，數據速率可達 2Mbps。

常見用途：RF 收發器主要用於遙控車輛及無人機。

缺點：與物聯網設備相比，NRF 不提供 Internet 連接，使其相對較長的範圍受限。

圖 6-32　NRF24L01 -2.4G 無線收發器模組

（二）其他流行的 IoT 模組

1. Raspberry Pi 模組

Raspberry Pi 不是微控制器或組件。它實際上是一台運行 Linux 作業系統的小型 "電腦"。Raspberry Pi 的編碼是使用 Python 完成的，而不是像 Arduino 這樣的 C ++，因此庫也不同。由於 Raspberry Pi 具有更強的處理能力及內置 Wifi，因此它是物聯網專案的理想選擇，尤其是那些需要較重應用的專案，如語音及影像辨識。可在 google 網上找到的許多很好的 Raspberry Pi 專案範例。

2. ESP32 模組

ESP32 是下一代 ESP8266，被描述為 Espressif 的新奇蹟芯片。除了 (明顯的)Wifi 功能外，它還具有雙核及 36 個 GPIO。與其前身 ESP8266 相比，它有很多，後者只有 9 個 GPIO。關於它的另一個好處是它是開放的，所以它上面有比 ESP8266 更多的文檔。可以在 Sparkfun 的 Enginursday 上找到有關它的更多技術細節及 Hackaday 博客上的許多更新。

3. Photon

Photon 是 Particle 的 Wifi 專案。它與 ESP 專案有很多共同之處。但是，若你想使用 Photon，你需要使用 Particle 的生態系統及 web IDE，這是一個具有許多功能的優秀平台，但它可能需要一些調整併習慣。

（三）IoT 平台 (platforms)

平台 (platforms) 又分：

1. 計算平台，可運行應用程序的框架
2. 平台遊戲，一種視頻遊戲類型

現在我們已經涵蓋了物聯網專案的大多數流行硬體選項，現在是時候進入下一步：控制您的物聯網專案。這樣做有很多選擇，它們提供不同的服務，如消息傳遞、儀表板、雲端服務、IDE 等。讓我們更仔細地研究它們：

1. Dweet 平台

Dweet 是物聯網設備的消息服務。它透過使用簡單的 API(類似於 Twitter) "Dweeting" 將數據從您的設備發送到雲端。收集數據後，您可以在儀表板上顯示它。Dweet 作品真的很好用 freeboard.io，由同一家公司 (錯誤實驗室) 製成，並且它提供了一個簡單而直觀的顯示解決方案。

若您在 circuito.io 上為您的電路選擇 ESP8266，您會在代碼中註意到我們已將 Dweet 及 Freeboard 整合到代碼中，您可以從那裡輕鬆設置它。說明將出現在您的電路中，您還可以在 "連接" 部分中閱讀有關如何在我們在 Hackster 上發布的寵物飼養器專案上進行設置的更多資訊。

2. **Blynk 平台**

　　Blynk 建立了一個非常簡單直觀的拖放儀表板應用程序，適用於 Android 及 iOS 設備。它不依賴於特定的板或擴增板，因此可以在不同的硬體組件中使用它 -Arduino、Raspberry Pi、乙太網、ESP8266 等。在他們的網站上，有一個草圖建構器及可以使用的代碼庫，還有一個非常活躍的使用者社區，可以在任何問題上諮詢。

3. **Cayenne 平台 - 我常用的設備**

　　Cayenne 提供各種工業及個人物聯網服務。登錄後，您可以選擇要使用的控制器，並獲得如何使用您選擇的 IoT 連接及設備令牌進行設置的說明。還有一些視頻教程可以使一切變得更容易。設置完所有內容後，您可以使用酷小工具建構儀表板，以便測量、監控及控制 IoT 設備。

4. **Particle 平台**

　　Particle 為物聯網專案提供硬體及軟體。Particle 製造兩種類型的處理器：用於 Wifi 的 Photon 或用於蜂窩的 Electron。編程是在帶有結構化建構塊的在線 IDE 上完成的。該平台包括部署物聯網專案所需的一切，包括設備雲端平台、連接硬體甚至是蜂窩產品的 SIM 卡。若想了解更多關於使用 Particle 的優點。請上官網：https://www.particle.io

（四）IoT 專案（projects）

　　現在已經更好地了解了整個 IoT 的工作原理，我們可以了解好的部分：物聯網專案的想法！基本上，製作的幾乎所有專案都可以連接到 Internet，但在某些情況下，它比其他專案更合乎邏輯。下面的一些專案是使用 circuito.io 計劃及建構的專案，而其他專案是來自其他來源的簡單及創造性專案。

1. **IoT 專案 1：自動寵物餵食器 (automatic pet feeder)**

　　這款自動食品分配器適用於您的寵物用 ESP8266-01 wifi 專案及 PIR 感測器。當感測器檢測到運動時，它會觸發伺服並打開分配器。可以在這個簡單但有用的專案中，添加許多不同的調整及補充。

圖 6-33   自動寵物餵食器 (automatic pet feeder)

教學網
1. https://www.youtube.com/watch?v=dqr-AT5HvyM
2. https://www.youtube.com/watch?v=nfwTBTIaQqc
3. https://www.youtube.com/watch?v=R4AmTItqEWE

2.   IoT 專案 2：小型升降機 (mini-lift)

為車間製作一個小型升降機，這樣就可以將組件從一個樓層傳遞到
另一個樓層而無需上下樓梯。這對我們來說非常懶惰，但是當在工作室
裡把一群極客帶上工具時會發生這種情況。所以這個建構很簡單，使用
步進電機來升降機本身，並使用藍牙將它連接到手機上。我們使用的是
HC-05，因為電梯旁邊有一個電源插座，所以沒有耗電問題。使用 Wifi
專案來控制這個專案也是完全可能的，但藍牙是一個更本地化的版本，
我們認為它更適合這個專案。

圖 6-34 小型升降機 (mini-lift)

教學網
1. https://www.youtube.com/watch?v=jQ85WmzC_I4
2. https://www.youtube.com/watch?v=pKatlOsgSik
3. https://www.circuito.io/blog/arduino-bluetooth-mini-lift/（文字解說）

3. **IoT 專案 3：智慧恆溫器 (smart thermostat)**

自動調溫器 (thermostat) 旨在控制系統提供的溫度，使得系統溫度一直保持在使用者所想要溫度點附近，因為控制的溫度不可能精確地一直保持在固定的溫度點。

　　例如，Nest 溫控器是一款數百萬美國家庭都在使用的智慧溫控器，也是 Google 公司最新的智慧家居產品。

　　詳情請見如圖 6-35 所示 Youtube 提供的 IoT 教學網。

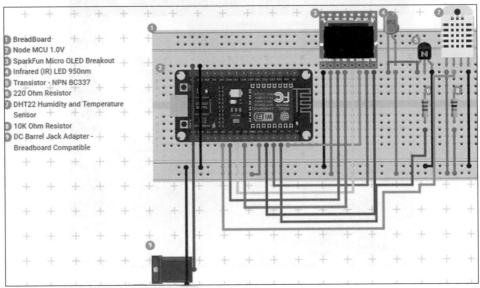

圖 6-35　智慧恆溫器 (smart thermostat)

教學網

1. https://www.youtube.com/watch?v=BcakVMhDq_w
2. https://www.youtube.com/watch?v=euVMpRMdMlw
3. https://www.youtube.com/watch?v=ITUisKjxcCc

參考文獻

1. Acharjya, D.P.; Ahmed, N.S.S. (2017). Recognizing Attacks in Wireless Sensor Network in View of Internet of Things. In Acharjya, D.P.; Geetha, M.K. Internet of Things: Novel Advances and Envisioned Applications. Springer. pp. 149–50. ISBN 9783319534725.

2. Adrian Holovaty, Jacob Kaplan-Moss; et al.(2018). The Django Book. Django follows this MVC pattern closely enough that it can be called an MVC framework

3. Agnar Aamodt and Enric Plaza,(1994). Case-Based Reasoning: Foundational Issues, Methodological Variations, and System Approaches, Artificial Intelligence Communications 7, 1, 39-52.

4. Akhavan, A.; Samsudin, A.; Akhshani, A. (2017-10-01). Cryptanalysis of an image encryption algorithm based on DNA encoding. Optics & Laser Technology. 95: 94–99.

5. Alippi, C. (2014). Intelligence for Embedded Systems. Springer Verlag. ISBN 978-3-319-05278-6.

6. Amiot, Emmanuel.(2018). The Internet of Things. Disrupting Traditional Business Models (PDF). Oliver Wyman. Retrieved 14 October 2018.

7. AWS(2019). AWS IoT Analytics. https://aws.amazon.com/tw/iot-analytics/
   甲、AWS(2019). 什麼是串流資料？https://aws.amazon.com/tw/streaming-data/

8. Baomar, Haitham; Bentley, Peter J. (2016). An Intelligent Autopilot System that learns flight emergency procedures by imitating human pilots. 2016 IEEE Symposium Series on Computational Intelligence (SSCI). pp. 1–9.

9. Beachmachine (2019). GitHub - beachmachine/django-jython: Database backends and extensions for Django development on top of Jython . GitHub. Retrieved 3 Feb 2019.

10. Beal M, Ghahramani Z, Rasmussen CE. (2002) The infinite hidden Markov model. In Advances in Neural Information Processing Systems, 14: 577-584. Cambridge, MA: MIT Press.

11. Beni, G., Wang, J.(1989). Swarm Intelligence in Cellular Robotic Systems. Proceed. NATO Advanced Workshop on Robots and Biological Systems, Tuscany, Italy, June 26–30 . doi:10.1007/978-3-642-58069-7_38.

12. Blockchains(2016). The great chain of being sure about things. The Economist. 31 October 2015 [18 June 2016].

13. Bobick, A. F. & J. Davis, (1996). Real-Time Recognition of Activity Using Temporal Templates. Proc. of IEEE CS Workshop on Applications of Computer Zimmermann, M. & H. Bunke. (2002). Hidden Markov Model Length Optimization For Handwriting Recognition Systems, Proc. of the 8th International Workshop on Frontiers in Handwriting Recognition, 369–374,.

14. Boeing, G. (2015). Chaos Theory and the Logistic Map. Retrieved 2018-07-16.

15. Boeing, G. (2016). Visual Analysis of Nonlinear Dynamical Systems: Chaos, Fractals, Self-Similarity and the Limits of Prediction. Systems. 4 (4), 37

16. Bouckaert, Remco R.; Frank, Eibe; Hall, Mark A.; Holmes, Geoffrey; Pfahringer, Bernhard; Reutemann, Peter; Witten, Ian H. (2010). WEKA Experiences with a Java open-source project. Journal of Machine Learning Research. 11: 2533–2541. the original title, Practical machine learning, was changed ... The term data mining was [added] primarily for marketing reasons.

17. Boyes, Hugh; Hallaq, Bil; Cunningham, Joe; Watson, Tim (October 2018). The industrial internet of things (IIoT): An analysis framework . Computers in Industry. 101: 1–12. doi:10.1016/j.compind.2018.04.015. ISSN 0166-3615.

18. Bozóki, Zsolt (1997). Chaos theory and power spectrum analysis in computerized cardIoTocography. European Journal of Obstetrics & Gynecology and Reproductive Biology. 71 (2), 163–168.

19. Brooks, Rodney, (1990). Elephants Don't Play Chess (PDF), Robotics and Autonomous Systems, 6: 3　15 [2007-08-30], doi:10.1016/S0921-8890(05)80025-9.

20. Brookstone, Alan (August 17, 2011). Pros and Cons of Wireless and Local Networks .

21. Brown, Eric (13 September 2016a). Who Needs the Internet of Things?. Linux.com. Retrieved 23 Feb 2019.

22. Brown, Eric (2016b). 21 Open Source Projects for IoT. Linux.com. Retrieved 23 Feb 2019.

23. Brown, Ian (2013). Britain's Smart Meter Programme: A Case Study in Privacy by Design. International Review of Law, Computers & Technology. 28 (2): 172–184. doi: 10.1080/13600869.2013.801580. SSRN 2215646.

24. Business Wire(2017). ZestFinance Introduces Machine Learning Platform to Underwrite Millennials and Other Consumers with Limited Credit History . https:// www.businesswire.com/news/home/20170214005357/en/ZestFinance-Introduces-Machine-Learning-Platform-Underwrite-Millennials.

25. Chauhuri, Abhik (2018). Internet of Things, for Things, and by Things. Boca Raton, Florida: CRC Press. ISBN 9781138710443.

26. Chesbrough, and Bogers, Marcel(2014). Explicating Open Innovation: Clarifying an Emerging Paradigm for Understanding Innovation (April 15, 2014). Henry Chesbrough, Wim Vanhaverbeke, and Joel West, eds. New Frontiers in Open Innovation. Oxford: Oxford University Press, Forthcoming (pp. 3-28). Available at SSRN: https://ssrn.com/ abstract=2427233.

27. Choudhury, S. P. (2019a). IoT Innovation Landscape - Deep Dive into 500+ global IoT startups. https://www.linkedin.com/pulse/iot-innovation-landscape-deep-dive-500-global-pal-choudhury

28. Choudhury, S. P. (2019b). Horizontal Technology Landscape of IoT Stack—Sensor to Cloud, https://medium.com/bharat-innovations-fund/horizontal-technology-landscape-of-iot-stack-sensor-to-cloud-bb0459b3b81b

29. Chow, Gregory P. (1976). Analysis and Control of Dynamic Economic Systems. New York: Wiley. ISBN 0-471-15616-7.

30. Clearfield, Chris(2019). Why The FTC Can't Regulate The Internet Of Things. Forbes. Retrieved 26 June 2015.

31. Cloudbus.org(2018). Brain Image Registration Analysis Workflow for fMRI Studies on Global Grids, Computer.org. http://www.cloudbus.org/papers/fMRI-AINA2009.pdf.

32. Coiera, E. (1997). Guide to medical informatics, the Internet and telemedicine. Chapman & Hall, Ltd.

33. commexusa.com(2019). 12/24V 直流螺桿線性致動器。 https://www.commexusa.com/products/commex-cx-lat7-11200-lead-screw-linear-actuator

34. da Costa, CA; Pasluosta, CF; Eskofier, B; da Silva, DB; da Rosa Righi, R (July 2018). Internet of Health Things: Toward intelligent vital signs monitoring in hospital wards . Artificial Intelligence in Medicine. 89: 61–69.

35. Daugherty, Paul; Negm, Walid; Banerjee, Prith; Alter, Allan. (2018). Driving Unconventional Growth through the Industrial Internet of Things (PDF). Accenture. Retrieved 17 March 2019.

36. Daugherty, Paul; Negm, Walid; Banerjee, Prith; Alter, Allan.(2019). Driving Unconventional Growth through the Industrial Internet of Things (PDF). Accenture. Retrieved 17 Feb 2019.

37. Davis, Jim; Edgar, Thomas; Porter, James; Bernaden, John; Sarli, Michael (2012-12-20). Smart manufacturing, manufacturing intelligence and demand-dynamic performance . Computers & Chemical Engineering. FOCAPO 2012. 47: 145–156. doi:10.1016/j.compchemeng.2012.06.037.

38. Delicato, F.C.; Al-Anbuky, A.; Wang, K., eds. (2018). Smart Cyber-Physical Systems: towards Pervasive Intelligence systems. Future Generation Computer Systems. Elsevier. Retrieved 26 July 2019.

39. Dey, Nilanjan; Hassanien, Aboul Ella; Bhatt, Chintan; Ashour, Amira S.; Satapathy, Suresh Chandra (2018). Internet of things and big data analytics toward next-generation intelligence (PDF). Springer International Publishing. ISBN 978-3-319-60434-3. Retrieved 14 October 2018.

40. DigiTimes(2019). IoT 數據對於製造業的四大功用 . https://www.digitimes.com.tw/iot/article.asp?cat=158&cat1=20&cat2=100&cat3=100&id=0000532737_5ub8n0vo2iyoig8s7zzq3

41. DigiTmies(2019). IoT 已逐步改變現有商業模式 . https://www.digitimes.com.tw/iot/article.asp?cat=158&id=0000532627_8mb5ltjw34vpkr6208cyk

42. Dincer, Can; Bruch, Richard; Kling, André; Dittrich, Petra S.; Urban, Gerald A. (2017-08-01). Multiplexed Point-of-Care Testing – xPOCT . Trends in Biotechnology. 35 (8): 728–742. doi:10.1016/j.tibtech.2017.03.013. ISSN 0167-7799.

43. Eduardo, Liz; Ruiz-Herrera, Alfonso (2012). Chaos in discrete structured population models. SIAM Journal on Applied Dynamical Systems. 11 (4): 1200–1214.

44. Elmagarmid, A.; Di, W. (2012). Chapter 1: Workflow Management: State of the Art Versus State of the Products. In Dogac, A.; Kalinichenko, L.; Özsu, T.; Sheth, A. (2018). Workflow Management Systems and Interoperability. Springer Science & Business Media. 1–17. Retrieved 18 May 2018.

45. Ersue, M.; Romascanu, D.; Schoenwaelder, J.; Sehgal, A. (4 July 2014). Management of Networks with Constrained Devices: Use Cases . IETF Internet Draft.

46. FAQ (2019). General - Django documentation - Django . Retrieved 30 Feb 2019.

47. Feamster, Nick (18 February 2017). Mitigating the Increasing Risks of an Insecure Internet of Things. Freedom to Tinker. Retrieved 8 August 2017.

48. Franceschi-Bicchierai, Lorenzo (2015). Goodbye, Android. Motherboard. Vice. Retrieved 2 Febt 2019.

49. Garcia Lopez, Pedro; Montresor, Alberto; Epema, Dick; Datta, Anwitaman; Higashino, Teruo; Iamnitchi, Adriana; Barcellos, Marinho; Felber, Pascal; Riviere, Etienne. Edge-centric Computing: Vision and Challenges. SIGCOMM Comput. Commun. Rev. 2015-09-01, 45 (5): 37–42. ISSN 0146-4833.

50. Gartner (2015). Says 6.4 Billion Connected Things Will Be in Use in 2016, Up 30 Percent From 2015. Gartner. 10 November 2015. Retrieved 21 Feb 2019.

51. Gartner(2019). Says Worldwide IoT Security Spending to Reach $348 Million in 2016 . Retrieved 11 May 2019.

52. Gautier, Philippe; Gonzalez, Laurent (2011). L'Internet des Objets... Internet, mais en mieux (PDF). Foreword by Gérald Santucci (European commission), postword by Daniel Kaplan (FING) and Michel Volle. Paris: AFNOR editions. ISBN 978-2-12-465316-4.

53. Gilchrist, Alasdair (2016). Industry 4.0 - the industrial internet of things (PDF). Apress media.

54. Grell, Max; Dincer, Can; Le, Thao; Lauri, Alberto; Nunez Bajo, Estefania; Kasimatis, Michael; Barandun, Giandrin; Maier, Stefan A.; Cass, Anthony E. G. (2018-11-09). Autocatalytic Metallization of Fabrics Using Si Ink, for Biosensors, Batteries and Energy Harvesting . Advanced Functional Materials: 1804798. doi:10.1002/adfm.201804798. ISSN 1616-301X.

55. Gubbi, Jayavardhana; Buyya, Rajkumar; Marusic, Slaven; Palaniswami, Marimuthu (24 February 2013). Internet of Things (IoT): A vision, architectural elements, and future directions . Future Generation Computer Systems. 29 (7): 1645–1660.

56. Gubbi, Jayavardhana; Buyya, Rajkumar; Marusic, Slaven; Palaniswami, Marimuthu (1 September 2013). Internet of Things (IoT): A vision, architectural elements, and future directions. Future Generation Computer Systems. Including Special sections: Cyber-enabled Distributed Computing for Ubiquitous Cloud and Network Services & Cloud Computing and Scientific Applications — Big Data, Scalable Analytics, and Beyond. 29 (7): 1645–1660. arXiv:1207.0203. doi:10.1016/j.future.2013.01.010.

57. Haritaoglu, I. D. Harwood, and L. S. Davis, (1998). Ghost: A human body part labeling System using silhouettes, Proc. of International Conference on Pattern Recognition, 77-82.

58. Hassan, Q.F. (2018). Internet of Things A to Z: Technologies and Applications. John Wiley & Sons. pp. 27–8. ISBN 9781119456759.

59. Hassan, Qusay; Khan, Atta; Madani, Sajjad (2017). Internet of Things: Challenges, Advances, and Applications. Boca Raton, Florida: CRC Press. p. 198. ISBN 9781498778510.

60. Herremans, C. H., Chuan, E. Chew (2017). A Functional Taxonomy of Music Generation Systems. ACM Computing Surveys. 50 (5), 69:1-30.

61. Howard, Philip N. (2015). Pax Technica: How the internet of things May Set Us Free, Or Lock Us Up. New Haven, CT: Yale University Press. ISBN 978-0-30019-947-5.

62. https://blog.xuite.net/a19668888/twblog/585124136-%E4%B8%80%E5%80%8B%E7%94%B7%E5%8F%8B%E8%B7%9F%E5%A5%B3%E5%8F%8B%E8%AA%AA%EF%BC%9A%E3%80%8C%E5%AB%81%E7%B5%A6%E6%88%91%EF%BC%8C%E6%88%91%E4%BF%9D%E8%AD%89%E7%B5%90%E5%A9%9A%E5%BE%8C%E5%A4%A9%E5%A4%A9%E6%B4%97%E7%A2%97%EF%BC%81%E3%80%8D

63. https://www.keyence.com.tw/landing/lpc/sensor_fsn4_sem_190226.jsp?aw=googleKW820175285750&gclid=Cj0KCQiA0NfvBRCVARIsAO4930lu6JERvLG-71Kdu-hjGGQ-kcVwg7tn2JzZwB2el5M4yzt-41BrToEaAm2qEALw_wcB

64. Hubler, A (1989). Adaptive control of chaotic Systems. Swiss Physical Society. Helvetica Physica Acta 62, 339–342.

65. Hubler, A.; Phelps, K. (2007). Guiding a self-adjusting System through chaos. Complexity. 13 (2), 62.

66. Hussain, A. (June 2017). Energy Consumption of Wireless IoT Nodes (PDF). Norwegian University of Science and Technology. Retrieved 26 July 2018.

67. IJSMI, Editor (April 2018). Overview of recent advances in Health care technology and its impact on health care delivery . International Journal of Statistics and Medical Informatics. 7: 1–6.

68. IoT business magazine(2019). Smart Industry. https://www.smart-industry.net/interview-with-iot-inventor-kevin-ashton-iot-is-driven-by-the-users/

69. IOT(2019). IOT Brings Fragmentation in Platform (PDF). arm.com.

70. Istepanian, R.; Hu, S.; Philip, N.; Sungoor, A. (2011). The potential of Internet of m-health Things m-IoT for non-invasive glucose level sensing. Annual International Conference of the IEEE Engineering in Medicine and Biology Society (EMBC). 2011. pp. 5264–6.

71. ItRead01(2019). 全文檢索引擎 lucene. https://www.itread01.com/p/793134.html%E3%80%81https://kknews.cc/code/rlmrmon.html

72. Ivakhnenko, Alexey (1971). Polynomial theory of complex Systems. IEEE Transactions on Systems, Man and Cybernetics (4): 364–378.

73. Jones LM, Fontanini A, Sadacca BF, Katz DB. (2007) Natural stimuli evoke analysis dynamic sequences of states in sensory cortical ensembles. Proceedings of National Academy of Sciences USA 104: 18772-18777.

74. Joyia, Gulraiz J.; Liaqat, Rao M.; Farooq, Aftab; Rehman, Saad (2017). Internet of Medical Things (IOMT): Applications, Benefits and Future Challenges in Healthcare Domain . Journal of Communications. doi:10.12720/jcm.12.4.240-247.

75. Jung, Kiwook (2015-03-16). Mapping Strategic Goals and Operational Performance Metrics for Smart Manufacturing Systems . Procedia Computer Science. 44 (44 p.184–193): 184–193. doi:10.1016/j.procs.2015.03.051. Retrieved 2019-02-17

76. Jussi Karlgren; Lennart Fahlén; Anders Wallberg; Pär Hansson; Olov Ståhl; Jonas Söderberg; Karl-Petter Åkesson (2008). Socially Intelligent Interfaces for Increased Energy Awareness in the Home. The Internet of Things. Lecture Notes in Computer Science. 4952. Springer. pp. 263–275. doi:10.1007/978-3-540-78731-0_17. ISBN 978-3-540-78730-3.

77. Keyence(2019). 數位光纖光學感測器 FSN-40 系列 .

78. Kongthon, Alisa; Sangkeettrakarn, Chatchawal; Kongyoung, Sarawoot; Haruechaiyasak, Choochart (2009). Implementing an online help desk System based on conversational agent. Proceedings of the International Conference on Management of Emergent Digital Eco Systems - MEDES '09. p. 450.

79. Kricka, LJ (21 June 2018). History of disruptions in laboratory medicine: what have we learned from predictions? . Clinical Chemistry and Laboratory Medicine. doi:10.1515/cclm-2018-0518 (inactive 2018-11-27). PMID 29927745.

80. Kushalnagar, N.; Montenegro, G.; Schumacher, C. (August 2007). IPv6 over Low-Power Wireless Personal Area Networks (6LoWPANs): Overview, Assumptions, Problem Statement, and Goals. IETF. doi:10.17487/RFC4919. RFC 4919.

81. Lakoff, George, Women, (1987). Fire, and Dangerous Things: What Categories Reveal About the Mind, University of Chicago Press, ISBN 0-226-46804-6.

82. Lamus C, Hamalainen MS, Temereanca S, Long CJ, Brown EN, Purdon PL. (2012) A spatIoTemporal dynamic distributed solution to the MEG inverse problem. NeuroImage, 63(2), 894-909.

83. Lee, Jay (19 November 2014). Keynote Presentation: Recent Advances and Transformation Direction of PHM . Roadmapping Workshop on Measurement Science for Prognostics and Health Management of Smart Manufacturing Systems Agenda. NIST.

84. Lee, Jay (2015). Industrial Big Data. China: Mechanical Industry Press. ISBN 978-7-111-50624-9.

85. Lee, Jay; Bagheri, Behrad; Kao, Hung-An (2015). A cyber-physical systems architecture for industry 4.0-based manufacturing systems . Manufacturing Letters. 3, 18–23. doi:10.1016/j.mfglet.2014.12.001.

86. Lee, Jay; Bagheri, Behrad; Kao, Hung-An (2015). A cyber-physical systems architecture for industry 4.0-based manufacturing systems . Manufacturing Letters. 3: 18–23. doi:10.1016/j.mfglet.2014.12.001.

87. Lenat, Douglas & Guha, R. V., (1989). Building Large Knowledge-Based Systems, Addison-Wesley, ISBN 0-201-51752-3, OCLC 19981533.

88. Levine, Sergey, et al (2016). End-to-end training of deep visuomotor policies. The Journal of Machine Learning Research 17(1), 1334-1373.

89. Li, S. (2017). Chapter 1: Introduction: Securing the Internet of Things. In Li, S.; Xu, L.D. Securing the Internet of Things. Syngress. p. 4. ISBN 9780128045053.

90. Liao, Yongxin; Deschamps, Fernando; Loures, Eduardo de Freitas Rocha; Ramos, Luiz Felipe Pierin (28 March 2017). Past, present and future of Industry 4.0 - a systematic literature review and research agenda proposal . International Journal of Production Research. 55 (12): 3609–3629.

91. Louchez, Alain (January 6, 2014). From Smart Manufacturing to Manufacturing Smart . www.automationworld.com. Automation World. Retrieved 2018-03-04.

92. Louchez, Alain (January 6, 2014). From Smart Manufacturing to Manufacturing Smart . www.automationworld.com. Automation World. Retrieved 2019-03-04.

93. Lu, Louis(2015). WISE-IoT introduction . https://us.v-cdn.net/6026629/uploads/editor/kw/n5fv5izp69iy.pdf.

94. Mahdavinejad, M. S.(2018). Rezvan, M., Barekatain, M., Adibi, P., Barnaghi, P., & Sheth, A. P.. Machine learning for Internet of Things data analysis: A survey. Digital Communications and Networks, 4(3), 161-175.

95. Marginean, M.-T.; Lu, C. (2016). sDOMO communication protocol for home robotic systems in the context of the internet of things. Computer Science, Technology And Application. World Scientific. pp. 151–60. ISBN 9789813200432.

96. Masters, Kristin. (2019) The Impact of Industry 4.0 on the Automotive Industry , Retrieved 2019-2-08.

97. Masters, Kristin. (2019). The Impact of Industry 4.0 on the Automotive Industry . Retrieved 2019-2-08.

98. MBA 智庫 (2019). 物聯網 . https://wiki.mbalib.com/zh-tw/%E7%89%A9%E8%81%94%E7%BD%91

99. MBA 智庫 (2019). 智能設設備 . https://wiki.mbalib.com/zh-tw/%E6%99%BA%E8%83%BD%E8%AE%BE%E5%A4%87

100. Mckewen, Ellen (2015). What is Smart Manufacturing . CMTC Manufacturing Blog. CMTC. Retrieved 2018-02-17.

101. MeetHub(2019). 只要 9 張圖，看懂什麼是 5G, https://meethub.bnext.com.tw/%E3%80%905g%E7%A7%91%E6%99%AE%E3%80%91%E5%8F%AA%E8%A6%819%E5%BC%B5%E5%9C%96%EF%BC%8C%E7%9C%8B%E6%87%82%E4%BB%80%E9%BA%BC%E6%98%AF5g%EF%BD%9C%E5%A4%A7%E5%92%8C%E6%9C%89%E8%A9%B1%E8%AA%AA/

102. Minteer, A. (2017). Chapter 9: Applying Geospatial Analytics to IoT Data. Analytics for the Internet of Things (IoT). Packt Publishing. pp. 230–57. ISBN 9781787127579.

103. Mohammadi M., et al.(2018). Deep Learning for IoT Big Data and Streaming Analytics: A Survey, IEEE Communications Surveys and Tutorials, 20(4).

104. MoneyDJ(2019). 車用 ADAS 系統 . https://www.moneydj.com/KMDJ/Wiki/WikiViewer.aspx?KeyID=5cd9a0f7-e44e-44a3-af4f-a301acdc6103

105. Nehmzow, Ulrich; Keith Walker (Dec 2005). Quantitative description of robot–environment interaction using chaos theory (PDF). Robotics and Autonomous Systems. 53 (3–4): 177–193.

106. NHTSA(2013). U.S. Department of Transportation Releases Policy on Automated Vehicle Development. National Highway Traffic Safety Administration. 2013-05-30.

107. NTRS-NASA(2018). Flight Demonstration Of X-33 Vehicle Health Management System Components On The F/A-18 Systems Research Aircraft . https://www.researchgate.net/publication/24382509_Flight_Demonstration_of_X-33_Vehicle_Health_Management_System_Components_on_the_FA-18_Systems_Research_Aircraft.

108. Pal, Arpan (May–June 2015). Internet of Things: Making the Hype a Reality (PDF). IT Pro. Retrieved 10 Feb 2019.

109. Parello, J.; Claise, B.; Schoening, B.; Quittek, J. (28 April 2014). Energy Management Framework . IETF Internet Draft <draft-ietf-eman-framework-19>.

110. Pearl, J., (1988). Probabilistic Reasoning in Intelligent Systems: Networks of Plausible Inference, San Mateo, California: Morgan Kaufmann, ISBN 1-55860-479-0, OCLC 249625842.

111. Pedrycz, Witold (1993). Fuzzy control and fuzzy Systems (2 ed.). Research Studies Press Ltd.

112. Penny W, Ghahramani Z, Friston K. (2005). Bilinear dynamical Systems. Philosophical Transactions of Royal Society of London B, 360: 983-993.

113. Raggett, Dave (27 April 2016). Countering Fragmentation with the Web of Things: Interoperability across IoT platforms (PDF). W3C.

114. Rearch Portal(2019). 物聯網將掀起工業 4.0 革命 . https://portal.stpi.narl.org.tw/index/article/10095;jsessionid=A2104D04E1166379F31AA739B358E739

115. Redington, D. J.; Reidbord, S. P. (1992). Chaotic dynamics in autonomic nervous System activity of a patient during a psychotherapy session. Biological Psychiatry. 31 (10), 993–1007.

116. Reza Arkian, Hamid (2017). MIST: Fog-based Data Analytics Scheme with Cost-Efficient Resource Provisioning for IoT Crowdsensing Applications. Journal of Network and Computer Applications. 82: 152–165. Bibcode:2017JNCA...93...27H. doi:10.1016/j.jnca.2017.01.012.

117. Rico, Juan (22–24 April 2014). Going beyond monitoring and actuating in large scale smart cities . NFC & Proximity Solutions – WIMA Monaco.

118. Rowayda, A. Sadek (May 2018). – An Agile Internet of Things (IoT) based Software Defined Network (SDN) Architecture. Egyptian Computer Science Journal.

119. Santucci, Gérald(2019). The Internet of Things: Between the Revolution of the Internet and the Metamorphosis of Objects (PDF). European Commission Community Research and Development Information Service. Retrieved 23 Feb 2019.

120. Schneier, Bruce (1 February 2017). Security and the Internet of Things.

121. Severi, S.; Abreu, G.; Sottile, F.; Pastrone, C.; Spirito, M.; Berens, F. (23–26 June 2014). M2M Technologies: Enablers for a Pervasive Internet of Things. The European Conference on Networks and Communications (EUCNC2014).

122. Sheng, M.; Qun, Y.; Yao, L.; Benatallah, B. (2017). Managing the Web of Things: Linking the Real World to the Web. Morgan Kaufmann. pp. 256–8. ISBN 9780128097656.

123. STPI(2019). 人工智慧在醫療設備產業之三個新興應用 . http://iknow.stpi.narl.org.tw/Post/Read.aspx?PostID=14244

124. Sun, Charles C. (1 May 2014). Stop using Internet Protocol Version 4!. Computerworld.

125. Swan, Melanie (8 November 2012). Sensor Mania! The Internet of Things, Wearable Computing, Objective Metrics, and the Quantified Self 2.0 . Sensor and Actuator Networks. 1(3), 217–253.

126. taiwansensor.com(2019). Arduino 單晶片微控制器 . https://www.taiwansensor.com. tw/product-tag/arduino/

127. Tan, Lu; Wang, Neng (20–22 August 2010). Future Internet: The Internet of Things. 3rd International Conference on Advanced Computer Theory and Engineering (ICACTE). 5. pp. 376–380. doi:10.1109/ICACTE.2010.5579543. ISBN 978-1-4244-6539-2.

128. Tech Trends for the oil and gas industry. (2018). Retrieved 2019-2-08 from: https://www2.deloitte.com/content/dam/Deloitte/us/Documents/energy-resources/us-tech-trends-oil-and-gas-industry.pdf

129. Thomas, Daniel R.; Beresford, Alastair R.; Rice, Andrew (2015). Proceedings of the 5th Annual ACM CCS Workshop on Security and Privacy in Smartphones and Mobile Devices – SPSM '15 (PDF). Computer Laboratory, University of Cambridge. pp. 87–98. doi:10.1145/2808117.2808118. ISBN 9781450338196. Retrieved 14 October 2015.

130. Todd, P.M. (1992). A connectionist system for exploring melody space. In Proceedings of the 1992 International Computer Music Conference (pp. 65-68). San Francisco: International Computer Music Association.

131. Traukina, Alena; Thomas, Jayant; Tyagi, Prashant; Reddipalli, Kishore (2019-02-2). Industrial Internet Application Development: Simplify IIoT development using the elasticity of Public Cloud and Native Cloud Services (1st ed.). Packt Publishing. p. 18.

132. Tung, Liam (13 October 2015). Android security a 'market for lemons' that leaves 87 percent vulnerable. ZDNet. Retrieved 14 October 2015.

133. Turnovsky, Stephen. (1976). Optimal Stabilization Policies for Stochastic Linear Systems: The Case of Correlated Multiplicative and Additive disturbances. Review of Economic Studies. 43 (1): 191–94. doi:10.2307/2296614.

134. Tzeng,Tz-Hau (2003). A Model-Based Human Motion Analysis System in Multiple-Views, 國立清華大學電機工程學系 , 碩士論文 .

135. v8en.com(2019). 合适的物　网平台 . https://www.v8en.com/article/171

136. van der Zee, E.; Scholten, H. (2014). Spatial Dimensions of Big Data: Application of Geographical Concepts and Spatial Technology to the Internet of Things. In Bessis, N.; Dobre, C. Big Data and Internet of Things: A Roadmap for Smart Environments. Springer. pp. 137–68. ISBN 9783319050294.

137. Vermesan, Ovidiu, and Peter Friess, eds. Internet of things: converging technologies for smart environments and integrated ecosystems. River Publishers,(2013). https://www.researchgate.net/publication/272943881_Internet_of_Things

138. Vermesan, Ovidiu; Friess, Peter (2013). Internet of Things: Converging Technologies for Smart Environments and Integrated Ecosystems (PDF). Aalborg, Denmark: River Publishers. ISBN 978-87-92982-96-4.

139. VoVolkswagen Group (2015-08-20), Industry 4.0 in the Volkswagen Group, retrieved 2019-1-08

140. Waldner, Jean-Baptiste (2007). Nanoinformatique et intelligence ambiante. Inventer l'Ordinateur du XXIeme Siècle. London: Hermes Science. p. 254. ISBN 978-2-7462-1516-0.

141. Waldner, Jean-Baptiste (2008). Nanocomputers and Swarm Intelligence. London: ISTE. pp. 227–231. ISBN 978-1-84704-002-2.

142. Waldner, Jean-Baptiste.(2008). Nanocomputers and Swarm Intelligence. London: ISTE. 227–p231. ISBN 1-84704-002-0.

143. Want, Roy; Bill N. Schilit, Scott Jenson (2015). Enabling the Internet of Things. 1. Sponsored by IEEE Computer Society. IEEE. pp. 28–35.

144. Ward, Mark (23 September 2015). Smart devices to get security tune-up. BBC News.

145. Weiser, Mark (1991). The Computer for the 21st Century (PDF). Scientific American. 265 (3): 94–104. Bibcode:1991SciAm.265c..94W. doi:10.1038/scientificamerican0991-94. Archived from the original (PDF) on 11 March 2015. Retrieved 5 November 2019.

146. Wiki.autopilot(2019). 自動駕駛汽車. https://zh.wikipedia.org/wiki/%E8%87%AA%E5%8B%95%E9%A7%95%E9%A7%9B%E6%B1%BD%E8%BB%8A

147. wiki.Azure (2019).Microsoft Azure. https://zh.wikipedia.org/wiki/Microsoft_Azure

148. Wiki.MySQL(2019). MySQL. https://zh.wikipedia.org/wiki/MySQL

149. wikipedia.SCADA(2019). 資料採集與監控系統. https://zh.wikipedia.org/wiki/%E6%95%B0%E6%8D%AE%E9%87%87%E9%9B%86%E4%B8%8E%E7%9B%91%E6%8E%A7%E7%B3%BB%E7%BB%9F

150. Witonsky, P (2012). Leveraging EHR investments through medical device connectivity. Healthcare Financial Management. 66 (8): 50–3. PMID 22931026.

151. Wu W, Kulkarni JE, Hatsopoulos NG, Paninski L. (2009) Neural decoding of hand motion using a linear state-space model with hidden states. IEEE Transactions on Neural Systems and Rehabilitation Engineering, 17: 370-378.

152. Xie, Xiao-Feng; Wang, Zun-Jing (2017). Integrated in-vehicle decision support system for driving at signalized intersections: A prototype of smart IoT in transportation. Transportation Research Board (TRB) Annual Meeting, Washington, DC, USA.

153. Yang, Shanhu; Begheri, Behrad; Kao, Hung-An; Lee, Jay (2015). A Unified Framework and Platform for Designing of Cloud-Based Machine Health Monitoring and Manufacturing Systems. Journal of Manufacturing Science and Engineering. 137 (4).

154. Zhang, Q. (2015). Precision Agriculture Technology for Crop Farming. CRC Press. pp. 249–58. ISBN 9781482251081.

155. Zurier, Steve. (2019). Five IIoT companies prove value of internet-connected manufacturing. IoT Agenda. Retrieved 11 Feb 2019.

156. 中文百科 (2019). 信標. https://www.newton.com.tw/wiki/%E4%BF%A1%E6%A8%99/13781016

157. 今週刊 (2019). 2020富達投資展望論壇. https://www.businesstoday.com.tw/article/category/80394/post/201802090008/%E7%95%B6%E4%BA%BA%E5%B7%A5%E6%99%BA%E6%85%A7%E9%81%87%E4%B8%8A%E7%89%A9%E8%81%AF%E7%B6%B2%E3%80%80%E8%BF%8E%E6%8E%A5AIoT%E6%99%BA%E6%85%A7%E6%99%82%E4%BB%A3

158. 企業網 D1Net(2019). 如何選擇合適的物聯網平台的最終清單. https://kknews.cc/tech/gpq29rm.html

159. 知 乎 (2019). AWS IoT 与 Google IoT vs. Azure IoT。 https://zhuanlan.zhihu.com/p/53226608

160. 新 通 訊 (2019). eMBB/URLLC/mMTC 鼎 立 . https://www.2cm.com.tw/2cm/zh-tw/magazine/-Technology/F20D9109E8FC4D34B9CC25B24A786283

161. 新通訊 (2019).eMBB/URLLC/mMTC 鼎立 ,5G 標準制定全面啟動 . https://www.2cm.com.tw/2cm/zh-tw/magazine/-Technology/F20D9109E8FC4D34B9CC25B24A786283

162. 維基百科 (2019). 同質與異質 . https://zh.wikipedia.org/wiki/%E5%90%8C%E8%B3%AA%E8%88%87%E7%95%B0%E8%B3%AA

163. 隨意窩 (2019). 海風浪浪天空藍，取自

國家圖書館出版品預行編目資料

物聯網概論 / 張博一, 張紹勳, 張任坊編著. --
二版. -- 新北市：全華圖書股份有限公司,
2022.02
面 ； 公分
ISBN 978-626-328-082-3(平裝)

1.CST: 資訊服務業 2.CST: 產業發展 3.CST: 技
術發展

484.6   111001851

物聯網概論

作者 / 張博一、張紹勳、張任坊

發行人 / 陳本源

執行編輯 / 李孟霞

出版者 / 全華圖書股份有限公司

郵政帳號 / 0100836-1 號

印刷者 / 宏懋打字印刷股份有限公司

圖書編號 / 0642801

二版二刷 / 2022 年 12 月

定價 / 新台幣 500 元

ISBN / 978-626-328-082-3

全華圖書 / www.chwa.com.tw

全華網路書店 Open Tech / www.opentech.com.tw

若您對書籍內容、排版印刷有任何問題，歡迎來信指導 book@chwa.com.tw

臺北總公司(北區營業處)
地址：23671 新北市土城區忠義路 21 號
電話：(02) 2262-5666
傳真：(02) 6637-3695、6637-3696

南區營業處
地址：80769 高雄市三民區應安街 12 號
電話：(07) 381-1377
傳真：(07) 862-5562

中區營業處
地址：40256 臺中市南區樹義一巷 26 號
電話：(04) 2261-8485
傳真：(04) 3600-9806(高中職)
    (04) 3601-8600(大專)

CH 1 萬物智慧互聯新時代

1. 何謂物聯網 (Internet of Things, IoT)？

_____

_____

_____

_____

_____

2. 常見智慧設備 (smart device) 有哪些？

_____

_____

_____

_____

_____

3. IoT 特徵 (trends and characteristics) 是什麼？

_____

_____

_____

_____

_____

4. 物聯網的框架 (framework)？

_____

_____

_____

_____

_____

5. 何謂工業工業 4.0？

　　　　　　　　　　　　　　　　　　　　　　　　　　

　　　　　　　　　　　　　　　　　　　　　　　　　　

　　　　　　　　　　　　　　　　　　　　　　　　　　

　　　　　　　　　　　　　　　　　　　　　　　　　　

6. 智慧物聯網 (AIoT) 是什麼？

　　　　　　　　　　　　　　　　　　　　　　　　　　

　　　　　　　　　　　　　　　　　　　　　　　　　　

　　　　　　　　　　　　　　　　　　　　　　　　　　

7. 物聯網的 7 條原理 (principle)？

習題

物聯網概論

CH2 物聯網 (IoT) 十大應用領域

1. IoT 十大應用領域？

2. 智慧製造有哪三大技術？

3. 何謂工業 IoT(industrial internet of things, IIoT)？

4. 工業 IoT 的應用有哪些？

班級：_____

學號：_____

姓名：_____

CH3 IoT + 大數據分析 + AI = 5G 時代已到來

1. 大數據、物聯網、人工智慧 (AI) 之關係？

2. 設計 IoT 基礎設施，有何 4 階段架構？

3. IoT 分析模型 (analytics models) 有哪五種？

4. 何謂雲端運算 (cloud computing)？

5. 何謂近場通信 (near-field communication, NFC) ?

_____

_____

_____

_____

_____

6. 5G 是什麼 ?

_____

_____

_____

_____

7. IoT 通訊協定 (protocol) 有哪六種 ?

_____

_____

_____

_____

_____

習題

物聯網概論

CH4 雲端物聯網前三大平台 (cloud IoT platform)

1. 為何需物聯網雲端平台 (IoT cloud platform)？

＿＿＿＿＿＿＿＿＿＿＿＿＿＿＿＿＿＿＿＿＿＿＿＿＿＿＿＿＿＿＿＿

＿＿＿＿＿＿＿＿＿＿＿＿＿＿＿＿＿＿＿＿＿＿＿＿＿＿＿＿＿＿＿＿

＿＿＿＿＿＿＿＿＿＿＿＿＿＿＿＿＿＿＿＿＿＿＿＿＿＿＿＿＿＿＿＿

2. 什麼是平台 (platform)？

＿＿＿＿＿＿＿＿＿＿＿＿＿＿＿＿＿＿＿＿＿＿＿＿＿＿＿＿＿＿＿＿

＿＿＿＿＿＿＿＿＿＿＿＿＿＿＿＿＿＿＿＿＿＿＿＿＿＿＿＿＿＿＿＿

＿＿＿＿＿＿＿＿＿＿＿＿＿＿＿＿＿＿＿＿＿＿＿＿＿＿＿＿＿＿＿＿

3. IoT 平台有哪 4 類型？

＿＿＿＿＿＿＿＿＿＿＿＿＿＿＿＿＿＿＿＿＿＿＿＿＿＿＿＿＿＿＿＿

＿＿＿＿＿＿＿＿＿＿＿＿＿＿＿＿＿＿＿＿＿＿＿＿＿＿＿＿＿＿＿＿

＿＿＿＿＿＿＿＿＿＿＿＿＿＿＿＿＿＿＿＿＿＿＿＿＿＿＿＿＿＿＿＿

4. 如何選擇合適的 IoT 平台 (platforms)？

＿＿＿＿＿＿＿＿＿＿＿＿＿＿＿＿＿＿＿＿＿＿＿＿＿＿＿＿＿＿＿＿

＿＿＿＿＿＿＿＿＿＿＿＿＿＿＿＿＿＿＿＿＿＿＿＿＿＿＿＿＿＿＿＿

＿＿＿＿＿＿＿＿＿＿＿＿＿＿＿＿＿＿＿＿＿＿＿＿＿＿＿＿＿＿＿＿

5. 何謂雲端 IoT 平台 (cloud IoT platform)？

＿＿＿＿＿＿＿＿＿＿＿＿＿＿＿＿＿＿＿＿＿＿＿＿＿＿＿＿＿＿＿＿

＿＿＿＿＿＿＿＿＿＿＿＿＿＿＿＿＿＿＿＿＿＿＿＿＿＿＿＿＿＿＿＿

＿＿＿＿＿＿＿＿＿＿＿＿＿＿＿＿＿＿＿＿＿＿＿＿＿＿＿＿＿＿＿＿

＿＿＿＿＿＿＿＿＿＿＿＿＿＿＿＿＿＿＿＿＿＿＿＿＿＿＿＿＿＿＿＿

（請沿虛線撕下）

全華科友

版權所有·翻印必究

CH5 IoT 感測器 (感應器 , sensor)

1. 為何感測器無處不在？

2. 智慧設備 (smart devices) 如何工作？

3. 工業物聯網的感測器，常用有哪 7 種？

4. 雙金屬條 (bimetallic strip) 的原理？

5. IoT 最常用感測器有哪 15 類型？

_____

_____

_____

_____

6. 距離感測器 (distance sensor) 的原理？

_____

_____

_____

7. 氣體感測器 (gas sensors) 的原理？

_____

_____

_____

_____

_____

習題

物聯網概論

CH6　如何成功當個 IoT 創客

1. 何謂 Arduino 單晶片？

2. IoT 軟體設計的要點？

3. 何謂 Django (web 架構)？

4. Arduino 單晶片微控制器的優點？

5. 為何 Arduino 微控制器，適合實作 IoT ？

全華科友

版權所有・翻印必究